高职高专"十一五"规划教材

★ 农林牧渔系列

园林植物造景

YUANLIN ZHIWU ZAOJING

熊运海 主编

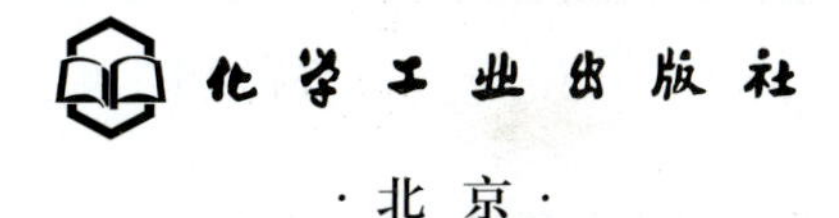

·北京·

本书采用模块式结构编写，各章既相对独立又彼此联系，主要包括绪论、园林植物景观素材及其观赏特性、园林植物景观风格与类型、园林植物造景基本程序、园林植物造景形式与方法、小环境园林植物组景与实践、园林植物造景评价七章内容，并附有常见园林植物一览表及城市园林绿化常用树种选择供检索。教材从实际应用出发，以植物景观类型为单元，用经典的园林植物造景实例，展示不同风格与特点的园林植物景观设计思路、方法与实践。采用大量插图和操作示例，充分吸收国内外优秀研究成果，较全面地揭示了园林植物造景的基本原理和时代特征。教材采用彩色印刷，图片精美，效果直观、实用。

本书可作为高职高专园林、园艺以及环境艺术等专业教材，还可作为成人教育教材或园林景观规划设计师培训教材，以及高等院校风景园林及相关专业的教学参考书，也可供城市园林绿化管理人员和科技人员使用。

图书在版编目（CIP）数据

园林植物造景/熊运海主编．—北京：化学工业出版社，2009.8（2020.9重印）
高职高专“十一五”规划教材★农林牧渔系列
ISBN 978-7-122-06213-0

Ⅰ．园…　Ⅱ．熊…　Ⅲ．园林植物-园林设计-高等学校：技术学院-教材　Ⅳ．TU986.2

中国版本图书馆 CIP 数据核字（2009）第 118453 号

责任编辑：李植峰　梁静丽　郭庆睿　　文字编辑：赵爱萍
责任校对：陈　静　　装帧设计：史利平

出版发行：化学工业出版社（北京市东城区青年湖南街 13 号　邮政编码 100011）
印　　装：北京缤索印刷有限公司
787mm×1092mm　1/16　印张 15¾　字数 376 千字　　2020 年 9 月北京第 1 版第 12 次印刷

购书咨询：010-64518888　　售后服务：010-64518899
网　　址：http://www.cip.com.cn
凡购买本书，如有缺损质量问题，本社销售中心负责调换。

定　　价：48.00 元

版权所有　违者必究

"高职高专'十一五'规划教材★农林牧渔系列"建设委员会成员名单

主任委员　介晓磊

副主任委员　温景文　陈明达　林洪金　江世宏　荆宇　张晓根
窦铁生　何华西　田应华　吴健　马继权　张震云

委　　员　（按姓名汉语拼音排列）

边静玮　陈桂银　陈宏智　陈明达　陈涛　邓灶福　窦铁生　甘勇辉
高婕　耿明杰　宫麟丰　谷风柱　郭桂义　郭永胜　郭振升　郭正富
何华西　胡繁荣　胡克伟　胡孔峰　胡天正　黄绿荷　江世宏　姜文联
姜小文　蒋艾青　介晓磊　金伊洙　荆宇　李纯　李光武　李彦军
梁学勇　梁运霞　林伯全　林洪金　刘俊栋　刘莉　刘蕊　刘淑春
刘万平　刘晓娜　刘新社　刘奕清　刘政　卢颖　马继权　倪海星
欧阳素贞　潘开宇　潘自舒　彭宏　彭小燕　邱运亮　任平　商世能
史延平　苏允平　陶正平　田应华　王存兴　王宏　王秋梅　王水琦
王晓典　王秀娟　王燕丽　温景文　吴昌标　吴健　吴郁魂　吴云辉
武模戈　肖卫苹　肖文左　解相林　谢利娟　谢拥军　徐苏凌　徐作仁
许开录　闫慎飞　颜世发　燕智文　杨玉珍　尹秀玲　于文越　张德炎
张海松　张晓根　张玉廷　张震云　张志轩　赵晨霞　赵华　赵先明
赵勇军　郑继昌　朱学文

"高职高专'十一五'规划教材★农林牧渔系列"编审委员会成员名单

主任委员　蒋锦标

副主任委员　杨宝进　张慎举　黄瑞　杨廷桂　胡虹文　张守润
宋连喜　薛瑞辰　王德芝　王学民　张桂臣

委　　员　（按姓名汉语拼音排列）

艾国良　白彩霞　白迎春　白永莉　白远国　柏玉平　毕玉霞　边传周
卜春华　曹晶　曹宗波　陈传印　陈杭芳　陈金雄　陈璟　陈盛彬
陈现臣　程冉　褚秀玲　崔爱萍　丁玉玲　董义超　董曾施　段鹏慧
范洲衡　方希修　付美云　高凯　高梅　高志花　弓建国　顾成柏
顾洪娟　关小变　韩建强　韩强　何海健　何英俊　胡凤新　胡虹文
胡辉　胡石柳　黄瑞　黄修奇　吉梅　纪守学　纪瑛　蒋锦标
鞠志新　李碧全　李刚　李继连　李军　李雷斌　李林春　梁本国
梁称福　梁俊荣　林纬　林仲桂　刘革利　刘广文　刘丽云　刘贤忠
刘晓欣　刘振华　刘振湘　刘宗亮　柳遵新　龙冰雁　罗玲　潘琦
潘一展　邱深本　任国栋　阮国荣　申庆全　石冬梅　史兴山　史雅静
宋连喜　孙克威　孙雄华　孙志浩　唐建勋　唐晓玲　陶令霞　田伟
田伟政　田文儒　汪玉琳　王爱华　王朝霞　王大来　王道国　王德芝
王健　王立军　王孟宇　王双山　王铁岗　王文焕　王新军　王星
王学民　王艳立　王云惠　王中华　吴俊琢　吴琼峰　吴占福　吴中军
肖尚修　熊运海　徐公义　徐占云　许美解　薛瑞辰　羊建平　杨宝进
杨平科　杨廷桂　杨卫韵　杨学敏　杨志　杨治国　姚志刚　易诚
易新军　于承鹤　于显威　袁亚芳　曾饶琼　曾元根　战忠玲　张春华
张桂臣　张怀珠　张玲　张庆霞　张慎举　张守润　张响英　张欣
张新明　张艳红　张祖荣　赵希彦　赵秀娟　郑翠芝　周显忠　朱雅安
卓开荣

“高职高专‘十一五’规划教材★农林牧渔系列”建设单位

（按汉语拼音排列）

安阳工学院
保定职业技术学院
北京城市学院
北京林业大学
北京农业职业学院
本钢工学院
滨州职业学院
长治学院
长治职业技术学院
常德职业技术学院
成都农业科技职业学院
成都市农林科学院园艺研究所
重庆三峡职业学院
重庆水利电力职业技术学院
重庆文理学院
德州职业技术学院
福建农业职业技术学院
抚顺师范高等专科学校
甘肃农业职业技术学院
广东科贸职业学院
广东农工商职业技术学院
广西百色市水产畜牧兽医局
广西大学
广西农业职业技术学院
广西职业技术学院
广州城市职业学院
海南大学应用科技学院
海南师范大学
海南职业技术学院
杭州万向职业技术学院
河北北方学院
河北工程大学
河北交通职业技术学院
河北科技师范学院
河北省现代农业高等职业技术学院
河南科技大学林业职业学院
河南农业大学
河南农业职业学院
河西学院
黑龙江农业工程职业学院
黑龙江农业经济职业学院
黑龙江农业职业技术学院
黑龙江生物科技职业学院
黑龙江畜牧兽医职业学院
呼和浩特职业学院
湖北生物科技职业学院
湖南怀化职业技术学院
湖南环境生物职业技术学院
湖南生物机电职业技术学院
吉林农业科技学院
集宁师范高等专科学校
济宁市高新技术开发区农业局
济宁市教育局
济宁职业技术学院
嘉兴职业技术学院
江苏联合职业技术学院
江苏农林职业技术学院
江苏畜牧兽医职业技术学院
江西生物科技职业学院
金华职业技术学院
晋中职业技术学院
荆楚理工学院
荆州职业技术学院
景德镇高等专科学校
丽水学院
丽水职业技术学院
辽东学院
辽宁科技学院
辽宁农业职业技术学院
辽宁医学院高等职业技术学院
辽宁职业学院
聊城大学
聊城职业技术学院
眉山职业技术学院
南充职业技术学院
盘锦职业技术学院
濮阳职业技术学院
青岛农业大学
青海畜牧兽医职业技术学院
曲靖职业技术学院
日照职业技术学院
三门峡职业技术学院
山东科技职业学院
山东理工职业学院
山东省贸易职工大学
山东省农业管理干部学院
山西林业职业技术学院
商洛学院
商丘师范学院
商丘职业技术学院
深圳职业技术学院
沈阳农业大学
苏州农业职业技术学院
乌兰察布职业学院
温州科技职业学院
厦门海洋职业技术学院
仙桃职业技术学院
咸宁学院
咸宁职业技术学院
信阳农业高等专科学校
延安职业技术学院
杨凌职业技术学院
宜宾职业技术学院
永州职业技术学院
玉溪农业职业技术学院
岳阳职业技术学院
云南农业职业技术学院
云南热带作物职业学院
云南省曲靖农业学校
云南省思茅农业学校
张家口教育学院
漳州职业技术学院
郑州牧业工程高等专科学校
郑州师范高等专科学校
中国农业大学

《园林植物造景》编写人员

主　　编　熊运海（重庆文理学院）

副 主 编　彭小燕（广东科贸职业技术学院）

吴艳华（辽宁农业职业技术学院）

张媛媛（重庆文理学院）

参编人员　（以姓名笔画为序）

王永志（三门峡职业技术学院）

王春梅（岳阳职业技术学院）

曲瑞芳（呼和浩特职业学院）

李　璐（荆楚理工学院）

李福龙（海南职业技术学院）

吴艳华（辽宁农业职业技术学院）

张媛媛（重庆文理学院）

周　际（辽宁农业职业技术学院）

彭小燕（广东科贸职业技术学院）

熊运海（重庆文理学院）

当今，我国高等职业教育作为高等教育的一个类型，已经进入到以加强内涵建设，全面提高人才培养质量为主旋律的发展新阶段。各高职高专院校针对区域经济社会的发展与行业进步，积极开展新一轮的教育教学改革。以服务为宗旨，以就业为导向，在人才培养质量工程建设的各个侧面加大投入，不断改革、创新和实践。尤其是在课程体系与教学内容改革上，许多学校都非常关注利用校内、校外两种资源，积极推动校企合作与工学结合，如邀请行业企业参与制定培养方案，按职业要求设置课程体系；校企合作共同开发课程；根据工作过程设计课程内容和改革教学方式；教学过程突出实践性，加大生产性实训比例等，这些工作主动适应了新形势下高素质技能型人才培养的需要，是落实科学发展观、努力办人民满意的高等职业教育的主要举措。教材建设是课程建设的重要内容，也是教学改革的重要物化成果。教育部《关于全面提高高等职业教育教学质量的若干意见》（教高［2006］16号）指出“课程建设与改革是提高教学质量的核心，也是教学改革的重点和难点”，明确要求要“加强教材建设，重点建设好3000种左右国家规划教材，与行业企业共同开发紧密结合生产实际的实训教材，并确保优质教材进课堂。”目前，在农林牧渔类高职院校中，教材建设还存在一些问题，如行业变革较大与课程内容老化的矛盾、能力本位教育与学科型教材供应的矛盾、教学改革加快推进与教材建设严重滞后的矛盾、教材需求多样化与教材供应形式单一的矛盾等。随着经济发展、科技进步和行业对人才培养要求的不断提高，组织编写一批真正遵循职业教育规律和行业生产经营规律、适应职业岗位群的职业能力要求和高素质技能型人才培养的要求、具有创新性和普适性的教材将具有十分重要的意义。

化学工业出版社为中央级综合科技出版社，是国家规划教材的重要出版基地，为我国高等教育的发展做出了积极贡献，曾被新闻出版总署领导评价为“导向正确、管理规范、特色鲜明、效益良好的模范出版社”，2008年荣获首届中国出版政府奖——先进出版单位奖。近年来，化学工业出版社密切关注我国农林牧渔类职业教育的改革和发展，积极开拓教材的出版工作，2007年底，在原“教育部高等学校高职高专农林牧渔类专业教学指导委员会”有关专家的指导下，化学工业出版社邀请了全国100余所开设农林牧渔类专业的高职高专院校的骨干教师，共同研讨高等职业教育新阶段教学改革中相关专业教材的建设工作，并邀请相关行业企业作为教材建设单位参与建设，共同开发教材。为做好系列教材的组织建设与指导服务工作，化学工业出版社聘请有关专家组建了“高职高专‘十一五’规划教材★农林牧渔系列建设委员会”和“高职高专‘十一五’规划教材★农林牧渔系列编审委员会”，拟在“十一五”期间组织相关院校的一线教师和相关企业的技术人员，在深入调研、整体规划的基础上，编写出版一套适应农林牧渔类相关专业教育的基础课、专业课及相关外延课程教材——“高职高专‘十一五’规划教材★农林牧渔系列”。该套教材将涉及种植、园林园艺、畜牧、兽医、水产、宠物等专业，于2008～2009年陆续出版。

该套教材的建设贯彻了以职业岗位能力培养为中心，以素质教育、创新教育为基础的教育理念，理论知识“必需”、“够用”和“管用”，以常规技术为基础，关键技术为重点，先进技术为导向。此套教材汇集众多农林牧渔类高职高专院校教师的教学经验和教改成果，又得到了相关行业企业专家的指导和积极参与，相信它的出版不仅能较好地满足高职高专农林牧渔类专业的教学需求，而且对促进高职高专专业建设、课程建设与改革、提高教学质量也将起到积极的推动作用。希望有关教师和行业企业技术人员，积极关注并参与教材建设。毕竟，为高职高专农林牧渔类专业教育教学服务，共同开发、建设出一套优质教材是我们共同的责任和义务。

介晓磊

2008年10月

植物是园林景观造景的主要素材，是唯一具生命力特征的园林要素，能使园林空间体现生命的活力和富于四时的变化。园林绿化能否达到实用、经济、美观的效果，在很大程度上取决于园林植物的选择和配置。随着生态园林建设的深入和发展，以及景观生态学、全球生态学等多学科的引入，植物景观设计的内涵也在不断扩展，对植物的应用日益广泛，要求日益科学、严格，也日益受到大众的重视和喜爱。园林植物景观的营造已成为现代园林的标志之一。因此，在园林设计师的眼中，植物不仅仅是简单的林木、花草，而是生态、艺术和文化的联合体，是园林设计的基础与核心。正如英国造园家克劳斯顿（Brian Clouston）所说："园林设计归根到底是植物的设计……其他的内容只能在一个有植物的环境中发挥作用。"

园林植物种类繁多，形态各异。有高逾百米的巨大乔木，也有矮至几公分的草坪、地被植物；有直立的，也有攀缘的和匍匐的。树型各异，叶、花、果也是色彩丰富、绚丽多姿。同时，园林植物在生长过程中还呈现出鲜明的季相特色和兴衰变化。因此，很多设计者，尤其是初学者常感到无从下手。《园林植物造景》作为园林专业的一门主干课程，如何较全面系统地让学生掌握园林植物造景设计知识，有效地提高学生的园林植物的应用能力，提高园林人才培养质量，是目前园林专业教学中亟待解决的问题。

本书依据园林行业对人才的知识、能力、素质的要求，注重学生的全面发展，以常规技术为基础，关键技术为重点，先进技术为导向，理论知识以"必需"、"够用"、"管用"为度，坚持职业能力培养为主线，体现与时俱进的原则。教材内容涉及园林植物的造景功能、观赏特点以及景观风格与类型、园林植物景观评价原则和方法等方面的基本理论；同时讲述运用调查分析、图像分析、功能分析、系统分析等手段进行场地的研究分析、设计构想与设计表达的方法；培养学生具备能够针对不同的植物种类特点完成植物景观基本类型的设计，能开展不同环境植物景观应用功能分析并进行合理的植物景观类型搭配，组成完美的植物景观空间的能力。因此，如何根据不同场所特点科学合理而又富有诗情画意地塑造园林植物景观是本书的核心。

随着时代的发展，尤其是随着生态园林的不断发展，植物景观设计已发展成为涉及土壤学、气象学、植物生理学、花卉学、树木学、植物生态学、城市生态学、景观生态学、园林规划设计、植物保护学、遥感与地理信息系统等多领域的交叉性学科。园林植物造景设计也成为一门融科学性与艺术性于一体的综合性学科。提高人才培养质量，为大众创造出生态、美观、经济、舒适的生存环境，推动植物景观设计向着可持续发展的方向前进，是园林教育工作者的共同责任。因此，本书在编写过程中，吸纳了众多学者的研究成果，引用了相关专业图书的某些图例，对其相关编著者，在此特致以衷心感谢！

本书由八所高校园林专业主讲教师合作编写完成，具体的编写分工是：王永志编写了第二章第二节，第四章第三节、第四节及相关实训指导；王春梅编写了第五章第四节及相关实训指导；曲瑞芳编写了第四章第一节、第二节及相关实训指导；李璐编写了第五章第一节、第二节、第四节，第六章第一节、第二节、第四节实例一及相关实训指导；李福龙编写了第三章第一节、第六章第三节部分内容；吴艳华编写了第七章第一节、第二节，常见园林植物观赏特性及园林用途表（华北部分内容）、园林绿化功能树种选择表及相关实训指导，并负责书稿第二、三、四章的审校；周际编写了第三章第一节及相关实训指导；彭小燕编写了第六章第四节实例三，第一、二章实训指导，常见园林植物观赏特性及园林用途表（华南部分内容），并负责书稿第一、五、六、七章的审校；张媛媛负责全书图片编辑整理，以及书稿审校；熊运海老师负责全书统稿和组织，并完成第一章绪论，第二章第一节，第三章第二节，第四章第五节、第六节、第七节、第八节、第九节，第五章第三节，第六章第三节，第七章第三节的编写工作。

由于园林植物造景涉及诸多学科和领域，书中难免存在疏漏与不足之处，尚祈读者指正！

编者

2009 年 5 月

目
录

第一章 绪 论

[学习目标]

1. 理解植物造景的实质内涵，掌握植物造景的基本特点。
2. 认识植物造景功能，明确植物造景的应用范围。
3. 了解我国园林植物造景现状，把握其发展趋势。

第一节 园林植物造景的基本含义及特征

一、园林植物造景的基本含义

园林植物造景即运用乔木、灌木、藤本植物以及草本植物等素材，通过艺术手法，结合考虑环境条件的作用，充分发挥植物本身的形体、线条、色彩等方面的美感，创造出与周围环境相适宜、相协调，并表达一定意境或具有一定功能的艺术空间的活动。园林植物造景主要包括两方面内容：一是各种植物相互之间的造景，要考虑植物种类的选择与组合，平面和立面的构图、色彩、季相以及园林意境；另一方面是植物与其他要素如山石、水体、建筑、园路之间的搭配。

园林植物造景是一门融科学与艺术于一体的应用型学科。一方面，它创造现实生活的环境，另一方面，它又反映意识形态，表达强烈的情感，满足人们精神方面的需要。因此，要创作完美的植物景观，必须具备科学性与艺术性两方面的高度统一，既要满足植物与环境在生态适应上的统一，又要通过艺术构图原理体现出植物个体与群体的形式美，以及人们在欣赏时所产生的意境美，这是植物造景的一条基本原则。因此，园林植物造景不仅是利用植物来营造视觉艺术效果的景观，它还包含生态上的景观、文化上的景观。

二、园林植物造景的基本特征

园林植物造景是在园林造景艺术指导下的运作设计，其材料是围绕绿色植物展开的，有其独特的特征。第一，以植物为主的造景和以建筑为主的传统造景正好相反，更具经济美观特色。第二，植物景观具有旺盛的生命力，能有效地净化园林空间和水源，防止水土流失。第三，植物景观具有特殊的园林艺术美，一样能表现诗情画意的意境。植物种类繁多，不同种类的植物其外形不同，使植物呈现丰富多样的色彩、形体及质地差异；植物在不同的生长时期具有差异极大的时序变化，呈现不同的外观形貌。如植物在叶色变化上有春色叶、秋色叶的季相变化；在不同的立地条件下植物有形体的变化，与风、雨、雪、雾等自然因素结合成奇特景象，呈现出生动性。第四，植物景观具有完整独立的可欣赏性。优型树、独赏树以及一些观赏树群、树林等可像园林景观、景点一样，成为园林主景，而且在植物生长过程中，还呈现光景常新的动态景观变化。第五，植物景观是以植物为主，存在生长期长，景观的设计效果难以一时形成，但也易于控制和改造的特点。第六，植物景观最能体现园林有益身心健康的功能，是现代园林强调生态环境建设不可缺少的重要造景方法。

第二节 园林植物造景功能

园林植物造景的基本功能概括起来有生态功能（维持氧气与二氧化碳平衡、吸收有毒有害气体、削弱噪声、阻止烟尘、生态防护等）、空间构筑功能、美化功能（体现城市风格、增加城市建筑艺术效果、装饰生活等）、实用功能（遮阴、避雨、遮光、安全、康体保健等）、情感功能（增进友谊、陶冶情操等）、商业功能（包括直接经济价值与间接经济价值）、科教功能等。在景观设计中主要有以下基本功能。

一、生态功能

1. 改善小气候

植物改善小气候的功能包括调节气温、控制强光及反光、防风、抑制冲蚀、风蚀等实质功能（图 1-1）。

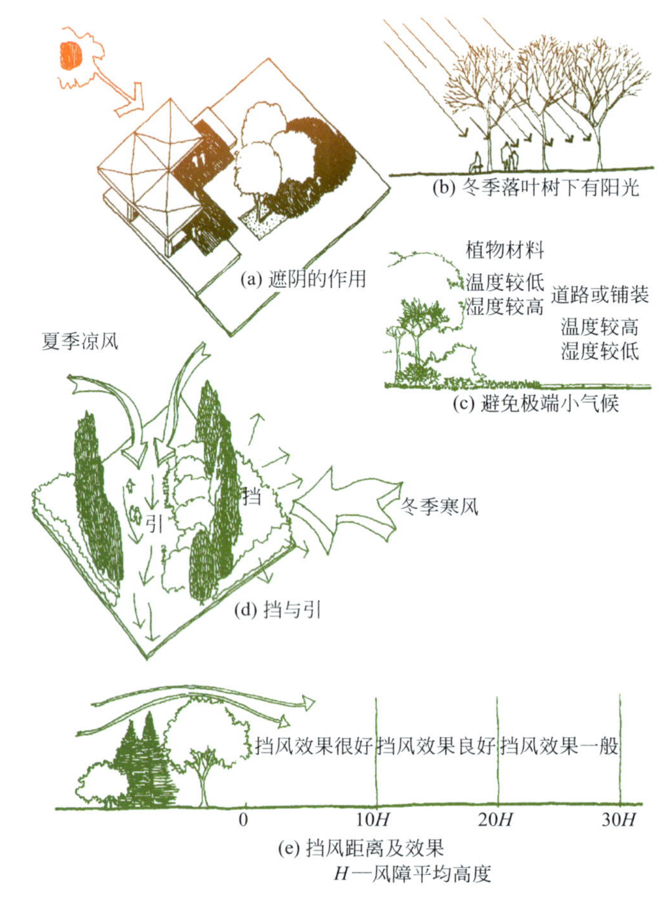

图 1-1　植物对小气候调节作用示意图

［引自：王晓俊．风景园林设计（增订本）．南京：江苏科学技术出版社，2004］

（1）调节气温　树木、灌木及草坪植物，皆能以控制太阳辐射的方式调节气温，树木的叶片会拦截、反射、吸收和传送太阳辐射。树木控制太阳辐射的效果，需视树叶的密度、叶形以及枝条的模式而定，且可通过蒸散作用，调节夏天的气温。天气寒冷时，树木可降低风速，在逆风与顺风处均可形成庇护以调节气温。

（2）控制强光与反光　应用栽植树木的方式，可遮挡或柔化直射光或反射光。树木控制强光与反光的效果，取决于其体积及密度。单数叶片的日射量，随着叶质不同而异，一般在 10%～30%，若多数叶片重叠，则透过的日射量更少。

（3）防风　树木或灌木可以通过阻碍、引导、偏射与渗透等方式控制风速，亦因树木体积、树型、叶密度与滞留度，以及树木栽植地点，而影响控制风速的效应。群植树木可形成防风带，其大小因树高与渗透度而异。一般而言，防风植物带的高度与宽度比为 1∶11.5 时及防风植物带密度在 50%～60%时防风效力最佳。

2. 净化环境

(1) 降低噪声　来自于高速公路、飞机场、工厂的噪声是城市应解决的问题。植物对于一些特定频率的声音的影响比其他物体更有效。如乔木能通过控制额外的低音来降低噪声的影响。在声源和接受者之间的植物是通过吸收音量改变声音的传播方向以及打破音波等方式来降低噪声的。为了达到降噪的目的，植物种植得必须密，通常长25～35m，宽24～35m。声波的振动可以被树的枝叶、嫩枝所吸收，尤其是那些有许多又厚又新鲜叶子的树木。长着细叶柄，具有较大的弹性和振动程度的植物，可以反射声音。在阻隔噪声方面，植物的存在可使噪声减弱，其噪声控制效果受植物高度、种类、种植密度、音源、听者相对位置的影响。大体而言，常绿树较落叶树效果为佳，若与地形、软质建材、硬面材料配合，会得到良好的隔音效果。

(2) 控制污染　植物是大气的天然过滤器，但是如果污染太重或达到中毒的水平，它将影响植物的生长，甚至杀死它们。植物通过降低空气中的极细小颗粒的含量来提高空气质量。由于植物降低风速的基本作用，可使空气中飘浮的较大颗粒落下，较小颗粒被吸附在植物表面，主要是叶面上。许多松树、杜鹃花等对空气污染十分敏感，相反，银杏、欧洲夹竹桃等却较能忍受空气的污染。在减轻空气污染方面，因污染空气的物质有些是固体、有些是液体，植物放出氧气以稀释污染物质或直接吸收硫化氢、二氧化硫及二氧化氮，同时，污染空气的其他固体粒子，如灰尘、砂粒、花粉等亦可为植物所吸附。

3. 环境污染防护与警示

(1) 防护作用　植物对污染有呼吸、移除、阻碍等效用。以防治污染而言，植物对噪声、空气、污水具有防护的功能。由于根、茎、叶对颗粒有黏滞作用，雨水会将这些颗粒物质冲至土壤中。在废水处理方面，土壤及植物被视为“活的过滤器”。植物之根与土壤表层，可使含过量养分及清洁剂的水分存留较久，这些留在土壤表面的营养物质及清洁剂会被微生物所分解，亦可通过化学沉淀、离子交换、生物转变等方式移除或为植物的根所吸收（图1-2）。

图1-2　舒适洁净环境源于植物的保护

(2) 警示作用　环境污染对植物的光合作用和新陈代谢有不同程度的影响。人们可由周围环境植物的劣变，得知环境的恶化，而植物可检验环境遭受空气污染的状况，据此推测环境劣化的程度。此类植物可作为生物指标，人们由植物病症可推知污染的存在。

在植物造景时，根据植物对环境的影响特性，可设计藤架、丛林、灌木篱墙、凉廊、凉棚、格子式亭架等园林构成形式影响和调节小气候。

二、空间构筑功能

建筑师是用砖、石、木料等建造房屋，而在园林植物造景设计中，景观设计师则是使用单株或成丛的园林植物来创造绿墙、棚架、拱门和拥有茂密植被的地面等形式构筑游憩空间（图1-3）。

图 1-3　植物空间构成方式

植物本身是一个三维实体，是园林景观营造中组成空间结构的主要成分。枝繁叶茂的高大乔木可视为单体建筑，各种藤本植物爬满棚架及屋顶，绿篱整形修剪后颇似墙体，平坦整齐的草坪铺展形成柔质水平地面，因此，植物也像其他建筑、山水一样，具有构成空间、分割空间、引起空间变化的功能。植物造景在空间上的变化，也可通过人们视点、视线、视境的改变而产生“步移景异”的空间景观变化。造园中运用植物组合来划分空间，形成不同的景区和景点，往往是根据空间的大小，树木的种类、姿态、株数多少及造景方式来组织空间景观。

三、美化功能

1. 利用园林植物表现时序景观

园林植物随着季节的变化表现出不同的季相特征，春季的繁花似锦，夏季绿树成荫，秋季硕果磊磊，冬季枝干遒劲。这种盛衰荣枯的生命节律，为我们创造园林四时演变的时序景观提供了条件。根据植物的季相变化，把不同花期的植物搭配种植，使得同一地点在不同时期产生特有景观，给人们不同感受，体会时令的变化（图 1-4～图 1-7）。

2. 利用园林植物创造观赏景点

园林植物作为营造园林景观的重要材料，本身具有独特的姿态、色彩、风韵之美，不同的园林植物形态各异，变化万千，既可孤植以展示个体之美，又能按照一定的构图方式造景，表现植物的群体之美，还可以根据各自生态习性，合理安排，巧妙搭配，营造出乔、灌、草组合的群落景观。植物造景艺术基本上是一种视觉艺术，利用植物的不同特性，在园林中可构成主景、障景、框景、透景等多种景观形式（图 1-6～图 1-8）。

园林植物造景设计的艺术魅力是无穷的，植物本身就非常有趣，植物的形态会使人产生愉快、惊奇、激动等情绪上的变化。就拿乔木来说，银杏、毛白杨树干通直，气势轩昂，油松曲虬苍劲，铅笔柏则亭亭玉立，这些树木孤立栽培，即可构成园林主景。而秋季变色树种如枫香、乌桕、黄栌、火炬树、银杏等大片种植可以形成“霜叶红于二月花”的景观。许多观果树种如海棠、柿子、山楂、火棘、石榴等的累累硕果可表现出一派丰收的景象。

图 1-4 桃红柳绿的春天景致

图 1-5 夏日睡莲景致

图 1-6 如火的秋色叶景观

图 1-7 落叶树冬天虬枝古干景象

图 1-8 植物构成局部空间主景

植物还由于其富有神秘的气味、美丽的色彩、有触觉的组织而会使观赏者产生浓厚的兴趣。许多园林植物芳香宜人，能使人产生愉悦的感受，如白兰花、桂花、腊梅、丁香、茉莉、栀子、兰花、月季、晚香玉等，在园林景观设计中可以利用各种香花植物进行造景，营造“芳香园”景观，也可单独种植于人们经常活动的场所，如在盛夏夜晚纳凉场所附近种植茉莉和晚香玉，微风送香，沁人心脾。

色彩缤纷的草本花卉更是创造观赏景观的好材料，由于花卉种类繁多，色彩丰富，株体矮小，园林应用十分普遍，形式也是多种多样。既可露地栽植，又能盆栽摆放组成花坛、花带或采用各种形式的种植钵，点缀城市环境，创造赏心悦目的自然景观，烘托喜庆气氛，装点人们的生活。

3. 利用园林植物形成地域景观特色

植物生态习性的不同及各地气候条件的差异，致使植物的分布呈现地域性。不同地域环境形成不同的植物景观，如热带雨林的阔叶常绿林相植物景观，温暖带阔叶混交林相植物景观，温带针叶林相植物景观等都具有不同的特色。

根据环境气候条件选择适合生长的植物种类，营造具有地方特色的景观。各地在漫长的植物栽培和应用观赏中形成了具有地方特色的植物景观，并与当地的文化融为一体，甚至有些植物材料逐渐演化为一个国家或地区的象征。棕榈、大王椰子、槟榔营造的是一派热带风光；雪松、悬铃木与大片的草坪形成的疏林草地展现的是欧陆风情；而竹径通幽，梅影疏斜表现的是我国园林的清雅隽永。日本把樱花作为自己的国花，大量种植，樱花盛开的季节，男女老少拥上街头、公园观赏，载歌载舞，享受樱花带来的精神愉悦，场面十分壮观。荷兰的郁金香、加拿大的枫树、哥伦比亚的安祖花也都是极具地方特色的植物景观。

我国地域辽阔，气候迥异，园林植物栽培历史悠久，形成了丰富的植物景观。例如海南的棕榈科植物、武汉的荷花、成都的木芙蓉、重庆的黄葛树、深圳的叶子花、攀枝花的木棉等，都具有浓郁的地方特色，见图 1-9、图 1-10 所示。运用具有地方特色的植物材料营造植物景观对弘扬地方文化，陶冶人们的情操具有重要意义。

图 1-9　海南热带风光

图 1-10　江南水乡

4. 利用园林植物进行意境的创作

利用园林植物进行意境的创作是中国传统园林的典型造景风格和宝贵的文化遗产。亟须挖掘整理并发扬光大。中国植物栽培历史悠久，文化灿烂，很多诗、词、歌、赋和民风民俗都留下了歌咏植物的优美篇章，并为各种植物材料赋予了人格化内容，从欣赏植物的形态美升华到欣赏植物的意境美，达到了天人合一的理想境界。

在园林景观创造中可借助植物抒发情怀，寓情于景，情景交融。松苍劲古雅，不畏霜雪严寒的恶劣环境，能在严寒中挺立于高山之巅；梅不畏寒冷，傲雪怒放；竹则“未出土时先有节，便凌云去也无心”。三种植物都具有坚贞不屈，高风亮节的品格，所以被称作“岁寒三友”。其造景形式，意境高雅而鲜明（图 1-11、图 1-12）。荷花“出淤泥而不染，濯清涟而不妖，中通外直，不蔓不枝”，用来点缀水景，可营造出清静、脱俗的气氛。牡丹花花朵硕大，富丽华贵，植于高台显得雍容华贵。菊花迎霜开放，深秋吐芳，代表不畏风霜恶劣环境的君子风格。

5. 利用园林植物起到烘托柔化建筑、雕塑的作用

植物的枝叶呈现柔和的曲线，不同植物的质地、色彩在视觉感受上有着显著差别，园林中经常用柔质的植物材料来软化生硬的几何式建筑形体，如基础栽植、墙角种植、墙壁绿化等形式。一般体形较大、立面庄严、视线开阔的建筑物附近，选干高枝粗、树冠开展的树种；在玲珑精致的建筑物四周，选栽一些枝态轻盈、叶小而致密的树种。现代园林中的雕塑、喷泉、建筑小品等也常用植物做装饰，或用绿篱做背景，通过色彩的对比和空间的围合来加强人们对景点的印象，产生烘托效果（图 1-13、图 1-14）。

图 1-11　具诗情画意的竹石图

图 1-12　苍劲古雅的盆景松

图 1-13　植物对墙体的柔化效应

图 1-14　植物对雕塑的背景烘托作用

6. 利用园林植物能够起到统一和联系的作用

景观中的植物，尤其是同一种植物，能够使得两个无关联的元素在视觉上联系起来，形成统一的效果。如在两栋缺少联系的建筑之间栽植上植物，可使两栋建筑物构成联系，整个景观的完整感得到加强，见图 1-15 所示。要想使独立的两个部分（如植物组团、建筑物或者构筑物等）产生视觉上的联系，只要在两者之间加入相同的元素，并且最好呈水平状态延展，比如球形植物或者匍匐生长的植物（如铺地柏、地被植物等），从而产生“你中有我，我中有你”的感觉，就可以保证景观的视觉连续性，获得统一的效果。

图 1-15　水杉植物实现了建筑间以及建筑与山林间的联系作用

7. 利用园林植物能够起到强调和标示的作用

某些植物具有特殊的外形、色彩、质地，能够成为众人瞩目的对象，同时也会使其周围的景观被关注，这一点就是植物强调和标示的功能。在一些公共场合的出入口、道路交叉点、庭院大门、建筑入口等需要强调、指示的位置合理造景，植物能够引起人们的注意。如图 1-16 所示。

图 1-16　入口处植物的强调和标示作用

植物材料能够强调地形的高低起伏，在地势较高处种植高大、挺拔的乔木，可以使地形起伏变化更加明显；与此相反，如果在地形凹处栽植植物，或者在山顶栽植低矮的、平展的栽植可以使地势趋于平缓。在园林景观营造中可以应用植物的这种功能，形成或突兀起伏或平缓的地形景观，与大规模的地形改造相比，可以达到事半功倍的效果。

四、实用功能

植物可为水土流失、组织交通、阻隔视线等工程问题提供解决的办法，在适当的地方进行正确的植物种植可避免土壤流失，创造优美景观，改善交通安全性。

1. 控制水土流失

树木会拦截雨水，达到减少径流的效果，而植物会产生有机质，土壤中有机质量增高，可增加土壤的吸水力，并减少土壤冲刷。乔木与灌木、地被植物、草地配植，可保护土壤，使之免受风蚀（图 1-17）。

图 1-17 植物对水土流失的控制效应

水土流失是由于陡坡不适当的地表覆盖、极其干燥的土壤状况或较大强度的降雨的冲刷以及这些因素综合在一起造成的。土壤的流失程度是由暴露在风雨中的场地、气候因素、土壤本身的特性以及地形中斜坡的长度和坡度等因素决定的。适当的种植植物可以减缓或消除土壤流失，主要是树的枝叶可以减小雨滴降落的力量；植物的根系形成纤维网络从而达到固定土壤的效果；土壤表层的覆盖物，如树叶、松针叶或其他有机物可增加土壤吸收水分的速度。

2. 组织交通

在人行道、车行道、高速公路和停车场种植植物时，植物能有助于调节交通。例如：种植带刺的多茎植物是引导步行方向的极好方式。用植物影响车辆交通，依赖于选择的植物种类和车辆速度。高速公路隔离带的植物能将夜晚车灯的亮度减到最小，降低日光的反射。停车场种植植物也能降低热量的反射。从心理角度讲，行道树增添了道路景观，同时又为行人和车辆提供了遮阴的环境（图 1-18）。

图 1-18 植物对人行路线的限定和引导

3. 调控视线

植物既可以通过阻挡视线的方式来创造私密空间，遮掩不好的景观，也可以创造一些非常协调的对象。这些对象的规格、场地面积及观赏距离决定了这一景致的质量。人的游览速度直接关系到他对景观的感知程度，如果观赏者是以步行的方式，植物种植的密度应该大些；如果是凭借电瓶车、火车或自行车浏览，植物种植的密度应较稀疏（图 1-19、图 1-20）。

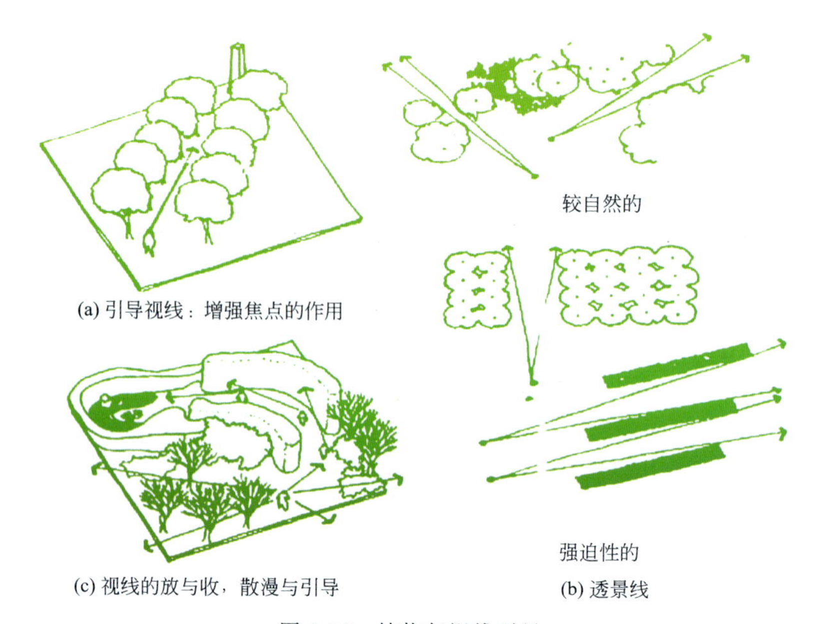

图 1-19 植物与视线引导

[引自：王晓俊．风景园林设计（增订本）．南京：江苏科学技术出版社，2004]

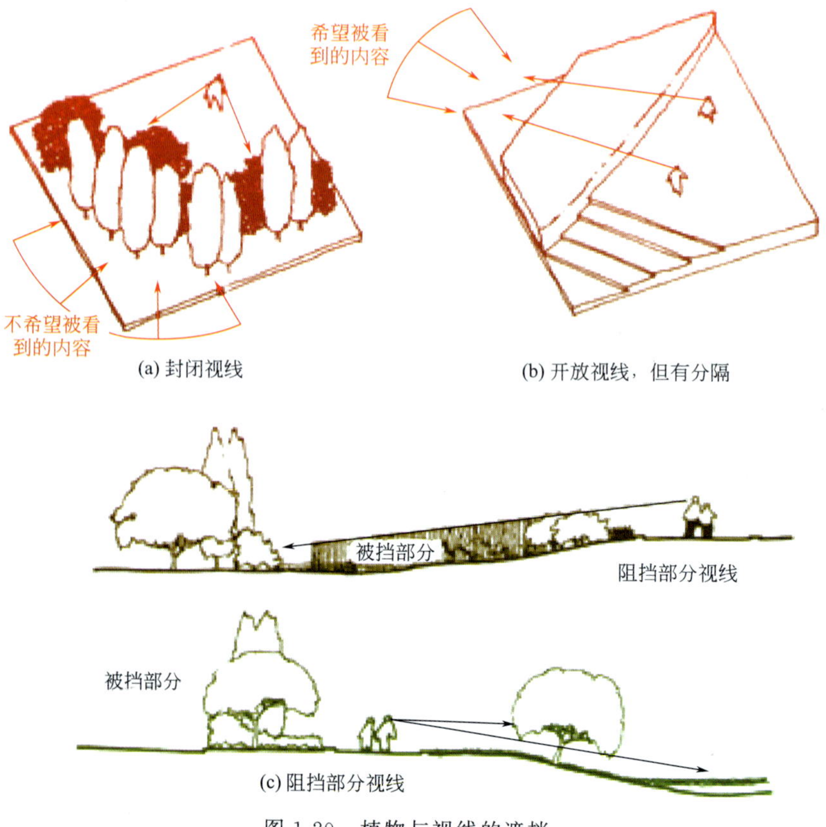

图 1-20 植物与视线的遮挡

[引自：王晓俊．风景园林设计（增订本）．南京：江苏科学技术出版社，2004]

第三节 我国园林植物造景现状与发展趋势

一、我国园林植物造景现状

中国被誉为“植物王国”，也曾被称为“世界园林之母”，拥有的植物种类在三万种左右，居世界第二，在历史上也为世界园林提供了珍贵的植物资源。但是，由于过去较长一段时期对植物造景设计的忽视，我国目前植物造景设计的水平与国外水平相比，在栽植设计的量和质方面均存在较大的差距。主要表现在以下几个方面。

1. 重形式美而忽视场地功能

一般意义上的植物造景就是充分发挥园林植物的观赏特点，将之塑造成美丽的画面，让人赏心悦目。所以，针对植物的应用，人们习惯于侧重植物所营造的视觉艺术效果，不分场地性质，不论面积大小，看上去漂亮就行，其结果往往是好看却不中用。植物造景要以人为本，从人的实际需要和场地的实际情况出发，将形式美与场地的功能统一起来。如一味追求视觉上的形式美而忽视场地的功能，美而不实用，其“美”何谈？其“景”何在？从某种意义上讲最适合人的需要的，即是最美的。如停车场选用大冠幅的伞形常绿乔木，虽不是最漂亮的，却是最适合的。

2. 求开敞景观而忽视生态效益

随着生态时代的到来和城市生态园林建设的不断深入，植物造景也被赋予了适应这一时代需要的内涵：应用植物所营造的景观应该既是视觉上的艺术景观，也是生态上的科学景观。忽略其中任何一方面都是不恰当的。

有些地方一味追求景观的“欧陆风格”，不论场地大与小，都是一片草地，点缀几丛灌木，几堆小花丛，间或加上几株棕榈植物，追求简洁美；或者在草地上由灌木、地被组成图案，讲究华丽，求大排场、大气魄。这种追求“开敞景观”的植物造景，舍乔木而不用或少用，其结果无疑使单位面积绿化地的绿化量停留在较低的水平，使绿地的生态效益也处于相对低水平发挥的状态。

缺乏生物多样性的绿地，对其本身生态系统的稳定性和可持续发展是不利的，也不符合生态城市建设的方向。并且，不稳定的景观要维持下来，势必为绿地的后期管理带来了更多的人为干预，造成不必要的人力、物力的浪费。

3. 求生态效益而忽略景观质量

提倡生态效益的植物景观绝不是弃视觉景观的艺术性而不顾，而应该是结合城市绿地的使用性质、面积大小、环境条件等因素综合考虑，在此基础上建设绿地绿量与景观质量呈正比的植物景观，这才是利用植物营造的科学的、艺术的景观。通过乔木与灌木、地被、草地等合理结合造景，无疑大大提高了绿地单位面积的绿化量，更好地发挥了绿地的生态效益。但如何合理地组织乔、灌、草本，使绿地兼具较好的生态效益和视觉景观，应是植物造景设计要认真解决的问题。

4. 轻乡土植物而重外来植物

目前，我国园林中用在植物造景上的植物种类相对贫乏。如国外公园中观赏植物种类近千种，而我国却相差甚远，广州仅用了300多种，杭州、上海有200余种，北京100余种，兰州不足百种。我国植物园中所收集的活植物也没有超过5000种的，这与我资源大国的地位极不相称。

乡土植物是在本地长期生存并保留下来的植物，它们在长期的生长进化过程中已经对周围环境有了高度的适应性，因此，乡土植物对当地来说是最适宜生长的，也是体现当地特色的主要因素。所以，它理所当然地成为城市绿化的主要来源。外来植物对丰富本地植物景观起了积极的作用，很多现有的乡土种是前人根据“气候相似性”原则引种、驯化、栽培后逐渐形成的。如今，植物资源十分丰富，这都是长期引种培育的结果。因此，不断地引种、驯化外来植物是非常必要的。然而，一些县市对待乡土植物或嫌其无新意，或对其存有偏见，弃而不用。为了争奇斗异，不惜高价搜求，盲目从外国或外省购入新的品种，这样的“引种”，实乃出于一种迎合求异心理的商业行为，并非真正引育，这是不符合适地适树这一基本原则的，与科学的引种相违背。

对待新种，应适可而止，不能喧宾夺主，少量应用能起到很好的点缀作用，大量应用则会造成成本和管理费用的大额增加，并且，不利于地方特色文化的保护。植物造景在选材上只有乡土植物为主，外来植物为辅，用得其所才能更好地发挥景观效果。

5. 轻自然美而重人工美

植物本身具有各自的形态和自然美，通过人为修剪也能塑造规则的形态，具人工美。不同的绿地恰当地表现植物景观的自然美或人工美可起到较理想的效果。然而，一些地方不分绿地大小、性质，凡树都修剪整形，植物材料变成了塑造几何形体的载体，好像不这样处理就不足以突出其出色的园林建设和管理水平。如对城市每条道路的行道树都剪，并且剪成规则的柱形、塔形、伞形、球形；分车绿带也是每带都剪得规则有形，带上的灌木也被修剪成球体、花篮、元宝、动物、建筑等形，这样的人工处理，虽与具有规则建筑、道路的城市环境取得了很好的协调效果，但每年维持此人工美所付出的人力、财力将大大超出建设当初的投入，并且，过多的人工修剪破坏了植物的生理生态，也不利于环境改善。另外，到处都人为整形，丧失了自然美的植物造景也单调乏味。

二、现代园林植物造景的趋势

中国古典园林是一个源远流长、博大精深的园林体系，从园林设计到植物造景都包含着丰富的传统文化内涵。然而在现代的园林绿地中，植物造景却有着时代带来的独特风格和特征，主要体现在以下方面。

1. 植物造景强调突出地方特色，体现城市独特的地域文化特征

现代城市文明程度的提高，在关注科学技术进步、经济发展的同时，也越来越关注外观形象与内在精神文化素质的统一。饮食文化、服饰文化、民俗文化、建筑文化等诸多文化的存在，充实了城市的内在美，让城市文脉得到了延续，而在这些因素之中，园林中的植物文化是城市精神内涵不可或缺的重要组成部分。所以植物造景要注重突出地方特色，体现城市独特的地域文化特征。

无论在古城还是新城，植物总是可以记载一个城市的历史，见证一个城市的发展历程，向世人传播她的文化，也可以像建筑物、雕塑那样成为城市文明的标志。例如杭州城中的三秋桂子、十里荷风，苏州光福寺的香雪海，北京香山的红叶，和城市一样，植物文化经过了时代变迁的历程，过去它仅反映人们对植物的了解和交流的渴望，而现在更多地反映人们对植物应用发展方向的不懈探索，及对城市历史文脉的把握和延续。

(1) 注重对市花、市树的应用　市花、市树是一个城市的居民经过投票选举并经过市人大常委会审议通过而得出的，并且是受到大众广泛喜爱的植物品种，也是比较适应当地气候条件和地理条件的植物。它们本身所具有的象征意义也上升为该地区文明的标志和城市文化的象征。如重庆的黄葛树，枝繁叶茂，生命力极强，象征着一种开路先锋、奋发向上的精神；还有杭州的桂花、扬州的琼花、昆明的山茶、泉州的刺桐都是具有悠久栽培历史、深刻文化内涵的植物。因此，在城市绿化建设中，在重要或显著位置栽植“市树”或“市花”，利用市花、市树的象征意义与其他植物或小品、构筑物相得益彰地造景，可以赋予浓郁的文化气息，不仅对少年儿童起到积极的教育作用，而且也满足了市民的精神文化需求。

(2) 注重园林植物自身的文化性与周围环境相融合　具有历史文化内涵的园林植物作为中国园林艺术中的精品，有着许多传统的手法和独到之处值得借鉴，特别是古人利用植物营造意境的文化成就。由于植物具有丰富的寓意和立体观赏特征，使得文人居住的园林、庭院充满了诗情画意、声色俱佳。古典园林对园林植物题材的认识比较深刻，能得乎性情，从植物的生态习性、外部形态深入到植物的内在性格，赋予一种人格化的比拟。因而有“梅花清标韵高，竹子节格刚直，兰花幽谷品逸，菊花操介清逸”之说，喻为“四君子”。或将松、竹、梅造景在一起，称为“岁寒三友”。古典园林是传统文化的精粹，为当今的现代园林所利用，在全新的场所中诠释植物的意境，体现的是城市文化中与众不同的历史内涵，而植物文化最终呈现的形态是历史的、高雅的、传统的、城市的。正如近代美学家王国维在《人间词话》中所述：“艺术作品应该

是意与境的统一。”如果植物仅有境而没有情，那么只能是花草树木的排列组合，不能算是真正的艺术。只有在利用植物造景的同时，进行意境的设计，使风景具有一种活泼的神韵，从而达到形神的统一，才能创造出成功的作品来。

（3）注重对乡土植物的运用　由于环境恶化，人类愈来愈渴望回归大自然。园林绿化的主要宗旨是改善环境，保护生物多样性，建设生态园林。故植物造景强调以乡土植物为主，形成较稳定的具有地方特色的植物景观，这样既可以充分利用土地，提高绿地的生物量，又可以利用乡土植物造景反映地方季相变化，更重要的是易于管理，可降低管理费用，节约绿化资金。

现代的景观设计，许多舍弃了过去过于复杂的造景方式，而倾向于由一些特点突出的乡土或归化植物与其生境景观组成天然景色，如在一些人造的现代的城市环境中，种植一些美丽而未经驯化的当地野生植物，与人工构筑物形成对比；在城市中心的公园中高立自然保护地，展现荒野或沼泽的景观。

2. 植物造景注重科学性，师法自然

工业革命后，人类的生存环境日益恶化，文学、哲学都呼吁人类欣赏自然，回归自然。人们向往自然，追求丰富多彩、变化无穷的植物美，于是，在植物造景中提倡自然、创造自然的植物景观成为新的潮流。

（1）植物造景强调以生态学理论为指导　美国从 20 世纪 60 年代开始园林“拟自然”探索，我国 20 世纪 80 年代中期开始生态园林研究，目前已取得了大量的成果和经验。因为人类对环境破坏加剧，尝尽自身带来的恶果。于是，保护地球已成为全人类的共同呼声，生态学应运而生，可持续发展的理论应时而出。园林作为自然科学的组成部分，本身又是一项创造环境、改造环境的工作。虽然生态学思想在越来越多的园林设计中被运用，但是往往只停在表面而不深入，要真正更新当代植物造景的生态理念就要树立科学的生态观来指导植物造景。植物是一种具有生命发展空间的群体，是可以容纳众多野生生物的重要栖息地，而动物是人类的朋友，只有将人和自然和谐共生为目标的生态理念运用在植物造景中，设计才更具有可持续性。因此，绿地设计时要求以生态学理论为指导，以再现自然、改善和维持生态平衡为宗旨，以人与自然共存为目标，以园林绿化的系统性、生物发展的多样性、植物造景为主题的可持续性为使命，达到平面上的系统性、空间上的层次性、时间上的相关性。

（2）遵循自然界植物群落的发展规律，满足数量和多样性的要求　在创造植物景观时，最重要的一个原则是“没有量就没有美”。强调大片栽植，特别是树木、灌木和地被植物，除了用作点景的孤植树外，要尽量多地形成散植和丛植的树林和灌木丛。生态功能越强的植物越应多使用，例如能用大型的遮阴树木时，少用观赏用的小型树木；能用灌木的地方，少用草本植物。在比较关键的部位辅以少量的一年生或宿根草本植物，就可以起到功能性和装饰性并举的作用。在满足植物数量的前提下，增加群落物种种类，形成疏密有度、障透有序和高低错落的群落层次结构，对促进生物多样性，改善绿地系统的自我维持机制都有积极的作用。当然，满足植物数量和多样性的要求与欣赏植物的个体美是不矛盾的。事实上，植物细部的美只有在其他植物的映衬对比下才能更明显地凸显出来。

植物造景是应用乔木、灌木、藤本及草本植物为题材来创作景观的，为此就必须从丰富多彩的自然植物群落及其表现的形象汲取创作源泉，植物造景中栽培植物群落的种植设计，必须遵循自然植物群落的发展规律。植物造景设计，如果所选择的植物种类不能与种植地点的环境和生态相适应，就不能存活或生长不良，也就不能达到造景的要求；如果所设计的栽培植物群落不符合自然植物群落的发展规律，也就难以成长发育达到预期的艺术效果。所以顺其自然，掌握自然植物群落的形成和发育规律，了解其种类、结构、层次和外貌等是做好植物造景的基础。

（3）注重对植物环境资源价值方面的运用　城市化快速发展带来的一系列生态环境问题，不仅使得人们意识到植物具有基本的美化和观赏功能，而且还看到了它的环境资源价值，如改善小气候、净化空气、水体和土壤、降低噪声、吸收和分解污染物等作用。植物造景形成的人工自然植物群落，在很大程度上能够改善城市生态环境，提高居民生活质量，并为野生生物提供适宜的栖息场所。因此现代城市植物造景常常采取生物措施普遍绿化，大力植树造林、栽花种草，以改善城市的小气候环境，营造舒适宜人的环境空间。

3. 植物造景遵循美学原理，重视园林的景观功能，强调人性化设计

在园林设计和植物造景中，所谓的人性化设计，就是设计师利用设计要素构筑符合人体尺度和人的需要的园林空间。现代植物造景在遵循生态规律的基础上，强调根据美学要求，进行融合创造。不仅要讲求园林植物的现时景观，更要重视园林植物的季相变化及生长的景观效果，从而达到步移景异，时移景异，创造“胜于自然”的优美景观。总之，在以植物为主进行园林营建时，应根据所处的周围环境和功能选择合适的植物种类、品种，合理配置好乔木、灌木、藤本植物、水生花卉、草花和地被植物，形成以乔木为主，乔、灌、藤、花、草相结合的复层混交绿化模式。结合遵循美学原理，当“因其质之高下，随其花之时候，配其色之深浅，多方巧搭。虽药苗、野卉，皆可点缀姿容，以补园林之不足”。形成高低错落、凝翠溢彩、色彩斑斓、风情万种的季相变化，四季有花艳，长年飘果香的人间仙境。

4. 植物造景应大胆采用新品种，创建主题花园

现代园林植物造景将越来越重视品种多样性，充分利用大自然丰富的植物品种，建设不同的主题花园。不同的植物品种甚至在不同的生长周期都有着各自独特的色彩表现，如绿色就有淡绿、粉绿、浓绿、墨绿之分，红色更是粉红、玫红、橘红、紫红、深红等不胜枚举。

创造植物景观可以采用许多主题。例如可以为医院的花园选择一个芳香植物的主题，令使用者在植物的天籁香味中放松身心；或者为一个艺术庭院选择一个白色植物的主题，欣赏植物超凡的白色花朵、叶子、枝干或果实。这样的主题可以有上百种，例如突出植物生长特性的冬园、引鸟园、引蜂园、盆栽园、水景园、攀缘植物园，从历史风格中吸取灵感的英式园、波斯园、法式园、日式园、农舍园，从属于某项艺术风格的艺术运动园、装饰主义运动园，从文学宗教中汲取营养的莎士比亚园、圣经园等。各种各样的主题令植栽设计可以从历史、文学、哲学、自然科学等方面吸取营养，获得灵感。如果事先设定好新颖的主题，就有助于探索使用新的植物，达到令人耳目一新的效果。

我国是“世界园林之母”，有着博大的种质资源库，园林设计工作者应担负起推广和应用植物新品种的使命，在丰富城市的物种、美化环境的同时达到环境生态的平衡。

[本章小结]

本章分别介绍了园林植物造景的基本含义、园林植物造景功能以及我国园林植物造景现状与发展趋势。园林植物造景是一门融科学与艺术于一体的应用型学科。是运用乔木、灌木、藤本植物以及草本植物等素材，通过艺术手法，结合考虑环境条件的作用，充分发挥植物本身的形体、线条、色彩等方面的美感，创造出与周围环境相适宜、相协调，并表达一定意境或具有一定功能的艺术空间的活动。一方面，它创造现实生活的环境，另一方面，它又反映意识形态，表达强烈的情感，满足人们精神方面的需要。因此，要创作完美的植物景观，必须具备科学性与艺术性两方面的高度统一，既要满足植物与环境在生态适应上的统一，又要通过艺术构图原理体现出植物个体与群体的形式美，以及人们在欣赏时所产生的意境美，这是植物造景的一条基本原则。

园林植物造景具有生态、空间构筑、美化和实用等多种功能，对植物造景功能的认识，利于掌握植物造景的应用范围。在设计时应贯彻生态功能优先，多种功能结合，力求功能最大化是我们的设计目标。我国目前植物造景设计的水平与国外水平相比，在栽植设计的量和质方面均存在较大的差距，我们应正确把握植物造景方向，认识现代园林绿地中植物造景的独特风格和特征，突出地方特色，体现城市的文化特征；注重科学性，师法自然；遵循美学原理并重视园林的景观功能，强调人性化设计；大胆采用新品种，创新设计形式，古为今用，洋为中用，努力提高植物造景质量。

思　考　题

1. 什么是植物造景？其基本特点是什么？
2. 简述植物造景的作用。

3. 试述我国植物造景的现状与发展趋势。

实训一　某公园绿地园林植物功能调查分析

一、实训目标

了解园林植物的生态功能、空间建造功能、美学观赏功能及经济功能，掌握公园绿地植物配置方法。

二、材料与用具

绘图与测量工具等。

三、方法与步骤

1. 调查公园所在地的自然条件及植物的生长状况。

2. 了解当地群众对植物类型的需求。

3. 调查、收集当地的历史、文化方面的信息。

四、实训要求

1. 要求植物功能调查应反映不同的周边环境特征。

2. 植物选择以当地代表品种为主。

五、作业

撰写一份分析报告。

实训二　当地群众喜爱的植物景观类型及有关植物传说的调查

一、实训目标

了解园林常用植物的传统寓意及其应用，熟悉常见植物景观类型。

二、材料与用具

绘图与测量工具等。

三、方法与步骤

1. 调查当地的自然条件及植物的生长状况。

2. 了解当地群众对植物景观类型的需求。

3. 调查、收集当地的历史、文化方面的信息及有关植物的传说或神话故事。

四、实训要求

1. 要求调查全面深入，准确可靠。

2. 植物选择以乡土植物为主。

五、作业

撰写一份调查报告。

第二章　园林植物景观素材及其观赏特性

[学习目标]

1. 认识园林植物类别，掌握其应用特点。
2. 熟悉园林植物观赏特性，理解其在植物造景设计中的作用。

第一节　园林植物类别及特点

园林植物就其本身而言是指有形态、色彩、生长规律的生命活体，而对景观设计者来说，又是一个象征符号，可根据符号元素的长短、粗细、色彩、质地等进行应用上的分类。综合植物的生长类型的分类法则、应用法则，把园林植物作为景观材料分成乔木、灌木、草本花卉、蔓藤植物、草坪植物以及地被植物六种类型。每种类型的植物在园林绿地中有着不同的应用特点。

一、乔木类

乔木类的特征为具有明显的主干，树干粗且高大，树干随着向上生长，会长出一枝枝新枝条，其树高在生长后可达 6m 以上。景观设计中，常将乔木分为小乔木（6～10m）、中乔木（11～20m）及大乔木（21～30m）、伟乔（31m 以上）。长成时的高度及冠宽，视品种而定，其生长速率则取决于品种以及外在环境条件的影响。依叶片的特性而言，乔木可分为落叶树、常绿阔叶树及针叶树三类。常绿阔叶树的叶色终年常绿，可作为屏障，阻隔不良景观，塑造私密性及分割空间；落叶树的叶色、枝干线条、质感及树形等，均随叶片生长与凋落而显示时序变化的效果；至于针叶树，具随着成长而可能呈现不同的形态。

乔木体形较大，一般均有固定的树形，如圆柱形、尖塔形、圆锥形、广卵形、卵圆形、球形等。凡具有尖塔状及圆锥状树形者，多有严肃端庄的效果；具有柱状狭窄树冠者，多有高耸静谧的效果；具有圆钝、钟形树冠者，多有雄伟浑厚的效果；而一些垂枝类型者，常形成优雅、和平的气氛。此外，有强烈的优美个体特征的树种，如垂枝的、水平分枝的、开展的、弯曲的、箭形等特色，最适于单种种植，以优美的树形来吸引人们的目光，形成焦点（图 2-1）。

图 2-1　挺拔高大的乔木

乔木在景观设计上具有极其重要的地位，是园林中的骨干植物，无论在功能上或艺术处理上都能起主导作用，在园林中具有密切建筑物与场地的关系，并串联外部空间；分隔空间、界定边缘与区域；调和高程变化及地貌变化，并引导行人动线；提供私密、遮蔽及视觉屏障；以包被或分割区域来创造外部空间，并提供垂直性；阻隔强风、尘土、强光和噪声；保护人类及野生动物的生存环境，供给人类采果食用；开造通往或远离建筑物或目标物的视野；提供与建筑物、铺装面或水体在质感或颜色上的对比；对比烘托雕塑物等作用。此外，乔木还具有寿命长、适应环境能力强、养护管理经济等特点。

二、灌木类

灌木的特征为树干与枝条的区分不明显，树形低矮，树形较不固定；通常由地际附近萌出多支细枝，分叉点低，无中心主干且分枝亦多。灌木依其高度的不同，可分为小灌木（高度在1.0m以下），中灌木（高1.0～2.0m），大灌木（高度在2m以上）。

灌木在景观设计上具有围构阻隔的作用，低矮者具有实质的分隔作用；较大者，其生长高度在人平行视线以上，则更能强化空间的界定。灌木的线条、色彩、质地、形状和花是主要的视觉特征，其中以开花灌木观赏价值最高、用途最广，多用于重点美化地区。在园林中除具乔木的功能外，还有覆盖地面，防止土壤冲蚀作用（图2-2）。

图2-2 灌木（杜鹃）的填充与隔离作用

由于灌木的植株高度与人的平行视线相差无几，故在设计时应针对质感因素特别考虑。质感细者，在视觉上能使空间扩大，适合小庭院栽植利用，反之，质感粗者，使空间缩小，适合大面积庭院使用。阔叶灌木容易反射光线，叶片反光会使叶色在视觉上较淡；而细叶灌木容易吸收光线，在视觉上含有较深的感觉。阔叶灌木和细叶灌木若与其他树种相互配植，则在色彩、质感和树形的表现上，可产生强而有力的景观效果，无论是规则式或不规则式的造景，灌木仅能以群植或聚集的方式种植。只有极少数独具特色的灌木才单独种植。

三、蔓藤植物类

蔓藤植物包括蔓性和藤本两类，其枝条弯曲变化不定，落叶后的茎枝常形成形体不定的线条，在景观设计中可塑造美丽的线条图案。蔓藤植物生长所需的地面面积很小，而在空间应用上却可依设计者的构想，给予高矮大小不同的支架，达到各种不同的效果。同时，其叶、花、果、枝条富有季节性的色泽变化，形成观赏景观；还可用来柔化生硬呆板的人工墙面或篱笆；并能联络建筑物和其他景观设施物，使互相结合；同时，可制成花廊、花棚，产生绿荫；亦能形成围篱，以遮蔽不良视线；覆于建筑物上或地面，则可以减少太阳眩光、反射热气，降低热气，改善都市气候并美化市容（图2-3）。

图2-3 简易瓜棚

蔓藤植物的利用，在景观设计上必须考虑其支撑物的类别，而后再选择合适的种类种植。垂直绿化、立体绿化是其主要应用形式。

四、草本花卉类

草本花卉可分为一、二年生草花，多年生草花及球根花卉。或具观叶价值，但仍以观花为主要目的。草本花卉从栽培至开花通常仅需数月，较之木本花卉在栽培上更具变化性。其品种繁多而花色缤纷，适应性广，且多以种子繁殖，短期内可获大量植株，群集性强，多表现群体美。可利用的范围广泛，适用于布置花坛、花境、花缘、花丛、花群、切花、盆栽观赏或做地被植物使用。许多花卉的香味还可以杀菌，或用于提取香精。多年生及球根花卉可一次种植，多年观赏，适应性强，管理简便，投入少（图2-4）。

图 2-4　凤仙花柱

水生植物系指植物体的一部分或全部需在水中生长的多年生草本花卉。水生植物依其需水状况及根部覆土的需要，可分为挺水、浮水、沉水及漂浮植物四类，依水生状况不同而各有其适合的水深。水生植物造景宜在开阔的地方，任何阴影可能使叶片徒长而不开花或周边树木的落叶也会阻碍池中的植物生长。由于水生植物与一般生长于地面上的植物的质感及外形相差甚多，故更能创造出一种特殊又具趣味性的景观。在园林中具有平衡水体生态；界定边缘与区域；供作观赏，叶片可减少阳光直射，调节池底与池面及昼夜温差，有助鱼禽生长；提供与建筑物或铺面形成的对比；与水景饰物配合，可塑造生动的景观等作用。

五、地被植物类

地被植物是泛指可将地面覆盖，使泥土不致裸露，具有保护表土及美化功能的低矮常绿植物。一般植株高 30～60cm，大部分地被植物的茎叶密布生长，并具有蔓生、匍匐的特性，易将地表遮盖覆满（图 2-5）。多年生，适应性强，养护管理简单。

地被植物具有吸收热量、水汽、灰尘及水土保持的功能。不仅可如草覆盖地面，密植可抑制杂草生长，更可植于草坪植物不易生长之处，如强荫地、陡峭地及地势起伏不平之处，有草坪植物不及的优点。

除了上述的实质用途外，地被植物尚具有美化的功能。其形态、叶的大小、颜色及质感等，因种类不定而有各种丰富的变化，或具季节性的花朵或显眼的果实，且地被植物、草地、灌木、藤本和草本花卉等，可彼此搭配，创造出对比或调和的无穷变化。质感细的地被植物生长致密，使光线不易穿透至土面，杂草也因无法获得阳光而不能生长，故不会有杂草丛生的弊病发生。因此，非常适合运用于景观设计。

图 2-5　池边常春藤地被

六、草坪植物类

草坪植物是园林中用以覆盖地面，需要经常刈剪却又能正常生长的草种，一般以禾本科多年生草本植物为主。为景观植物中植株小、质感最细的一类。可分为暖地型草和寒地型草两类，前者可耐 35～43℃ 的高温，且在冬季低温时，叶片会逐渐黄化进入休眠状态，需有充足的日照始能生长良好，一般在全光下及26.5～35℃的气温条件下生长状况最理想；后者以冷凉的气候生长最佳，最适温为 21～26℃，终年可呈现一片常绿的景象。草坪植物生长速度由极快（每周可生长 7～12cm）至极慢（每周仅生长 0.3～0.6cm）不等，依草种差别而异，并以排水良好的中性土壤为宜。

草坪植物有净化空气、减少尘埃、保持水土、减少噪声及美化环境、创造舒适的活动空间等作用，其质感和颜色能散发安稳宁静之感，其接收了光和阴影的调色，雨滴的晶亮，吹过轻风之后，又呈现出一派柔和生动的风貌。而草坪植物顺滑的质感更强调了地形或等高线的变化，保持地形滑顺的特征和避免视线干扰。草坪植物在经常割草下会显得特别平坦，与其他景物结合可产生强烈的对比，形成良好的背景（图 2-6）。草坪是所有园林植物中养护持续时间最长、养护费用最大的一种植物景观。

园林中常综合利用各类植物，以构成丰富多彩的园林环境，见图 2-7 所示。

图 2-6　游憩草坪

图 2-7　各类植物综合应用构成丰富多彩的园林环境

第二节　园林植物的观赏特性

园林植物的观赏特性，亦即园林植物的美学特性，是植物造景的基本素材。人们欣赏生动的园林植物景观，是审美的想象、情感和理解的和谐活动，是生理的审美感知引发到心理的触动作用。生理的感知包括视觉、嗅觉、触觉、听觉和味觉。对园林植物景观而言，视觉、嗅觉和触觉的感官在园林艺术美中起着主导性的作用，同时听觉、味觉等在审美中某种程度上也发挥着不可忽视的辅助作用。视觉的感官在园林植物景观中表现为形与色，嗅觉表现为香味，而触觉则直观表现在质地上。园林植物景观有群体美，有个体美，亦有细部的特色美。所有这些美在人的心理感觉中无非是由形、色、味、质等引发各种生理感知而致。而任何美的形、色、味及质的感受都是由欣赏对象的物质结构分组而形成的，其相互关系见图 2-8。

一、园林植物的形态

园林植物的形态表现为不同的形体大小和姿态，是园林景观的主要观赏特性之一，它对园林景观营造起着重要的作用。在植物景观的构图和布局中，它影响着统一性和多样性。不同形态的植物给人以不同的感觉，或高耸入云，或波浪起伏，或平和，或悠然，或苍穹飞舞等。

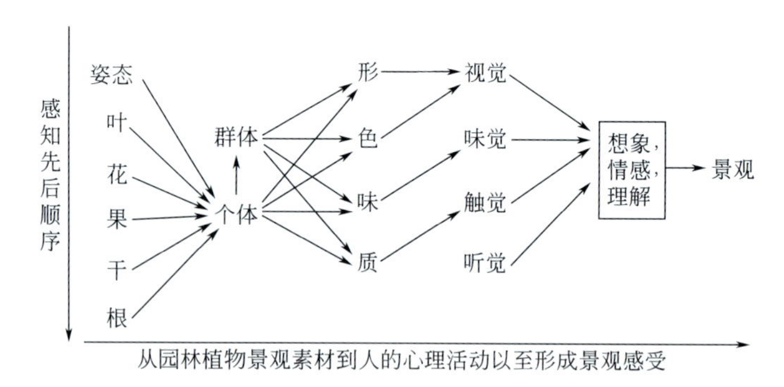

图 2-8 园林植物景观感受形成示意图

（引自：赵世伟，张佐双主编．园林植物景观设计与营造．北京：中国城市出版社，2001）

园林植物形态各异。常见木本乔灌木的树形有柱形、塔形、圆锥形、伞形、圆球形、半圆形、卵形、倒卵形、匍匐形等，特殊的有垂枝形、曲枝形、拱枝形、棕榈形、芭蕉形等（图 2-9）。不同姿态的树种与不同地形、建筑、水体、山石相配植，则景色万千。园林植物之所以形成不同的形态，与植物本身的分枝习性及年龄有关。

树形是指植物生长过程中表现出的大致外部轮廓。它是由一部分主干、主枝、侧枝及叶幕组成。不同的树种各有其独特的树形，主要由树种的遗传性而决定，但也受外界环境因子的影响，而在园林中人工养护管理因素更能起决定作用。

一个树种的树形并非永远不变，它随着生长发育过程而呈现出规律性的变化，设计者必须了解这些变化的规律，对其变化能有一定的预见性，一般所谓某种树有什么样的树形，均指在正常的生长环境下，其成年树的自然外貌。树形可分为下述类型。

1. 针叶乔木类

圆柱形：如杜松、塔柏等。

尖塔形：如雪松、窄冠侧柏、南洋杉、金松、冲天柏、冷杉等。

圆锥形：如圆柏、水杉等。

广卵形：如圆柏、侧柏等。

卵圆形：如球柏。

盘伞形：如老年期油松。

苍虬形：如高山区一些老年期树木。

笔形：如铅笔柏等。

2. 阔叶乔木类

（1）有中央领导干的树种

笔形：如塔杨。

卵圆形：如加杨。

棕榈形：如棕榈。

（2）无中央领导干的树种

球形：如五角枫。

钟形：如欧洲山毛榉。

馒头形：如馒头柳。

（3）风致形　由于自然环境因子的影响而形成的各种富于艺术风格的体形，如高山上或多风处的树木以及老年树或复壮的老年期树木等，一般在山脊多风处常呈旗形。

3. 灌木及丛木类

（1）针叶树类

密球形：如万峰桧。

倒卵形：如千头柏。

丛生形：如翠柏。

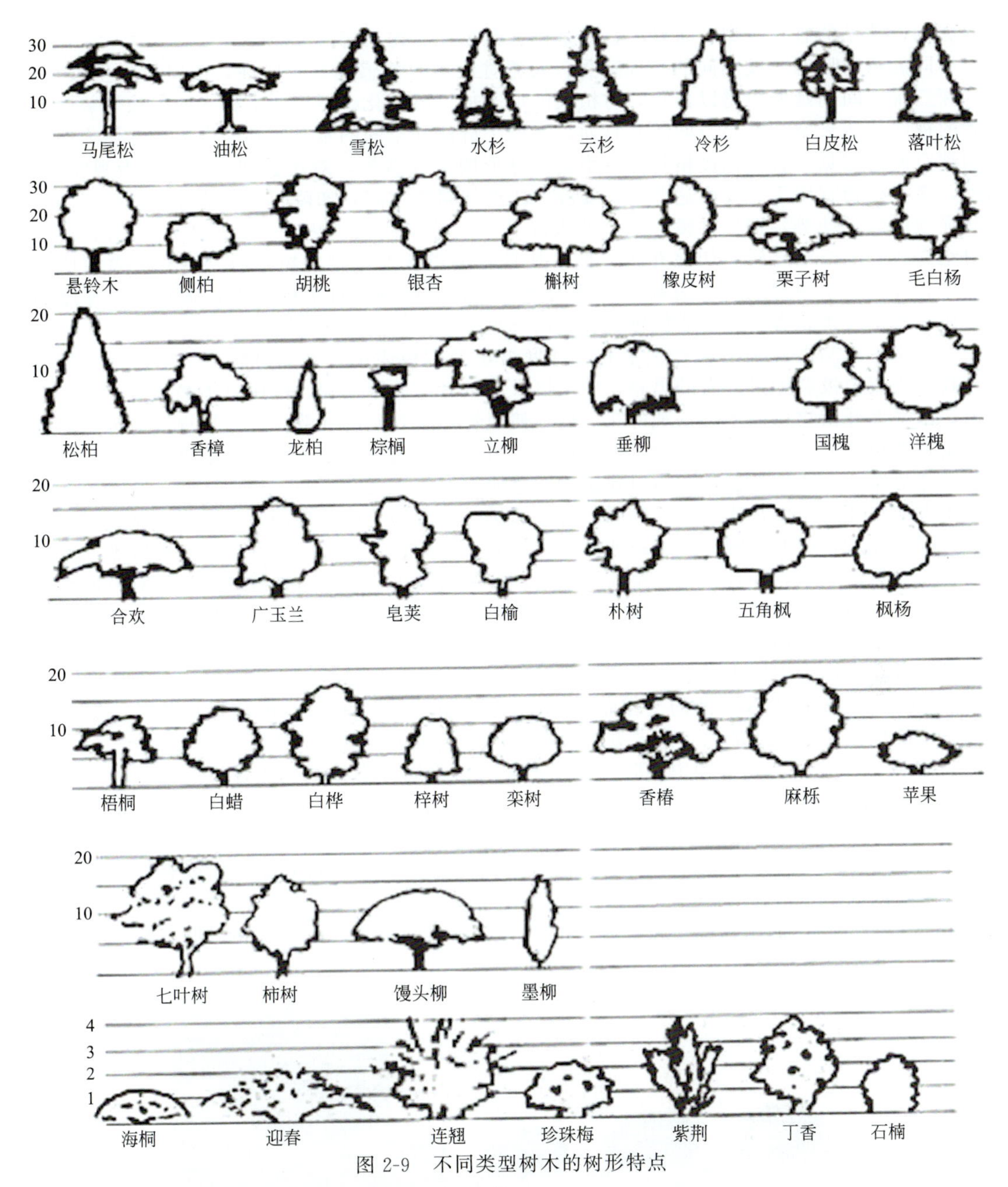

图 2-9 不同类型树木的树形特点

偃卧形：如鹿角桧、铺地柏、偃柏、偃松等。

(2) 阔叶树类

圆球形：如黄刺玫。

扁球形：如榆叶梅。

半球形（垫状）：如金缕梅。

丛生形：如玫瑰。

拱枝形：如连翘。

悬崖形：如生于高山岩石隙中之松树等。

匍匐形：如平枝栒子、紫藤。

4. 其他类型

在上述各种自然树形中，其枝条有的具有特殊的生长习性，对树形姿态及艺术效果起着很大的影响，常见的有垂枝型、龙枝型，如垂柳、龙爪槐、龙爪柳等。

不同的植物形态激发不同的心理感受。人类对植物的情感具有倾向性，按照植物生长在高、宽、深三维空间的延伸中得以体现，对植物的形态加以感情化。挺拔向上树木的生长气势引导观赏者的视线直达天空，突出空间的垂直面，强调了群体和空间的垂直感和高度感，并使人产生一种超越空间的幻觉。若与低矮植物，特别是圆球形的交互造景，对比强烈，最易成为视觉中心。另外，这类植物宜用于需要表达严肃、安静、庄严气氛的空间，如陵园、墓地等纪念性空间。因为其强烈的向上动势，别具升腾形象，使人在其形成的空间氛围内充分体验对死者的哀悼之情或对纪念人物的崇敬之感。如在乔木方面，凡具有尖塔状及圆锥状树形者，多有严肃端庄的效果；具有柱状狭窄树冠者，多有高耸静谧的效果；具有圆钝、钟形树冠者，多有雄伟浑厚的效果；而一些垂枝类型者，常形成优雅、和平的气氛。

一般水平式的展开类型会产生平和、舒展恒定的积极表情，又具有疲劳、死亡、空旷的气氛。其积极或消极会因设计者的思路、应用以及欣赏者的心绪而变，应用时不必疑虑太多。在空间上，水平展开植物可以增加景观的宽广度，使植物产生外延的动势，并引导视线前进。因此其应与垂直类植物共用，以产生纵横发展的极差。另外，此类植物常形成平面效果，故而宜与地形的变化之势结合，或作地被，或用以建筑物的遮掩等。

无方向在几何学中是指以圆、椭圆或者以弧形、曲线为轮廓的构图。如圆形、卵圆形、广卵圆形、倒卵球形、钟形、倒钟形、扁球形、半球形、馒头形、伞形、丛生形、拱枝形等。无方向型植物除自然形成外，亦有人工修整而形成的，如黄杨球等，因其对视线的引导没有方向性和倾向性，故在应用中不易破坏设计的统一性。其柔和平静的格调，多用于调和外形强烈的植物，如日本园林多用此类植物。

设计者在具体应用树木形态时还应注意以下几点。

① 植物形态随季节及年龄的变化而具有较大的不确定性。在设计时应抓住其最佳景观效果的形态作最优先考虑。如油松，愈老姿态愈奇特，老年油松姿态“亭亭如华盖”。

② 景观以植物形态为构图中心时，注意把握人对不同形态植物的重量感的感受。一般经修剪成规则形状，如球体的植物，在感觉上显得重，具有浓重的人工气息，而自然生长的植物感觉较轻，给人以放松、自由的意境。

③ 注意单株与群体之间的关系。群体的效果会掩盖单体的独特景象，如欲表现单体，应避免同类植物或同形态植物的群植。

④ 太多不同形态的植物配植在一起，给人以杂乱无章之感，而具有相似形态的不同种类植物造景在一起，既有变化又显得统一（图 2-10）。

图 2-10 具有相似形态的植物造景在一起既有变化又显得统一

⑤ 各种树形的美化效果并非机械不变的，它常依配植的方式及周围景物的影响而有不同程度的变化。如在灌木方面，呈拱枝形丛生的，用在树木群的外缘，有相似、浑实感；用在自然山石旁，多有潇洒的意境。

二、园林植物的色彩

色彩是视觉审美的重要对象，是对景观欣赏最直接、最敏感的接触。不同的色彩在不同国家和地区具有不同的象征意义，而欣赏者对色彩也极具偏好性，即色彩同形态一样也具有“感情”。不同的植物以及植物的各个部分都显现出多样的光色效果，是园林植物造景的调色盘，对其属性的认识有利于造景时做出绝妙的色彩搭配。

1. 红色

红色与火同色，充满刺激，意味着热情、奔放、喜悦和活力，有时也象征着恐怖和动乱。红色给人以艳丽、芬芳和成熟青春的感觉，因此极具注目性、诱视性和美感。但过多的红色，刺激性过强，会令人倦怠和烦躁，在应用时需慎重。

(1) 红色系观花植物　桃、杏、梅、樱花、山桃、李、海棠、蔷薇、玫瑰、月季、贴梗海棠、石榴、红牡丹、山茶、杜鹃、锦带花、红花夹竹桃、毛刺槐、合欢、绣线菊、榆叶梅、紫荆、木棉、凤凰木、象牙红、扶桑、郁金香、锦葵、蜀葵、石竹、芍药、东方罂粟、红花美人蕉、大丽花、兰州百合、一串红、千屈菜、宿根福禄考、菊花、雏菊、凤尾鸡冠花、美女樱、紫薇等。

(2) 红色果实植物　火棘、樱桃、金银木、南天竹、石榴、小檗类、多花栒子、山楂、天目琼花、枸杞、丝棉木、欧李、麦李、枸骨、花椒、郁李、珊瑚树、柿、石榴等。

(3) 红色干皮植物　红瑞木、青刺藤等。

(4) 秋叶呈红色植物　鸡爪槭、元宝枫、五角枫、茶条槭、枫香、黄栌、地锦、五叶地锦、小檗、火炬树、柿树、山麻杆、盐肤木等。

(5) 春叶呈红色植物　石楠、桂花、臭椿、五角枫、山麻杆等。

(6) 正常叶色呈红色植物　三色苋、红枫、红叶碧桃、红叶李等。

2. 黄色

黄色明度高，给人以光明、辉煌、灿烂、柔和、纯净之感，象征着希望、快乐和智慧。同时也具有崇高、神秘、华贵、威严、高雅等感觉。

(1) 黄色系观花植物　连翘、迎春、金钟花、黄刺玫、棣棠、黄牡丹、羊踯躅、腊梅、黄花夹竹桃、金花茶、栾树、美人蕉、大丽花、唐菖蒲、向日葵、大花萱草、黄菖蒲、金光菊、一枝黄花、菊花、金鱼草、半支莲等。

(2) 黄色果实植物　银杏、梅、杏、佛手、金橘、梨、木瓜、沙棘等。

(3) 秋叶呈黄色植物　银杏、洋白蜡、鹅掌楸、加杨、柳树、无患子、槭树、麻栎、栓皮栎、水杉、金钱树、白桦、槐、元宝枫、悬铃木等。

(4) 正常叶色显黄色植物　金叶女贞、金叶鸡爪槭、金叶小檗、金叶锦熟黄杨、金叶榕等。

(5) 叶具黄色斑纹植物　金边黄杨、金心黄杨、变叶木、洒金东瀛珊瑚、洒金柏等。

(6) 黄色干皮植物　金枝槐、金竹、黄皮刚竹、金镶玉竹等。

3. 橙色

橙色为红和黄的合成色，兼有火热、光明之特性，象征古老、温暖和欢欣。具有明亮、华丽、健康、温暖、芳香的感觉。

(1) 橙色系观花植物　菊花、美人蕉、萱草、金盏菊、半支莲、旱金莲、孔雀草、万寿菊、东方罂粟、金桂等。

(2) 橙色果实植物　柚、橘、柿、甜橙、贴梗海棠等。

4. 绿色

绿色是植物及自然界中最普遍的色彩，是生命之色，象征着青春、希望、和平，给人以宁静、休息和安慰的感觉。绿色调以其深浅程度不同又分为嫩绿、浅绿、鲜绿、浓绿、黄绿、赤绿、褐绿、蓝绿、墨绿、灰绿等，不同的绿色调合理搭配，具有很强的层次感。

（1）嫩绿叶　多数落叶树之春色叶以及馒头柳、金银木、刺槐、洋白蜡等。

（2）浅绿叶　一些落叶阔叶树及部分针叶树，合欢、悬铃木、七叶树、鹅掌楸、玉兰、银杏、元宝枫、碧桃、山楂、水杉、落叶松、北美乔松等。

（3）深绿叶　一些阔叶常绿树及落叶树，枸骨、女贞、大叶黄杨、水蜡、钻天杨、加杨、君迁子、柿树等。

（4）暗绿叶　常绿针叶树及草坪植物，油松、桧柏、雪松、侧柏、青扦、麦冬、华山松、书带草、葱兰等。

（5）蓝绿叶　白扦、翠蓝柏等。

（6）灰绿叶　桂香柳、银柳、野牛草、羊胡子草等。

5. 蓝色

蓝色为典型的冷色和沉静色，有寂寞、空旷的感觉。在园林中，蓝色系植物用于安静处或老年人活动区。

（1）蓝色系观花植物　瓜叶菊、乌头、风信子、耧斗菜、马蔺、鸢尾、八仙花、木蓝、蓝雪花、蓝刺头等。

（2）蓝色果实植物　海州常山、十大功劳等。

6. 紫色

紫色乃高贵、庄重、优雅之色，明亮的紫色令人感到美好和兴奋。高明度紫色象征光明，其优雅之美宜造成舒适的空间环境。低明度紫色与阴影和夜空相联系，富有神秘感。

（1）紫色系花植物　紫藤、三色堇、鸢尾、桔梗、紫丁香、裂叶丁香、木兰、木槿、泡桐、醉鱼草、紫荆、耧斗菜、沙参、紫菀、石竹、荷兰菊、二月兰、紫茉莉、紫花地丁、半支莲、美女樱等。

（2）紫色果实植物　紫珠、葡萄等。

（3）紫色叶植物　紫叶小檗、紫叶李、紫叶碧桃、紫叶黄栌等。

7. 白色

白色象征着纯洁和纯粹，感应于神圣与和平，白色明度最高，给人以明亮、干净、清楚、坦率、朴素、纯洁、爽朗的感觉。也易给人单调、凄凉和虚无之感。

（1）白色花植物　白玉兰、白丁香、白牡丹、白鹃梅、珍珠花、蜀葵、金银木、白花夹竹桃、白木槿、绣线菊、刺槐、毛白杜鹃、白碧桃、杜梨、梨、珍珠梅、山梅花、白兰花等。

（2）白色干皮植物　白桦、白皮松、银白杨、核桃、粉单竹等。

三、园林植物的芳香

一般艺术的审美感知，多强调视觉和听觉的感赏，唯园林植物中的嗅觉感赏更具独特的审美效应。“疏影横斜水清浅，暗香浮动月黄昏”道出了玄妙横生、意境空灵的梅花清香之韵。人们通过嗅觉感赏园林植物的芳香，得以绵绵柔情，引发种种醇美回味，令人心旷神怡。有些则能分泌芳香物质如柠檬油、肉桂油等，具有杀菌驱蚊之功效。所以，熟悉和了解园林植物的芳香种类，配植成月月芬芳满园、处处馥郁香甜的香花园是植物造景的一个重要手段。

常用具有芳香花或分泌芳香物质的园林植物如下。

1. 花香植物

茉莉花、含笑、白兰花、珠兰、桂花、素馨、鸡蛋花、猕猴桃、水仙、香雪球、月季、玫瑰、丁香、刺槐、四季米兰等。

2. 分泌芳香物质的植物

山胡椒、木姜子、香薷、芸香、柑橘、花椒、白千层、柠檬桉、细叶桉、桂香柳、香樟、肉桂、月桂、八角、台湾相思、松柏等。

四、园林植物的质地

质地，可通过视觉观赏，也可用触觉感赏。质感是指人对自然质地所产生的心理感受。不同的质地给人们以不同的心理感受，即质地的“情感”。如纸质、膜质叶片呈半透明状，给人以恬静之感；革质叶片，厚而浓暗，给人以光影闪烁之感；而粗糙多毛者，给人以粗野之感。总之，质地具有较强的感染力，可使人产生十分复杂的而又丰富的心理感受。

不同的植物，具有各异的质感。植物的质地决定于叶片、小枝、茎秆的大小、形状及其排列，以及叶表面是否粗糙、叶缘形态、树皮的外形，植物的综合生长习性和植物的观赏距离等因素。植物的质地景观虽无色彩、姿态之引人注目，但其对景观设计的协调性、多样性、视距感、空间感以及设计的情调、观赏情感和气氛有着极深的影响。所以，对优秀景观设计也是至关重要的。根据园林植物的质地在景观中的特性及其潜在用途，可分为粗质型、中质型及细质型三种。

1. 粗质型

此类植物通常由大叶片、疏松粗壮的枝干以及松散的树形而定。粗质型植物给人以强壮、坚固、刚健之感。粗质与细质的搭配，具有强烈的对比性，会产生“跳跃”之感。在景观设计中可作为中心物加以装饰和点缀，但过多使用则显得粗鲁而无情调。另外，粗质型植物可使景物趋向赏景者，从而造成某种幻感，使空间显得狭窄和拥挤。所以宜用在超越人们正常舒适感的现实自然范围中，但在狭小空间如宾馆、庭院内慎用。

粗质型园林植物主要有：火炬树、鸡蛋花、凤尾兰、核桃、常绿杜鹃、广玉兰、二乔玉兰、欧洲七叶树、臭椿、木棉、刺桐等。

2. 中质型

此类植物是指具有中等大小叶片、枝干以及具有适中密度的植物。通常多数植物属于此类型。在景观没计中，中质型植物与细质型植物的连续搭配，给人以自然统一的感觉。

3. 细质型

具许多小叶片和微小脆弱的枝条，以及整齐密集而紧凑的冠型植物属于此类型。

此类植物给人以柔软、纤细的感觉。在景观中容易被人忽视，有种扩大距离的感觉，故宜用于紧凑狭窄的空间设计。同时细质型植物叶小而浓密，枝条纤细而不易显露，所以轮廓清晰，外观文雅而细腻，宜用作背景材料，以展示整齐、清晰、规则的特殊氛围。

细质型园林植物有：鸡爪槭、榉树、北美乔松、珍珠梅、地肤、文竹、苔藓、结缕草、早熟禾等。

质地在植物景观设计中应注意以下方面。

① 质地的设计与运用应遵循美学的艺术原则。质地的选取和使用必须结合植物自身的体量、姿态与色彩，注意变化与协调统一，以增强和突出所要表达的景观意象。例如构图的立意要突出某个体的姿态或色彩，则应选用细质型材料，以便在景观上不过于喧宾夺主。在植物造景中不同质地的植物过渡要自然，比例要合适。空间与空间的过渡与相连采用质地相近的材料作中枢，以使景观相融合（图 2-11、图 2-12）。

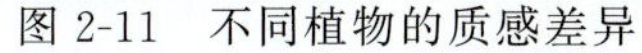

图 2-11　不同植物的质感差异

图 2-12　修剪对植物质感的影响

② 均衡地使用粗质型、中质型及细质型三种不同类型的植物。质感种类少，布局显得单调；但若种类过多，布局又会显得杂乱。

③ 质地随空间距离、时间与季节的变化而表现不同，故设计者应把握不同植物的质地变化

特征。

④ 不同质地材料的选择要与空间大小相适应，与环境相协调。如大空间多采用粗糙刚健的粗质型植物与之配合；小空间多采用细质型，空间会因漂亮、整洁的质感而使人感到雅致而愉悦。

[本章小结]

本章阐述了园林植物景观素材及其观赏性，对园林植物造景素材特性认识，是开展植物造景设计的基础。园林植物作为景观材料可分成乔木、灌木、草本花卉、蔓藤植物、草坪植物以及地被植物六种类型。每种类型的植物在园林绿地中有着不同的应用特点。

乔木在景观设计上是园林中的骨干植物，无论在功能上或艺术处理上都能起主导作用，在园林中具有密切建筑物与场地的关系，并串联外部空间；分隔空间、界定边缘与区域；调和高程变化及地貌变化，并引导行人动线；提供私密、遮蔽及视觉屏障；以包被或分割区域来创造外部空间，并提供垂直性；阻隔强风、尘土、强光和噪声；保护人类及野生动物生存，供给人类采果食用；开造通往或远离建筑物或目标物的视野；提供与建筑物、铺装面或水体在质感或颜色上的对比；对比烘托雕塑物等作用。

灌木在景观设计上具围构阻隔的作用，低矮者具有实质的分隔作用；较大者，其生长高度在人平行视线以上，则更能强化空间的界定。灌木的线条、色彩、质地、形状和花是主要的视觉特征，其中以开花灌木观赏价值最高，用途最广，多用于重点美化地区。在园林中除具乔木的功能外，还有覆盖地面，防止土壤冲蚀作用。

蔓藤植物包括蔓性和藤本两类，在景观设计中可塑造美丽的线条图案。垂直绿化、立体绿化是其主要应用形式。

草本花卉较之木本花卉在栽培上更具变化性，其品种繁多而花色缤纷，适应性广，且多以种子繁殖，短期内可获大量植株，群集性强，多表现群体美。可利用的范围广泛，适用于布置花坛、花境、花缘、花丛、花群、切花、盆栽观赏或做地被植物使用。

地被植物是泛指可将地面覆盖，使泥土不致裸露，具有保护表土及美化功能的低矮常绿性植物。多年生，适应性强，养护管理简单，在强荫地、陡峭地及地势起伏不平之处，有草坪植物不及的优点。

草坪植物是园林中用以覆盖地面，需要经常刈剪却又能正常生长的草种，一般以禾本科多年生草本植物为主。为景观植物中植株小、质感最细的一类。有净化空气、减少尘埃、保持水土、减少噪声及美化环境、创造舒适的活动空间等作用。

园林植物的观赏特性，亦即园林植物的美学特性，是植物造景的基本素材。园林植物景观有群体美，有个体美，亦有细部的特色美。所有这些美在人的心理感觉中无非是由形、色、味、质等引发各种生理感知而致。而任何美的形、色、味及质感都是由欣赏对象的物质结构分组而形成。

园林植物的形态表现为不同的形体大小和姿态，是园林景观的主要观赏特性之一，它对园林景观营造起着重要的作用。在植物景观的构图和布局中，它影响着统一性和多样性。常见木本乔灌木的树形有柱形、塔形、圆锥形、伞形、圆球形、半圆形、卵形、倒卵形、匍匐形等，特殊的有垂枝形、曲枝形、拱枝形、棕榈形、芭蕉形等。一个树种的树形并非永远不变，它随着生长发育过程而呈现出规律性的变化，设计者必须了解这些变化的规律，对其变化能有一定的预见性。

色彩是视觉审美的重要对象，不同的植物以及植物的各个部分都显现出多样的光色效果，是园林植物造景的调色盘，对其属性的认识有利于造景做出绝妙的色彩搭配。

人们嗅觉感赏园林植物的芳香，得以绵绵柔情，引发种种醇美回味，产生心旷神怡、欢愉之感。所以，熟悉和了解园林植物的芳香种类，配植成月月芬芳满园、处处馥郁香甜的香花园是植物造景的一个重要手段。

不同的植物，具有各异的质感。植物的质地决定于叶片、小枝、茎秆的大小、形状及其排列，以及叶表面是否粗糙、叶缘形态、树皮的外形、植物的综合生长习性和植物的观赏距离等因素。植物的质地景观虽无色彩、姿态之引人注目，但其对景观设计的协调性、多样性、视距感、空间感以及设计的情调、观赏情感和气氛有着极深的影响。

思考题

1. 简述各类园林植物在造景设计中的应用特点。
2. 试述你所在校园绿地中的园林树木有哪些突出的观赏特点？

实训一　调查校园植物景观素材的主要观赏特性

一、实训目标

了解园林植物类别及园林功能，掌握园林植物的形态特征及观赏特性。

二、材料与用具

绘图与测量工具等。

三、方法与步骤

1. 调查校园所在地的自然条件及植物的生长状况。
2. 了解当地群众对植物类型的需求。
3. 记录当地植物景观素材的形态特征及生物学习性。
4. 调查资料归纳整理。

四、实训要求

1. 要求植物调查全面系统完整。
2. 植物选择应具代表性。

五、作业

1. 撰写一份调查报告。
2. 绘制园林植物平面图、立面图，并写出植物名称。

实训二　素描速写乔灌木树形

一、实训目标

了解园林植物的形态特征及园林用途，掌握园林植物的表现手法。

二、材料与用具

绘图工具等。

三、方法与步骤

1. 了解当地主要园林植物的形态特征及园林用途。
2. 调查当地的自然条件及植物生长状况。
3. 完成平面图、立面图。

四、实训要求

1. 要求选择当地有代表性的乔木、灌木。
2. 图纸绘制规范。

五、作业

绘制 40 种乔木、20 种灌木树形平面图、立面图，并写出植物的名称。

第三章　园林植物景观风格与类型

[学习目标]

1. 认识园林植物景观风格类型与特点，掌握植物景观风格设计方法。
2. 了解园林植物景观类型，熟悉不同园林植物景观类型的应用特点。

风格是一个时代、一个民族、一个流派或一个人的艺术作品所表现的主要的思想特点和艺术特点。园林植物景观的风格是为园林绿地形式、功能服务的，是为了更好地表现园林景观的内容，它既是空间艺术形象，同时也受着自然条件、植物材料、规划形式和各民族、地方的历史、习惯等因素的影响，在植物造景实践中，形成了丰富的景观类型。一团花丛，一株孤树，一片树林，一组群落，都可从其干、叶、花、果的形态，反映于其姿态、疏密、色彩、质感等方面而表现出一定的风格。如果再加上人们赋予的文化内涵——如诗情画意、社会历史传说等因素，就更需要在植物栽植时加以深入细致地规划设计，才能获得理想的艺术效果，从而表现出植物景观的艺术风格来。

第一节　园林植物景观风格

园林的规划形式决定了园林植物造景的景观艺术形式，从而产生不同的植物景观风格。法国和意大利的古典园林主要采用对称整齐栽植，把常绿乔灌木和花卉修剪成各种几何形状或构成地毯式模纹花坛，从而形成园林的特殊风格。我国古典园林的植物造景力求自然与绘画意趣，在形成我国园林风格中起到了特殊作用，在世界上是独树一帜的。目前，园林植物景观的风格大致可分为自然式、规则式、混合式和自由式四种，各有其不同的特点。

一、自然式植物景观

（一）自然式植物景观特点与实例

自然式的植物造景方式，多选外形美观、自然的植物种类，它强调变化，植物配置没有固定的株行距，充分发挥树木自由生长的姿态，不强求造型；植物配置以自然界植物生态群落为蓝本，将同种或不同种的树木进行孤植、丛植和群植等自然式布置或分隔空间（图 3-1、图 3-2）。

图 3-1　自然式树丛景观

图 3-2　自然式植物配置景观

花卉以花丛、花群等形式为主，树木整形模拟自然苍老，反映植物的自然美，该风格具有生动活泼的自然风趣，令人感觉轻松、惬意，但如果使用不当会显得杂乱。在世界上以中国自然山水园与英国风景式园林为代表。

1. 中国自然山水园

中国自然山水园历来重视植物造景，精心选择，巧妙配植，师法自然，形成充满诗情画意和强烈艺术感染力的园林景观。以北京颐和园、承德避暑山庄、苏州拙政园、苏州留园和苏州网师园等为代表，具有鲜明的自然风格特点（图 3-3）。据朱钧珍教授总结，中国园林植物景观特点如下。

图 3-3　苏州网师园局部景观

（1）借自然之物　园林景物直接取之于大自然，如园林五要素中的山、石、水体、植物本身，都是自然物，用以造园，从古代的帝王宫苑直至文人园林，莫不如此。如果“取”不来，则要“借”来，纳园外山川于园内，作为远望之园景，称为“借景”。如北京颐和园既引玉泉之水，亦纳玉泉山景——塔，于园内借赏。而植物景观风格的创造，如苏州留园入口“古木交柯”庭院（老槐一株，虽干枯但却苍劲古拙），网师园“竹外一枝轩”（黑松），“看松读画轩”（柏树、罗汉松古树），都追求“古”、“奇”、“雅”之画意。

（2）仿自然之形　在市区，一般难以借到自然的山水，而造园者挖池堆山，也要仿自然之形，因而产生了那种以“一拳代山”、“一勺代水”、“小中见大”的山水园。叠石堆山仿山峰、山坳、山脊之形；挖池理水也有湖形、水湾、水源、潭瀑、叠落等自然水态。植物配置首先是要仿自然之形，如“三五成林”就是以少胜多，取自然中“林”的形，或浓缩或高度概括为园林中之林，三株五株自由栽植，取其自然而又均衡，相似而又对比的法则，以求得自然的风格。在中国的传统园林中，极少将自然的树木修剪成人工的几何图形，即使是整枝、整形，也是以自然式为主，一般不做几何图形的修剪。

（3）引自然之象　中国园林的核心是景，景的创造常常借助大自然的日月星辰、雨雾风雪等天象。如杭州花港观鱼的“梅影坡”，乃引“日”之影，而成“地之景”；承德避暑山庄的“日月同辉”，是引“日”之象，造“月”之景；而无锡寄畅园的“八音涧”，是借“泉石”之自然物，而妙造“声”之景。这些手法都是引自然之景象，而构成造园中的一种绝招。在中国古典园林中特别善于利用植物的形态和季相变化，表达人的一定的思想感情和形态意境，如“岁寒，然后知松柏之后凋也”，表示坚贞不渝；“留得残荷听雨声”、“夜雨芭蕉”，表示寂静的气氛。石榴花则“万绿丛中红一点，动人春色不须多”。“疏影横斜水清浅，暗香浮动月黄昏”，借水影、月影、微风，来体现时空的美感，创造出一种极为自然生动、静中有动、虚无缥缈的赏梅风格。

（4）受自然之理　自然物的存在与变化，都有一定的规律。山有高低起伏、主峰、次峰；水有流速、流向、流量、流势；植物有耐阴喜光、耐盐恶湿、快长慢长、寿命长短，以及花开花落、季相色彩的不同，这一切都要符合植物的生态习性规律，循其自然之理，充分利用有关的种种自然因素，才能创造出丰富多姿的园林景观。在我国古典皇家园林中，以建筑宫殿为主，力求山林气氛，多为松、柏类树种，古松、古柏苍劲挺拔，经风雪而不凋，可谓入画种类。

（5）传自然之神　能做到源于自然而高于自然者，多是传达了自然的神韵，而不在于绝对模仿自然。故文人造园，多以景写情，寄托于诗情画意（图 3-3、图 3-4）。植物拟人化作用在中国古典园林中运用较为突出，运用比拟与联想，可以少胜多，多用在建筑景名、题咏、楹联等，或名胜古迹处。最典型的例子：梅兰竹菊喻为四君子，松竹梅喻为岁寒三友。在苏州园林中许多建筑物常以周围花木命名，以描述景的特点。如拙政园的远香堂：远香由荷花引申而来，远香堂面临荷池。倚玉轩：取意“倚楹碧玉万竿长”。雪香云蔚亭：雪香即梅花和腊梅雪中开放，云蔚指花木繁盛。待霜亭：亭在池西土山之上，四周夹种橘树。梧竹幽居：有梧桐有竹子。十八曼陀罗花馆：曼陀罗花即山茶花。承德避暑山庄 72 景中，以树木花卉为景观主题的就有 18 处之多。如万壑松风、梨花伴月、曲水荷香、青枫绿屿、香远益清、金莲映日、芳渚临流、松鹤斋、冷香亭、观莲所、万树园、临芳墅等。这些是中国传统园林最丰厚的底蕴与特色。

2. 英国风景式园林

英国风景式园林的植物多采用疏林草地形式。英国的北部为山地和高原，南部为平原和丘陵，属温带海洋性气候。充沛的雨量、温和湿润的气候，使这个高纬度地区有着适宜植物生长的自然条件。英国的森林面积占国土总面积的 1/10，在农业上传统的畜牧业占据着主导地位，牧场至今仍占国土面积的 2/5。因此，英国人对园艺有着一种与生俱来的爱好，热衷于花卉的栽培。广袤的花园和树木、牧场和草坪很好地衔接在一起，视线开阔，一望无际（图 3-4）。

（二）自然式植物景观组合式样

以丛植为基本栽植单位，即具个体美的 3～5 株树木的组合，或多株复合栽植，创造群体美。既有观赏的中心主体乔木，又有衬托主体的添景。为了取得地面上的联系，可在前面加上低矮常绿树为前景，形成一定层次结构的植物群丛景观（图 3-5、图 3-6）。自然式植物景观常见造景方式如下。

图 3-4　英国风景式园林景观

（引自：郦芷若，朱建宁．西方园林．郑州：河南科学技术出版社，2002）

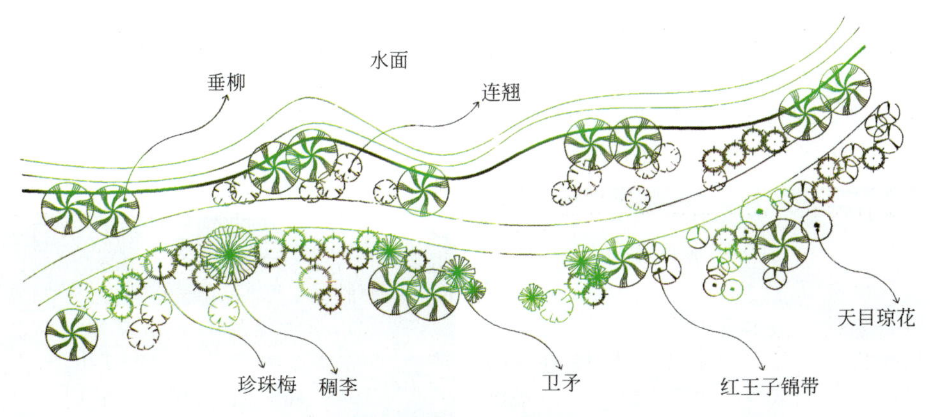

图 3-5 某滨水绿地自然式植物景观布置平面图

图 3-6 某公园绿地自然式植物景观

1. 孤植

单株树孤立种植。可作主景、对景或庇荫，常用于大片草坪中、庭院的一角、广场、道路转弯处，表现植物的个体美。

2. 丛植

几株同种或异种树木不等距离种植在一起形成树丛效果。可作主景、配景、障景、背景、隔离、庇荫等。常用于水边、路边、大片草坪中，表现植物的群体美和个体美。

3. 群植

以乔木为主体，与灌木搭配组合种植，组成较大面积的树木群体。可作配景、背景、隔离、防护等，常用于大片草坪中、水边，或者需要防护、遮挡的场所，表现植物群体美，具有“成林”的效果。

4. 带植

大量植物沿直线或者曲线呈带状栽植。多作背景、隔离、防护用，多应用于街道、公路、水系的两侧，表现植物群体美，一般宜密植，形成树屏效果。

二、规则式植物景观

（一）规则式植物景观特点与实例

规则式栽植方式在西方园林中经常采用，在现代城市绿化中使用也比较广泛。相对于自然式而言，规则式的植物造景强调成行等距离排列或作有规律的简单重复，对植物材料也强调整形，修剪成各种几何图形。花卉布置用以模纹图案为主体的花坛、花境为主。规则式植物栽植方式给人以雄伟、庄严和肃穆的感觉（图 3-7、图 3-8）。例如天安门广场上毛主席纪念堂后面的油松林，排列整齐，取得了上述效果。规则式造景方法简单易行，便于群众性养护管理，在北方广为采用。

图 3-7 规则式树阵布置

图 3-8 规则式篱植景观

规则式植物景观以意大利台地园和法国宫廷园林为代表，给人以整洁明朗和富丽堂皇的感觉。我国北京天坛公园、南京中山陵都属规则式风格。

1. 意大利台地园

意大利境内由山地和丘陵组成，其中丘陵占 80%。夏季在谷地和平原上闷热，而山丘上凉爽，这一地理地形和气候特点构成了意大利的传统园林——台地园（图 3-9）。

意大利台地园中的植物运用也是适应其避暑功能要求的。由于意大利大部分地处亚热带，夏季炎热，因此庄园内的植物以不同深浅的绿色为基调，尽量避免一切色彩鲜艳的花卉，使人在视觉上感到凉爽宁静。树形独特高耸的意大利柏是意大利园林的代表，往往在大道旁种植，形成浓荫夹道。

有时作为建筑、喷泉的背景，或组成框景，都有很好的效果。此外还有石松、月桂、夹竹桃、冬青、紫杉、棕榈等，其中石松冠圆如伞，与意大利柏形成纵横及形体上的对比，往往做背景用。其他树种多成片、成丛种植，或形成树畦；月桂、紫杉、黄杨、冬青等是绿篱用植物雕塑的主要材料，阔叶树运用较多的有悬铃木、榆、七叶树等。

在台地园中，造园师将植物作为建筑材料来对待，代替了砖、石、金属等，起着墙垣、栏杆的作用。高矮、形状各异的修剪绿篱在意大利园林中的运用十分普遍，除了形成绿丛植坛、谜园以外，在露天剧场中也得到广泛的应用，形成舞台背景、侧幕、入口拱门和绿墙等。在高大的绿墙中还可修剪出壁龛、内设雕像等。绿墙也是雕塑的好背景，尤其是白色大理石雕像。植物雕刻比比皆是，或点缀在园地角隅及道路交叉点上，如雕塑和瓶饰一般；或修剪成各种人物、动物形象及几何形体。其复杂程度也愈演愈烈，以致过分矫揉造作。绿丛植坛也是台地园的产物。以耐修剪的常绿植物修剪成矮篱，在方形、长方形的园地上，组成各种图案、花纹或家庭徽章、主人姓名等。

图 3-9 意大利台地园

2. 法国勒·诺特式园林

法国大部分地区为平原，地形起伏较小。境内河流纵横交错，土地肥沃。宜于植物种植，森林占国土总面积近 1/9。在意大利台地园的影响下形成象征军权的勒·诺特式园林（图 3-10）。

（1）花坛　花坛是法国园林中最重要的构成要素之一。从把花园简单地划分成方格形花坛，到把花园当作整幅构图，按图案来布置刺绣花坛，形成与宏伟的宫殿相匹配的气魄。勒・诺特常用的花坛有5种类型。

图3-10　法国勒・诺特式园林

① 刺绣花坛：以黄杨做成图案，也是最美丽的花坛，主要用在主体建筑的前方。

② 组合花坛：由涡形图案植坛、草坪、花结和花丛等形式作对称组合构成花坛。

③ 分区花坛：是由完全对称布置的黄杨篱构成，其中看不出草坪或刺绣图案。

④ 柑橘花坛：以柑橘等灌木组成的几何形植坛。

⑤ 水花坛：由几何形草坪、水池和喷泉组合而成。

（2）小林园或丛林　通常是方块形经过修剪的树丛，作为花园的背景，内有各种几何图案的园路，或者是简单的草坪。勒・诺特将丛林改变成充满娱乐设施的小林园，成为法国园林最吸引人的场所。

（3）树篱　树篱是作为花坛或园路与丛林之间的过渡，高度不等。它围合着丛林并设有入口，避免人们随意进出园林。

在植物种植方面，法国园林广泛采用丰富的阔叶乔木，有着明显的四季变化。常见的乡土树种有椴树、欧洲七叶树、山毛榉、鹅耳枥、意大利柏等，往往集中种植在园林中，形成茂密的丛林。这种丛林式的种植是法国平原上森林的缩影，景是边缘经过修剪，又被直线形道路所规范，而形成整齐的外观。这种丛林的尺度与巨大的宫殿、花坛相协调，形成统一的效果。丛林所体现的是一个众多树木枝叶的整体形象。而每棵树木都丢失了个性，甚至将树木作为建筑要素而处理成高墙，或构成长廊，或呈圆形的天井，或排成立柱，像是一个绿色的宫殿。

（二）规则式植物景观组合式样

1. 对植

两株或者两丛植物按轴线左右对称栽植。多用于建筑物、桥头、绿地的入口处，庄重、肃穆。

2. 一行曲线状

按照相等的株行距曲线状种植。特点是自由、活泼。

3. 行列植

按照相等的株行距呈直线状单行、双行或多行栽植乔、灌木。它在景观上较为整齐、单纯而有气魄，具有极强的视觉导向性。主要造景在规则式的园林绿地中及道路两旁。也可采用人工修剪整齐的绿墙、绿篱等形式。

4. 环状植

植物等距沿圆环栽植。可有单环、半环或多环等形式，呈现规律性、韵律感，富于变化，形成连续的曲面。用于圆形或者环形的空间，如圆形小广场、水池、环路等。

5. 围植

四周围植呈方形、长方形或成角隅呈半包围设置形状等。

6. 境栽

在栽植地的外缘连续列植。

7. 自由栽植

自由变形复合形态线状列植。

8. 模纹栽植

有栽植地的外形模纹变化设计、内部的艺术机理模纹组合和绿地复合总体外形的艺术机理模纹组合。

9. **林带栽植**

大量植物等距沿直线或者曲线呈带状栽植，形成连续构图的林带。用于公路两侧、海岸线、风沙较大的地段，或其他需要防护的地区。景观效果规则、整齐，形成视觉屏障，防护隔离性较强。

上述组合式样示意图见图 3-11、图 3-12。

三、混合式植物景观

混合式植物造景方式是介于规则式和自然式之间，即两者的混合使用。这种风格在现代园林中用之甚广。如图 3-12、图 3-13 所示，在两处园景中，规则式地段采用规则式种植方式，而自然式景观配合自然式种植方式，两种栽植方式相互结合，形成了和谐生动的环境。

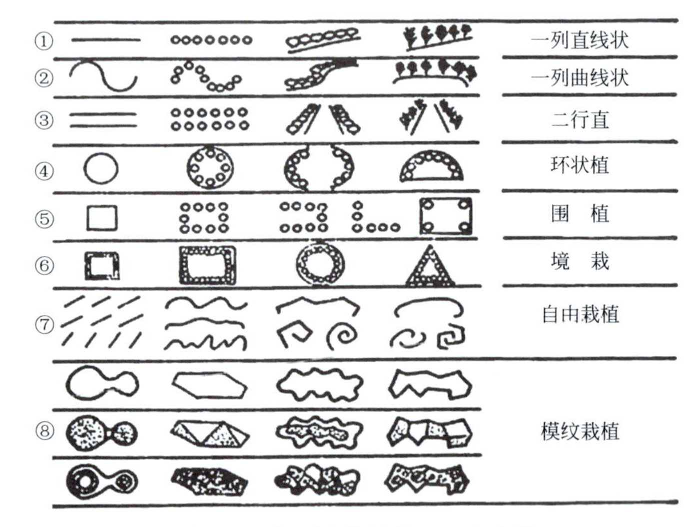

图 3-11　规则式植物景观组合式样

（引自：胡长龙．园林规划设计．第 2 版．北京：中国农业出版社，2002）

图 3-12　水池混合式植物景观

图 3-13　道路边混合式植物景观

在选择植物景观造景方式时需要综合考虑周围环境、园林风格、设计意向、使用功能等内容，做到与其他构景要素相协调，比如建筑、地形、铺装、道路、水体等。如图 3-14 所示，在同一环境下，规则式的铺装周围植物采用自然式景观造景，铺装的形状没有被突出出来，而当选择与之对应的行列式栽植时，铺装的轮廓却得到了强化。

（一）混合式植物造景的方式

混合式植物造景有两种情况，一种是服从混合式规划要求，在纵轴对称的两侧，眼睛所及之处，用规则式造景，在远离中轴线，视力所不及之处用自然式造景，或者在地形平整处用规则式造景，在地形复杂处用自然式造景。在较大的园林建筑周围或构图中心，采用规则式，在远离主

(a) 植物种植与铺装没有很好地协调

(b) 植物种植与铺装协调，强化了铺装的轮廓

图 3-14　自然式和规则式造景应用示意图

要建筑的部分，采用自然式。因为规则式布局易与建筑的几何轮廓线相协调，且较宽广明朗，然后利用地形的变化和植物的配置逐渐向自然式过渡。

另一种情况是指绿地用道路的绿篱分隔成规则的几何图形，内部则用自然式造景植物。在规则式绿地内，用灌木和模纹进行自然式造景，图案新颖，构图亲切，风格自由灵活，与周围环境取得较好的联系，实用性较高。

（二）混合式植物造景的基本手法

1. 主次分明，疏朗有序

主即主要突出某一树种进行栽植，其他树种进行陪衬；疏即很自然地进行栽植，虽由人作，宛若天开，尽量避免人工之态的显现。园林绿化不同于普遍绿化，概括地说应是绿化加美化，各种植物的不同造景组合，能形成千变万化的景境，给人以丰富多彩的艺术感受。

2. 注意四季景色季相变化

在植物造景过程中，突出一季景观的同时，兼顾其他三季，即在主要树种开花时，不要有其他树种开花，而在其他季节要有其他树种开花以托景。如在碧桃专类园中常绿与落叶的比为1∶3，乔木与花灌木的比为1∶1。早春，碧桃开花时以常绿树为背景，弥补了景区花量大，常绿量不足的缺点，而在其他季节，花灌木相继开花，延长了花期存在的时间，丰富了植物景观，使人们在不同季节欣赏到不同的景色。

3. 围合空间的合理应用

植物围合空间可分为开放性空间（视线通透）、半开放性空间（有开阔视野，有封闭视线）、冠下空间（树冠郁闭后的树下空间）、封闭性空间（四周全被遮挡）、竖向空间（视线向上）等几种形式。不同的地形，不同的组团绿地选用不同的空间围合。如街道、人行道两边及城市广场四周，可用封闭性空间，与外界的嘈杂声、灰尘等环境隔离，闹中取静，形成一个宁静和谐的活动、游憩场所。

4. 林缘线和林冠线处理要有变化、有韵律

林缘线是树冠垂直投影在平面上的线；林冠线是树冠与天空交接的线。进行植物造景时应充分考虑到树木的立体感和树形轮廓，通过里外错落的种植，及对曲折起伏的地形的合理应用，使林缘线和林冠线有高低起伏的变化，形成景观的韵律美，几种高矮不同的乔、灌、草，成块或断断续续的穿插组合，前后栽种，互为背景，互相衬托，半隐半现，既加大了景深，又丰富了景观在体量、线条、色彩上的搭配形式。

5. 应用透视、变形、几何、视错觉原理进行植物造景

人们对于景观的最直接感受便是通过视觉来获得的，设计者引导游人视线成功与否决定了

景观的优劣。视线通透远近等视线效果的方式主要靠对植物材料的选择，乔木、灌木、花草、不同的树种起到了不同的视觉效果。这就要求我们在植物造景时，认真地去了解和掌握更多的表现形式，如透视、变形、几何、视错觉等，创造出适时、适地、有韵律的植物景观，满足观赏者的视觉审美要求。

四、自由式植物景观

与前述几种种植设计方式均不相同的是巴西著名设计师罗伯特·布雷·马克斯（Roberto Burle Marx）早期所提出的抽象图案式种植方法。由于巴西气候炎热、植物自然资源十分丰富，布雷·马克斯从中选出了许多种类作为设计素材组织到抽象的平面图案之中，形成了不同的种植风格。从他的作品中就可看出布雷·马克斯深受克利和蒙德里安的立体主义绘画的影响（图 3-15、图 3-16）。

图 3-15 罗伯特·布雷·马克斯设计的屋顶花园鸟瞰
（引自：王晓俊．风景园林设计．南京：江苏科学技术出版社，2000）

图 3-16 罗伯特·布雷·马克斯设计的庭院平面
（引自：王晓俊．风景园林设计．南京：江苏科学技术出版社，2000）

在布雷·马克斯之后的一些现代主义园林设计师们也重视艺术思潮对园林设计的渗透。例如，美国著名园林设计师彼得·沃克（Peter Walker）和玛莎·舒沃兹（Martha Schwartz）的设计作品中就分别带有极少主义抽象艺术和通俗的波普艺术的色彩。这些设计师更注重园林设计的造型和视觉效果，设计往往简洁、偏重构图，将植物作为一种绿色的雕塑材料组织到整体构图之中，有时还单纯从构图角度出发，用植物材料创造一种临时性的景观。甚至有的设计还用风格迥异、自相矛盾的种植形式来烘托和诠释现代主义设计（图 3-17）。

种植设计从绘画中寻找新的构思，也反映出艺术和建筑对园林设计有着深远的影响，这是现代园林的突出特点之一（图 3-18）。

图 3-17　彼得·沃克和玛莎·舒沃兹设计的植物景观
（引自：王晓俊．风景园林设计．南京：江苏科学技术出版社，2000）

图 3-18　某庭院绿地的抽象图案式布局

五、园林植物景观风格的创造

园林风格所要给予人们的可归纳为："景、意、情、理"四个字。景是客观存在的一种物象，是看得见、听得到、嗅得着（香味），也摸得着的实体。这种景象能对人的感官起作用，而产生一种意境，有这种意境就可产生诗情画意，境中有意，意中有情，以此表现出中国园林的特色与风格。

1. 以植物的生态习性为基础，创造地方风格

植物既有乔木、灌木、草本、藤本等大类的形态特征，更有耐水湿与耐干旱、喜阴喜阳、耐碱与怕碱，以及其他抗沙、抗风、抗有害气体和酸碱度的差异等生态特性。同时，植物生长有明显的自然地理差异，由于气候的不同，南方树种与北方树种的形态如干、叶、花、果也不同，即使是同树种，如扶桑，在南方的海南、广州，可以长成大树，而在北方则只能以"温室栽培"的形式出现。因此，植物景观的地方风格，是受地区自然气候、土壤及其环境生态条件制约的，也受地区群众喜闻乐见的习俗影响，离开了它们，就谈不到地方风格。这些就成了创造不同地区植物景观风格的前提。

2. 以文学艺术为蓝本，创造诗情画意风格

植物形态上的外在姿色、生态上的科学生理性质，以及其神态上所表现的内在意蕴，都能以诗情画意作出最充分、最优美的描绘与诠释，从而使游园的人获得更高、更深的园林享受；反过来，植物景观的创造如能以诗情画意为蓝本，就能使植物本身在其形态、生态及神态的特征上，得到更充分的发挥，也才能使游园者感受到更高、更深的精神美。

一种植物的形态，表现为其干、叶、花、果的风姿与色彩，以及在何时何地开花、长叶、结果的物候时态，春夏秋冬四季的季相使观赏者触景生情，产生无限的遐思与激情或做出人格化的比拟，或沉湎于思乡忆友的柔情，或面对花容叶色发出优美的赞叹，或激起对社会事物的感慨，甚至引发出对人生哲理的联想，从而咏之于诗词歌赋，绘之于画卷丹青，从而反映出园林植物景观诗情画意的风格。

3. 弘扬中国园林自然观，创造时代风格

中国园林的基本体系是大自然，园林的建造是以师法自然为原则，园林植物景观的风格，是利用自然、仿效自然，又创造自然，对自然观察入微，由"物化"而提升到"入神"。又由于植物这一园林基本要素的自然本性，在表现"大自然体系"上，比其他园林要素更深、更广，也更具有魅力！尽管不少传统园林中的人工建筑比重较大，但其设计手法自由灵活，组合方式自然随意，而山石、水体及植物乃至地形处理，都是顺其自然，避免较多的人工痕迹。中国人爱好自然，欣赏自然，在园林植物造景中应善于把大自然引入到我们的园林和生活环境中来。

自然的美不变（或极其缓慢），但时代的变化则是比较快的，人们常常会用时代的审美关观念来认识、发现和表达对自然美的欣赏，并创造园林中的自然美。而这种美不能仅仅是贴上时代的标签，或以时代的种种符号剪贴于园林画面而设造于园林中。还需要我们以时代精神（代表多数人）来更细致地观察自然的本质美，深刻领悟自然美的内在含义——体现于"神"的本质，犹如诗人观察植物那样的细微、入神，才能真正创造"源于自然"、"高于自然"的"传神"之作。

4. 张扬设计者个性，创造具有特色的多种风格

在设计形式上，个性就是设计者个人水平、学识的体现。在文化层次上，个性就是设计者思想、审美品德和智商、情商的体现。因此，园林植物的风格，还取决于设计者的学识与文化艺术的修养。即使是在同样的生态条件与要求中，由于设计者对园林性质理解的角度和深度的差异，所表现的风格也会不同。而同一设计者也会因园林的性质、位置、面积、环境等状况不同，而产生不同的风格。所以，植物造景并不只是要"好看"就行，而是要求设计者除了懂得植物本身的形态、生态之外，还应该对植物所表现出的神态及文化艺术、哲理意蕴等，有相应的学识与修养，这样才能更完美地创造出理想的园林植物景观风格。

园林风格的创造，忌千篇一律，千人一面，更不能赶时髦。还是应该因地制宜，因情制宜，师法于古，又不拘泥于古。固然要继承本国园林的优秀传统，也要吸收借鉴国外园林的经验，在融汇百家的基础上，大胆变革创新，体现出时代精神。而今天园林风格创作的重点，则是以优美的环境来适应现代中国人的生活情趣，提升其文化素养。

在同一个园林，一般应有统一的植物风格，或朴实自然，或规则整齐，或富丽妖娆，或淡雅高超，避免杂乱无章，而且风格统一，更易于表现主题思想。而在大型园林中，除突出主题的植物风格外，也可以在不同的景区，栽植不同特色的植物，采用特有的配置手法，体现不同的风格。如观赏性的植物公园，通常就是如此。由于种类不同，个性各异，集中栽植，必然形成各具特色的风格。

第二节　园林植物景观类型

园林植物景观类型丰富多样，目前还未见统一的分类标准，根据其表现形式，特作以下介绍。

一、大自然的植物景观类型

大自然是园林植物景观设计创作的源泉，在大自然中具有特色的植物景观类型有——珍稀树、奇形树（图 3-19）、怪象树、古树、名木、神木、群落、红树林、草原、田园以及溪涧、崖壁等富有野趣的植物景观类型。

图 3-19　奇形榕树景观

二、按植物景观素材的组织构造分类

1. 林相景观

以针叶、阔叶、常绿、落叶、耐阴等各种植物来模拟自然群落结构，展现自然风貌。在设计自然群落林相景观时，选址宜靠园的一隅，并宜依山傍水。景观要具有天然之概，树种选择不可单一，针叶、阔叶、常绿、落叶以及乔木、灌木、藤本、草本要有计划地间植，要利用地形和不同的叶色显现出林相的丰富层次（图 3-20、图 3-21）。同时考虑以下几个决定群落外貌的因子。

（1）优势种的生活型　这是决定群落外貌的主要因素。针叶树群落若以云杉为优势种，可呈现尖峭突出的林冠线；以偃柏为优势种，则呈现一片贴伏地面、宛如波涛起伏的外貌。

（2）密度　指群落中单位空间内个体数量。密度大小反映不同的枝叶疏密程度，可构成不同的林相景观。例如，沙漠植物林相稀疏零落，而竹林林相浓密深邃。

（3）种类的多少　群落中的种类愈多，可表现的景观愈丰富。单一种类的林地，林冠线平缓一致，空乏而呆板，景色变化少。

图 3-20　纯林景观

图 3-21　混交林景观

（4）色相　色相是指群落所具有的色彩形象。每种群落呈现不同的色相，如针叶林呈蓝绿色，常绿阔叶林呈深绿色，而银白杨则呈现碧绿与银白交相辉映的色相。掌握不同各群的色相，合理配置变换的林相。

（5）季相　季相是指在不同的季节，在同一地区所的产生不同群落形象。如在北京地区，春夏时节鲜花锦簇，二月兰、蒲公英、山桃、迎春、连翘等于早春竟次先开；月季、桃花、梨花、樱花等相继绽放；盛夏则以锦带、丁香、月季、糯米条、紫薇等为主；秋季则以各种不同颜色的秋叶为主要观赏景观，如白蜡、银杏之叶金光灿灿，黄栌、槭树等叶红如火，风景区内层林尽染，尽显北国风光。

（6）层次　层次即群落的垂直结构。层次的形成是依植物种类的高矮及不同的要求而形成的见图 3-20 与图 3-21 所示（图 3-20 纯林景观垂直结构单一；图 3-21 混交林景观垂直结构丰富）。荒漠地带的植物具有一层，不易创造竖向景观，但可利用植物的高矮差异、形态差异以及地形的起伏等因素合理配置，形成美丽的风光。

我国主要气候带的植物林相景观可分为五种类型：①寒温带针叶林林相景观；②温带针阔叶混交林林相景观；③暖温带落叶阔叶林林相景观；④亚热带常绿阔叶林林相景观；⑤热带季雨、雨林林相景观。

2. 季相景观

季相景观是将具有相同季相的植物合理搭配在一起，以表现同一主题。根据园林植物的景观素材特性及其自然景观效果可以把季相景观分为以下几类。

（1）秋色叶季相景观　秋色叶呈红色者，如枫林、火炬树丛林、乌柏林，秋色叶呈黄色者，如桑林、栎林、银杏林（图 3-22）。

（2）春色叶季相景观　春色叶呈红者，如元宝枫林、栾树林；春色叶呈嫩绿者，如柳林、杨树林。

（3）春花季相景观（图 3-23）。

（4）夏季水生植物季相景观。如荷花满塘。

（5）秋果季相景观。

（6）秋季芦苇荡漾如雪的季相景观。

图 3-22　秋天的银杏

图 3-23　春花季相景观

景观设计者在运用植物的季相景观表达造景主题时，应注意色彩的艺术搭配，以及各种衬景的配置。如造枫林、桑林、乌柏林、银杏林等季相景观，主题品种宜连片栽植，并适当配以常绿林木，既可衬托色叶，也可防止叶落林空呈现寂寞景况。

3. 专类植物景观

专类植物景观，是指具有特定的主题内容，以具有相同特质类型（种类、科属、生态习性、观赏特性、利用价值等）的植物为主要构景元素，以植物搜集、展示、观赏为主，兼顾生产、研究的植物主题园。专类园的类型多，特色也各有不同，随环境、文化、经济的差异而变化，其主题内容主要有专类专属植物为主题，是将某一品种丰富的植物集中一起供人观赏，一般以花卉名称为园名，如蔷薇园、牡丹园、杜鹃园、木兰园等；展示植物生境的专类园，如水景园、岩石园等；突出观赏特点的专类园，如盆景园、芳香园等；突出季节性主题的专类园，一般分为春花园、夏园、秋色园和冬园。近年来，植物专类园在主题上不断创新，除了展示植物的观赏特点外，还利用植物的作用、应用价值、生长环境等展示别具风格的园林景观。用来表现植物种类的相似性，如岩石园、野生花卉园、沙漠植物园；表现品种的多样性，如月季园、樱花园、牡丹芍药园等（图 3-24）。

图 3-24　牡丹芍药园景观

4. 整形植物景观

整形植物景观是指以植物为主要造景材料，辅以其他设施，经过人为的加工、修剪或引导，构成某种观赏图案的景观。整形植物景观也可分为以下几类。

（1）图案造型景观　主要以草本植物为主，常借助人为事先确定的图案空间，来表现植物季相的艳丽景象。如大型节庆日的盛花花坛、模纹花坛、花钵、花坞、花带等。利用常绿矮灌木如黄杨、福建茶等修剪成各种绿篱、绿墙并围合成一定图案空间，也属于图案造型景观（图 3-25、图 3-26）。

图 3-25　花卉图案造型

图 3-26　绿篱图案造型

（2）植物雕塑景观　这是一种要求较高技艺的造景。如将高大丰满的桧柏修剪成塔形、动物样以及房屋样等形状。更复杂的设计还要运用多种捆、绑、扎等手段将植物塑成各种活灵活现的生活形象（图 3-27、图 3-28）。

盆景艺术，从某种意义上说是集艺术和技术于一体的“微型雕塑景观”。

创造整形植物景观的前提和基础，仍然是植物的生态习性和生物技术处理手法，否则根本谈不到花木的造型艺术及其观赏和实用的功能。但另一方面则是它的思想性与艺术性，为什么要造型，造什么样的型，与其他的艺术创作一样，也是有文野、雅俗之分，国家、地区之分等。不同的地区与不同的人（包括创作者与欣赏者），会有各异的欣赏角度和水平。历年来，我国园林中的绿色造型艺术，从无到有，由少到多，特别是改革开放以来，受外来文化的影响很大。因为这种造型艺术与中国传统园林中的造型艺术有很大不同，因此，在这不同艺术风格的冲撞中，也促进了中国植物造型艺术的全面迅速发展，例如花坛艺术就在近五十年内有了飞跃的发展与变化。

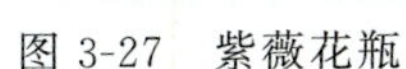

图 3-27　紫薇花瓶

图 3-28　植物雕塑——海豚

5. 意境主题景观

中国园林善用各种具有诗情画意以及富有“人格”意义的植物来表现出园主的某种情感，并能给人留下美妙横生的想象天地，例如松竹梅被喻为“岁寒三友”，菊寓意于高风亮节，荷代表出淤泥而不染，以及“夹岸数百步，中无杂树”的桃源景观（图 3-29）。

图 3-29　意境主题景观

6. 古树名木景观

古树名木既具有珍贵的生态学价值，又具有宝贵的人文价值，是国之宝，园之珍。它为植物学提供了参考依据，也为历史学家提供了传奇的历史见证。古树名木的景观具有双层意义，因此必须加以保护和利用（图 3-30）。

7. 草坪景观

现代园林中，显著的特点就是空间范围的扩大，从而给了草坪景观广阔发展的空间。草坪可赏，也可玩。既能以其“绿海波涛”满足城市居民对绿的渴望，又能供人休息和游戏。在茂密的植物景观中间铺上一些草坪，能使环境通透而不郁闭，且有节奏感。大草坪里可间植灌木丛、花丛，也可在其一角栽棵遮阴的大树，供游人休憩。也可杂植草花，成为绚丽的花草坪，是孩子们喜欢的游戏场所。草坪的运用给现代城市景观如注入了一股新鲜血液，增添了无限的生机和活力（图 3-31）。

图 3-30　福州森林公园古榕树景观

图 3-31　草坪景观

8. 仿真景观

仿真景观一般用在儿童公园较多，如绿色植物剪成的大象（图 3-32）、狮子、山羊、小屋等。如许多公园的儿童乐园和动物园，对植物不采用传统的盘扎捆绑，而是靠密植冬青、小叶女贞等耐修剪植物剪扎而成，给人以浑厚朴实之感，技艺不高的盘扎物象，常施以棕绳铅丝，撑以竹笼木条，若植株不茂密时常常露馅，多落俗套。

三、按植物景观构成类型分类

植物在园林中成景的形式具有生动、自然、灵活多变的特点。由于植物是活的自然物，有较大的可塑性，其形需自然则自然，需规则可整形，需大则聚，需小可散，利用植物造景极易与园林环境协调。因此，植物在园林中承担了众多景的角色（图 3-33）。

1. 主景与配景

植物可成为园林空间构图中心的主景，成为人们观赏的焦点。无论是草坪上的花坛，还是庭院内的孤植树，或是水中岛屿上的丛植树，布局合理都能成为园林风景构图的主景，向游人展示植物的自然美景（图 3-34）。如著名的黄山迎客松和庐山花径的桃花，在风景构图中格外引人注目。

图 3-32　大象的仿真景观

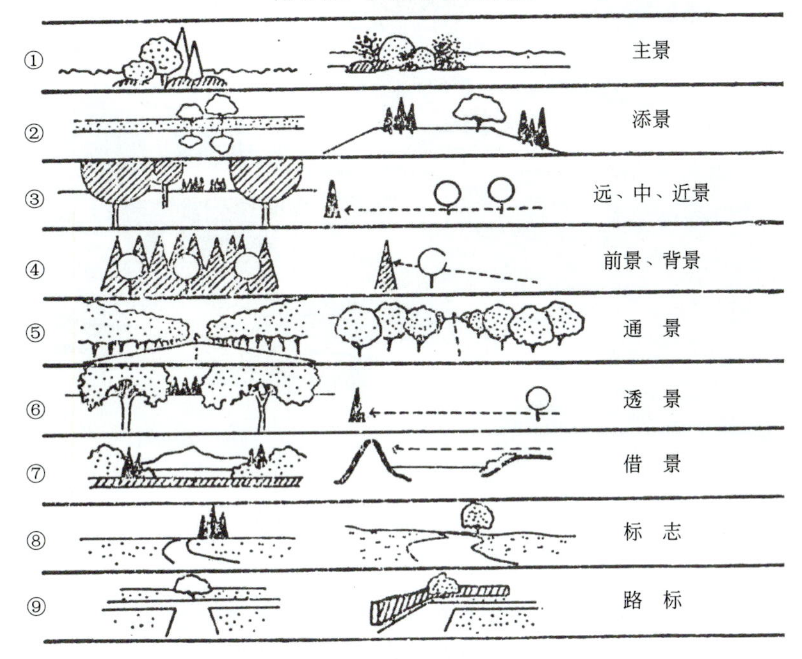

图 3-33　景观构成
（引自：胡长龙．园林规划设计．北京：中国农业出版社，2002）

图 3-34　大树主景与草坪配景

利用植物做其他景物的配景，达到突出主景形象、丰富构图层次、彼此相得益彰的艺术效果，是植物造景的又一表现形式。

2. 前景与背景

园林风景构图的层次组织，常依托于园林植物配置的景观表现。作为背景安排的植物景观具有突出主景中景和协调环境的多种功能。明快的园林小品、雕塑以绿色树丛为背景时，无论从色彩、形体，还是质感上都能较好的衬托景物，使主景突出而引人注目。芳草如茵的草坪在人工建筑与自然景观的组合之中，作为背景既有植物自然美又有人工修整的美，在景观上较好地协调了各景素间的关系，使建筑的人工美与山、石、树木的自然美交相辉映，成为有机的整体。

配置于山石、花架、建筑前的植物，作为前景，极大地丰富了风景构图的层次，并增加了色彩、形体的对比变化（图 3-35）。

图 3-35 铁树前景与乔木背景

3. 对景、障景、隔景、借景

园林风景通过对景、障景、隔景及借景等的布局，不但形成了良好的观景环境，而且加深了游人对风景的感受。造景上达到所谓“欲扬先抑”、“深藏不露”、“开门见山”、“俗则屏之，嘉则收之”、“因借无由，触情俱是”等的艺术效果。

园林中植物的种植形式多样，如集点（孤植、丛植、独立花坛等）、联片（群落、林植、花群等）、成带（带植、花带、花境等），并有时序景观的变化，因此，在组织园林风景中有设景随形、灵活多样的独到好处。如入口的一处花坛、一组树丛；路旁的一条花带、两列树木；空间中的一片树林、一条林带；因时而借的四季景象，凭水借影的堤岸翠柳，遐想借虚的植物意象表现等，构成了园林中对景、障景、隔景及借景的多样景象，达到了设景有致，观景随机的效果（图 3-36）。

4. 框景、夹景、漏景、添景

在风景的观赏中，为了加强风景画面的景观艺术感染力常用框景、夹景、漏景及添景等造景手法，达到生动风景画面构图的目的。如图 3-37、图 3-38 所示。

由植物枝干所形成的景框，其构成的框景及从树木透漏空隙中取景所形成的漏景，具有自然之美，天然之趣。在狭长空间，由树列、树带等形成的夹景，对表现空间端部的景物起到了障丑显美、加深空间感的作用。而建筑前有了几丛花枝、几寸芳草的添景处理，往往可达到变呆板为活泼，化人工为自然的艺术效果。

图 3-36　入口雪松对景与花坛障景

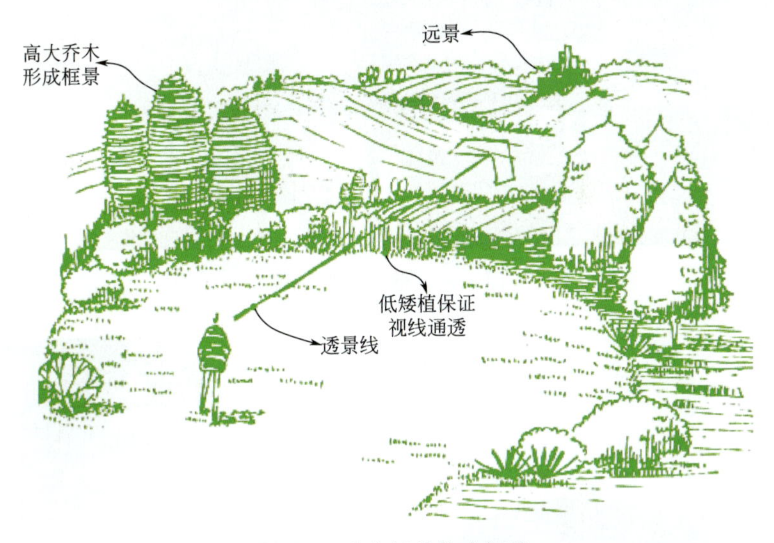

图 3-37　乔木树丛构成框景
（引自：金煜．园林植物景观设计．沈阳：辽宁科学技术出版社，2008）

图 3-38　路旁树林形成夹景强化主轴线

四、根据园林植物应用类型分类

1. 园林树木景观

园林树木景观按景观形态与组合方式又分为孤景树、对植树、树列、树丛、树群、树林、植篱及整形树等景观设计类型（图 3-39、图 3-40）。

图 3-39　蒲葵树群景观

图 3-40　整形树墙景观

2. 园林花卉景观

园林花卉景观是指对各种草本花卉进行造景设计，着重表现园林草花的群体色彩美、图案装饰美，并具有烘托园林气氛、创造花卉特色景观等作用。具体设计造景类型有花坛、花境、花台、花池、花箱、花丛、花群、花地、模纹花带、花柱、花钵、花球、花伞、吊盆以及其他装饰花卉景观等（图 3-41、图 3-42、图 3-43）。

图 3-41　花群

图 3-42　花球与花带

图 3-43　花卉造型景观——花伞

3. 蕨类与苔藓植物景观

利用蕨类植物和苔藓进行园林造景设计，具有朴素、自然和幽深宁静的艺术境界，多用于林下或阴湿环境中（图 3-44）。如贯众、凤尾蕨、肾蕨、波斯顿蕨、翠云草、铁线蕨等。

图 3-44　蕨类与苔藓植物景观

五、按植物生境分类

按植物生境不同，可分为陆地植物景观（图 3-45）、水体植物景观（图 3-46）两大类。

1. 陆地植物景观

园林陆地环境植物种植，内容极其丰富，一般园林中大部分的植物景观属于这一类。陆地生境地形有山地、坡地和平地三种，山地宜用乔木造林，坡地多种植灌木丛、树木地被或作草坡地等，平地宜做花坛、草坪、花境、树丛、树林等各类植物造景。

2. 水体植物景观

水体植物景观是园林中的湖泊、溪流、河沼、池塘以及人工水池等水体环境植物景观的统称。水生植物虽没有陆生植物种类丰富，但也颇具特色，历来被造园家所重视。水生植物造景可以打破水面的平静和单调，增添水面情趣，丰富园林水体景观内容。

图 3-45　陆地植物景观

图 3-46　水体植物景观

[本章小结]

本章分别介绍了植物景观风格类别与特点，以及植物景观类型与特征。植物景观风格的把握影响植物造景设计方向，对植物景观风格的把握应首先在于对园林规划布局的认识。园林的规划形式决定了园林植物造景的景观艺术形式，从而产生不同的植物景观风格。法国和意大利的古典园林主要采用对称整齐栽植，把常绿乔灌木和花卉修剪成各种几何形状或构成地毯式模纹花坛，从而形成园林的特殊风格。我国古典园林的植物造景力求自然与绘画意趣，在形成我国园林风格中起到了特殊作用，在世界上是独树一帜的。目前，园林植物景观的风格大致可分为自然式、规则式、混合式和自由式四种，各有其不同的特点。

自然式的植物造景方式，多选外形美观、自然的植物种类，它强调变化，植物配置没有固定的株行距，充分发挥树木自由生长的姿态，不强求造型；植物配置以自然界植物生态群落为蓝本，将同种或不同种的树木进行孤植、丛植和群植等自然式布置或分隔空间。花卉以花丛、花群等形式为主，树木整形模拟自然苍老大树，反映植物的自然美。

相对于自然式而言，规则式的植物造景强调成行等距离排列或做有规律地简单重复，对植物材料也强调整形，修剪成各种几何图形。花卉布置用以模纹图案为主体的花坛、花境为主。规则式植物栽植方式给人以雄伟、庄严和肃穆的感觉。

混合式植物造景方式是介于规则式和自然式之间，即两者的混合使用，这种风格在现代园林中用之甚广。

自由式风格多采用抽象图案式表现，设计师更注重园林设计的造型和视觉效果，设计往往简洁、偏重构图，将植物作为一种绿色的雕塑材料组织到整体构图之中，有时还单纯从构图角度出发，用植物材料创造一种临时性的景观。

园林风格的创造，忌千篇一律，千人一面，更不能赶时髦。还是应该因地制宜，因情制宜，师法于古，又不拘泥于古。应以植物的生态习性为基础，创造地方风格；以文学艺术为蓝本，创造诗情画意风格；弘扬中国园林自然观，创造时代风格；张扬设计者个性，创造具有特色的多种风格。在同一个园林，一般应有统一的植物风格，或朴实自然，或规则整齐，或富丽妖娆，或淡雅高超，避免杂乱无章，而且风格统一，更易于表现主题思想。

园林植物景观类型丰富多样，目前还未见统一的分类标准，根据其表现形式，常见的首先是大自然的植物景观类型。大自然是园林植物景观设计创作的源泉，在大自然中具有特色的植物景观类型有——珍稀树、奇形树、古树、名木、神木、群落、红树林、草原、田园以及溪涧、崖壁等富有野趣的植物景观类型。第二，按植物景观素材的组织构造划分的植物景观类型。有林相景观、季相景观、专类植物景观、整形植物景观、意境主题景观、古树名木景观、草坪景观、仿真景观。第三，按植物景观构成类型分为主景与配景、前景与背景、对景、障景、隔景、借景、框景、夹景、漏景、添景等植物景观形式。第四，根据园林植物应用类型分为园林树木景观、园林花卉景观、蕨类与苔藓植物景观。其中，园林树木景观按景观形态与组合方式又分为孤景树、对植树、树列、树丛、树群、树林、植篱及整形树等景观设计类型。园林花卉景观按设计造景类型有花坛、花境、花台、花池、花箱、花丛、花群、花地、模纹花带、花柱、花钵、花球、花伞、吊盆以及其他装饰花卉景观等。第五，按植物生境不同，可分为陆地植物景观、水体植物景观两大类。各种植物景观形式是园林植物造景设计的基本词汇。

思考题

1. 了解植物景观风格对植物造景设计的意义何在？
2. 如何创新植物造景风格？
3. 列举你所喜欢的植物景观类型，并分析其应用特点。
4. 在园林绿地中，如何综合应用各植物景观类型？
5. 自然式植物景观有哪些类型？举例说明。
6. 规则式植物景观有哪些类型？举例说明。

实训　某公园绿地的植物造景风格与植物景观类型调查

一、实训目标

了解园林植物景观的风格类型，掌握各园林植物景观类型特征与应用手法。

二、材料与用具

绘图与测量仪器等。

三、方法与步骤

1. 调查其学校所在地某公园绿地的规划形式与布局特点。
2. 植物造景风格与植物景观类型。
3. 对公园绿地进行植物造景风格与植物景观类型的比较分析。

四、实训要求

准确把握公园绿地规划形式与特点。

五、作业

比较分析各景观类型的应用特点，撰写一份分析总结报告。

第四章　园林植物景观设计方法

[学习目标]

1. 识记和理解树木丛植、群植、林植、篱植以及花坛、花境、模纹花坛、盛花花坛、地被植物、垂直绿化等基本词汇的含义。

2. 领会花坛、花境、草坪、垂直绿化、意境主题景观、植物空间景观等的设计原则；掌握园林植物景观构成基本词汇的应用手法。

3. 能熟练应用花坛、花境、草坪、树群设计等的基本原则进行具体设计和绘图表达。

园林植物造景主要是利用植物并结合其他素材，在发挥园林综合功能需要、满足植物生态习性以及符合园林艺术审美要求的基础上，采用不同的构图方式组成不同的园林空间，创造出各式园林景观以满足人们观赏、游憩的需要。园林景观能否达到美观、实用、经济的效果，很大程度上取决于园林植物的合理造景。自然界的山岭、平原和河湖溪涧旁的植物天然景观，是植物造景的艺术创作源泉。园林植物造景形式千变万化，在不同地区、不同场合，由于不同目的及要求，可以有多种多样的组合与种植方式，但基本构成形式或植物景观的基本构成词汇却相同，现分别介绍于后。

第一节　树木景观

一、孤植

孤植是乔木的独立栽植类型，孤植树又称为独赏树、标本树、赏形树或独植树。

1. 园林功能与布局形式

多作为园林绿地的主景树、遮阴树、目标树，主要表现单株树的形体美，或兼有色彩美，可以独立成为景物供观赏用。孤植树在园林风景构图中，也可作配景应用。如作山石、建筑的配景，此类孤植树的姿态、色彩要与所陪衬的主景既形成鲜明的对比又统一协调。

一般采取单独栽植的方式，也偶有2～3株合栽成一个整体树冠的，它和周围各种景物配合，形成统一整体。

2. 孤植树种选择要点

充当孤植树，至少应具备下列条件之一。

(1) 树形高大，树冠开展，枝叶繁茂，如国槐、悬铃木、银杏、油松、小叶榕、黄葛树、橡皮树、雪松、白皮松、合欢、垂柳等。

(2) 姿态优美，寿命长，如雪松、罗汉松、金钱松、南洋杉、苏铁、蒲葵、海枣等。

(3) 开花繁茂，花色艳丽，芳香馥郁，果实累累，如玉兰、梅花、樱花、桂花、广玉兰、木瓜等。

(4) 彩叶树木，如乌桕、枫香、黄栌、紫叶李、火炬树、槭树、银杏、白蜡等更能增添秋天景色的美感。

3. 孤植树布置场所

孤植树往往是园林构图的主景，规划时位置要突出。孤植树定植的地点以大草坪上最佳，或植于广场的中心、道路交叉口或坡路转角处。在树的周围应有开阔的空间，最佳的位置是以草坪为基底，以天空为背景的地段。

（1）开朗的大草坪或林中空地构图的重心上　四周要空旷，适宜的观赏视距大于等于4倍的树木高度（图4-1）。在开朗的空间布置孤植树，亦可将2或3株树紧密种植在一起，如同具有丛生树干的一株树，以增强其雄伟感，满足风景构图的需要。

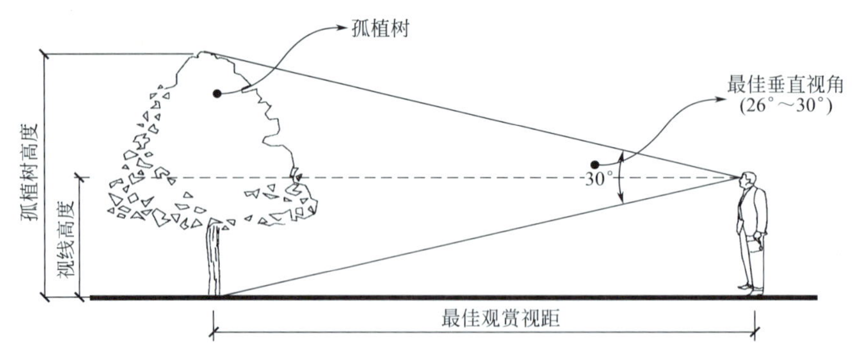

图4-1　孤植树适宜观赏视距的确定

（2）开朗水边或可眺望远景的山顶、山坡　孤植树以水和天为背景，形象清晰突出。如桂林水畔大榕树、黄山迎客松等。

（3）桥头、自然园路或河溪转弯处　可作为自然式园林的引导树，引导游人进入另一景区。特别在深暗的密林背景下，配以色彩鲜艳的花木或红叶树格外醒目（图4-2）。

（4）建筑院落或广场中心（图4-3）。

图4-2　道路转弯处的孤植树

图4-3　小广场中成为视觉焦点

（5）整形花坛、树坛的中心。

为尽快达到孤植树的景观效果，最好选胸径8cm以上的大树，能利用原有古树名木更好。景有小树可用时，则选择速生快长树，同时设计出两套孤植树，如近期选巨桉、天竺桂为孤植树时，同时安排白皮松、小叶榕等为远期孤植树介入适合位置。

孤植树作为园林构图的一部分，必须与周围环境和景物相协调。孤植树要求统一于整个园林构图之中，要与周围景物互为配景。如果在开敞宽广的草坪、高地、山冈或水边栽种孤植树，所选树木必须特别巨大，这样才能与广阔的天空、水面、草坪有差异，才能使孤植树在姿态、体形、色彩上更突出（图4-4）。在小型林中草坪，较小水面的水滨以及小的院落之中种植孤植树，其体形必须小巧玲珑，可以应用体形与线条优美、色彩艳丽的树种。

二、对植

在中轴线两侧栽植互相呼应的园林植物，称为对植。对植可为两三株树木或两个树丛、树群。

(a) 雪松

(b) 黄葛树

图 4-4　孤植景观

1. 对植的功能

一般作配景或夹景，动势向轴线集中，烘托主景。

2. 对植树种选择要点

作为对植的树种要外形整齐、美观。同一景点树种相同或近似。可选择如雪松、侧柏、水杉、池杉、南洋杉、苏铁、棕榈、紫玉兰、罗汉松、小叶榕、香樟、银杏、海桐、丁香、桂花、圆柏、紫薇、梅、木槿等。

3. 对植的设计形式

（1）对称栽植　树种相同，大小相近的乔木、灌木造景于中轴线两侧，如建筑大门两侧，与大门中轴线等距离栽植两株（丛）大小一致的植物，加强和强调建筑物，装饰建筑（图 4-5）。

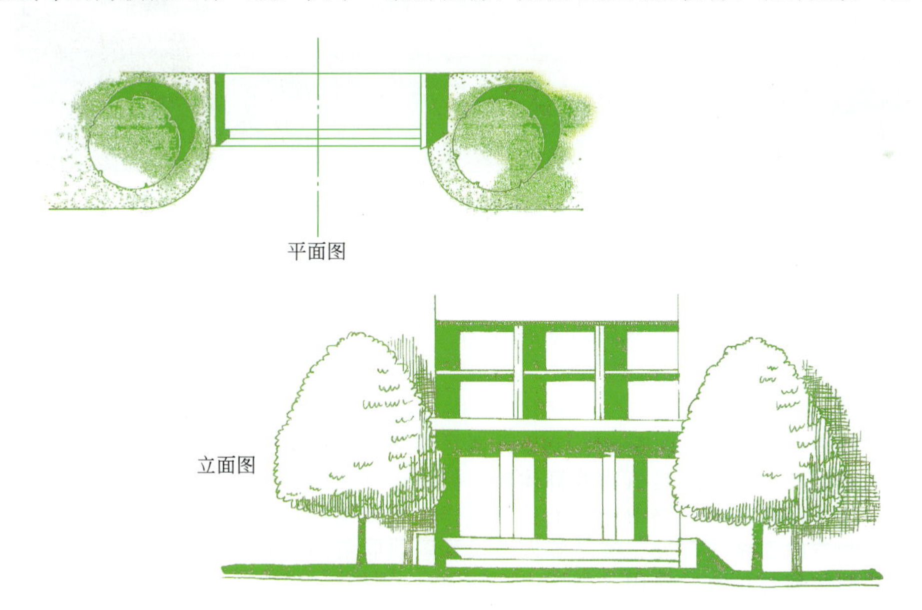

图 4-5　对称式对植平面图与立面图

（2）非对称式栽植　树种相同或近似，大小、姿态、数量稍有差异的两株或两丛植物在主轴线两侧进行不对称均衡栽植。动势向中轴线集中，于中轴线垂直距离是大树近，小树远。非对称栽植常用于自然式园林入口、桥头、假山登道、园中园入口两侧，布置比对称栽植灵活（图 4-6、图 4-7）。

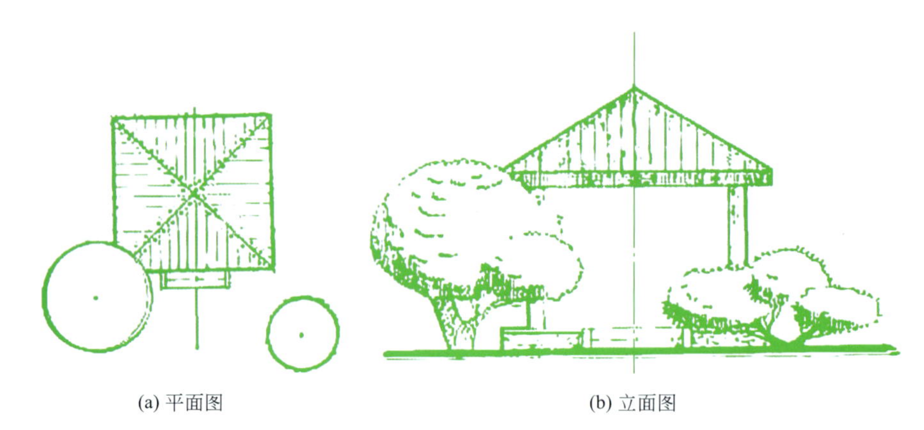

(a) 平面图 (b) 立面图

图 4-6 非对称式对植平面与立面图对植
（引自 金煜．园林植物景观设计．沈阳：辽宁科学技术出版社，2008）

图 4-7 建筑大门旁非对称式对植景观

三、丛植

二至十几株乔木或灌木做不规则近距离组合种植，其树冠线彼此密接而形成一整体，这样的栽植方式为丛植。

（一）丛植的功能与布置

树丛在园林中可作为主景、配景、障景、诱导等使用，还兼有分隔空间与遮阳作用。

树丛在艺术构图上体现的是植物的群体美，但由于株数少，仍需注意植物的个体美，多用于自然式园林中。常布置在大草坪中央、土丘等地作主景或草坪边缘、水边点缀；也可布置在园林出入口、路叉和弯曲道路的部分，诱导游人按设计路线欣赏园林景色；或建筑两侧自然对植；或用于廊架角隅起缓和与伪装的作用。

（二）树丛造景形式设计

1. 两株式树丛

树木大小、姿态、动势不同。树种相同或外形相似，或同为乔木、灌木、常绿树、落叶树，动势呼应。如明朝画家龚贤所论“二株一丛，必一俯一仰，一猗一直，一向左一向右，一有根一无根，一平头一锐头，二根一高一下”。栽植距离不大于两树冠半径之和，以使之成为一个整体（图 4-8、图 4-9）。

图 4-8　两株树丛植立面图与平面图

图 4-9　两株黄葛树丛植景观

2. 三株式树丛

三株配合，适于同一树种或两个树种，两树种时需同为常绿树或落叶树，同为乔木或灌木。三株树木的大小、姿态都应有差异和对比，但应符合多样统一构图法则（图 4-10、图 4-11）。三株忌栽植在同一直线上或栽植成等边三角形；两个树种异者不能单独成组。画论指出“三株一丛，第一株为主树，第二为客树，第三为从树”；“三株一丛，则两株宜近，一株宜远，以是别也，近者曲而俯，远者宜直而仰”；“三株一丛，三树不宜结，也不宜散，散则无情”；“乔灌分明，常绿落叶分清，针叶阔叶有异。总体上讲求美，有法无式，不可拘泥”。

3. 四株式树丛

宜用同一树种或两个树种，不要乔灌木合用。四株式树丛不能两两为组，应为 3∶1 的组合。平面可布置成不等边三角形或不等边四角形，最大的和最小的都不能单独成为一组，同树种构图方式见图 4-12。

树种不同时，只能三株为一种，另一株为一种。这一株不能最大，也不能最小，且不能单为一组，要居于另一树种中间，不能靠边，见图 4-13。

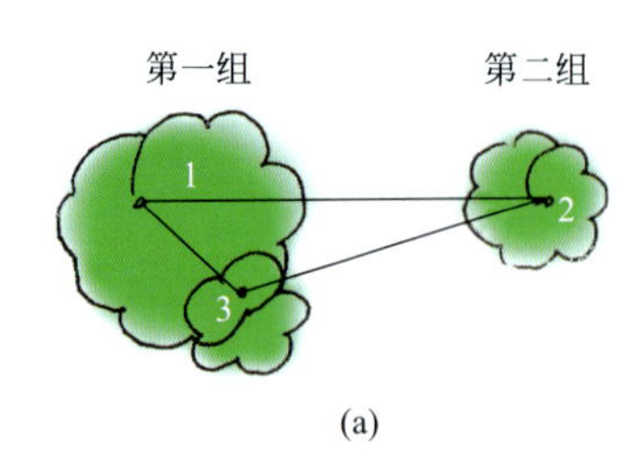

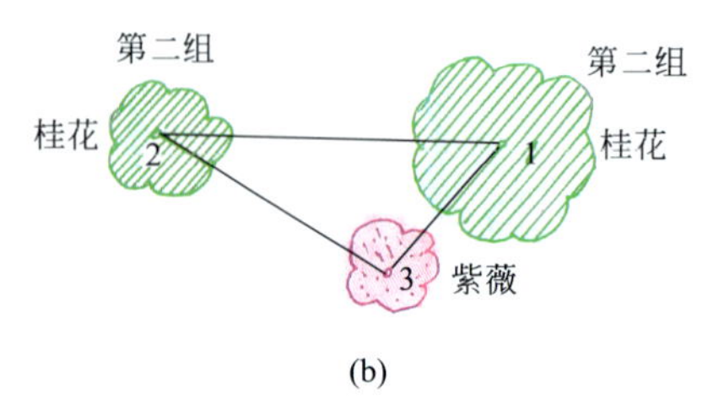

图 4-10　三株式树丛分组布置平面图
(a) 同一树种，中等大小的植株单独成组；
(b) 不同树种，数量为 1 者不单独成组

图 4-11　三株针葵树丛景观

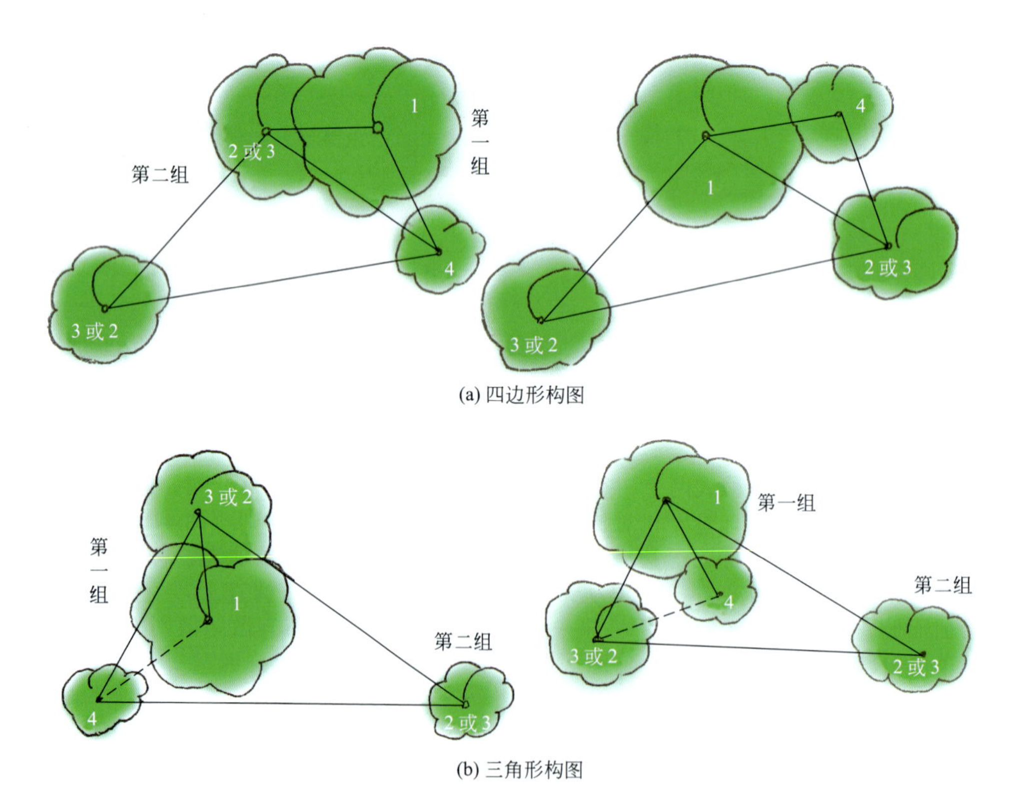

图 4-12　四株式树丛（同树种）构图与分组形式

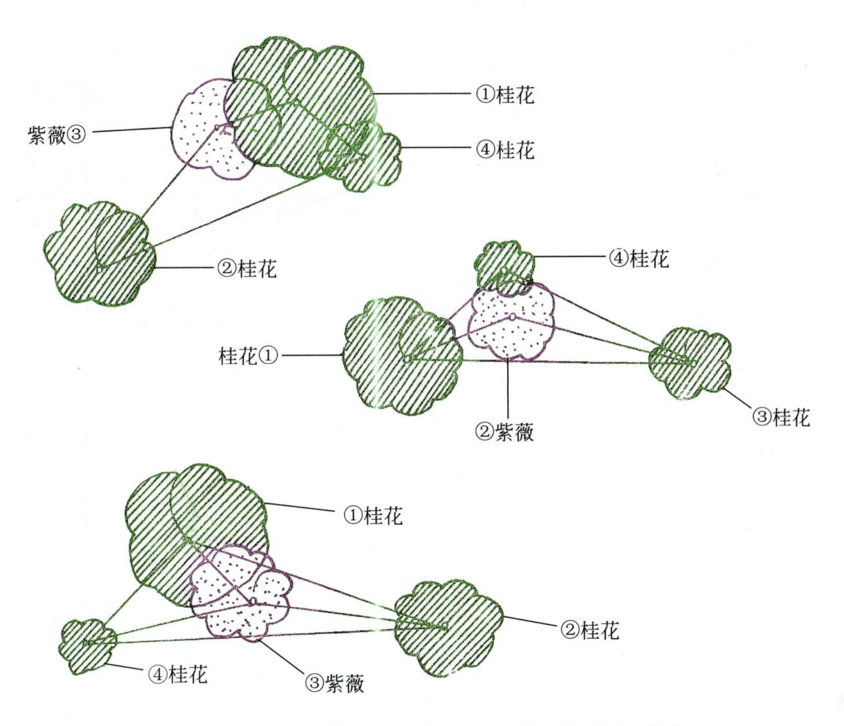

图 4-13 四株式树丛（不同树种）构图与分组形式

图 4-14 四株蒲葵树丛景观

4. 五株式树丛

同一树种时，通常采用三、二分组方式。组合原则分别同三株式和两株式树丛，两小组需各具动势，同时取得均衡，可有两种布置方式（图 4-15、图 4-16）。

两个树种时，一种三株，另一种两株，容易平衡，可有三种布置方式，见图 4-17 所示。如果四株一样，一株为另一树种，则不易协调，一般不采用。

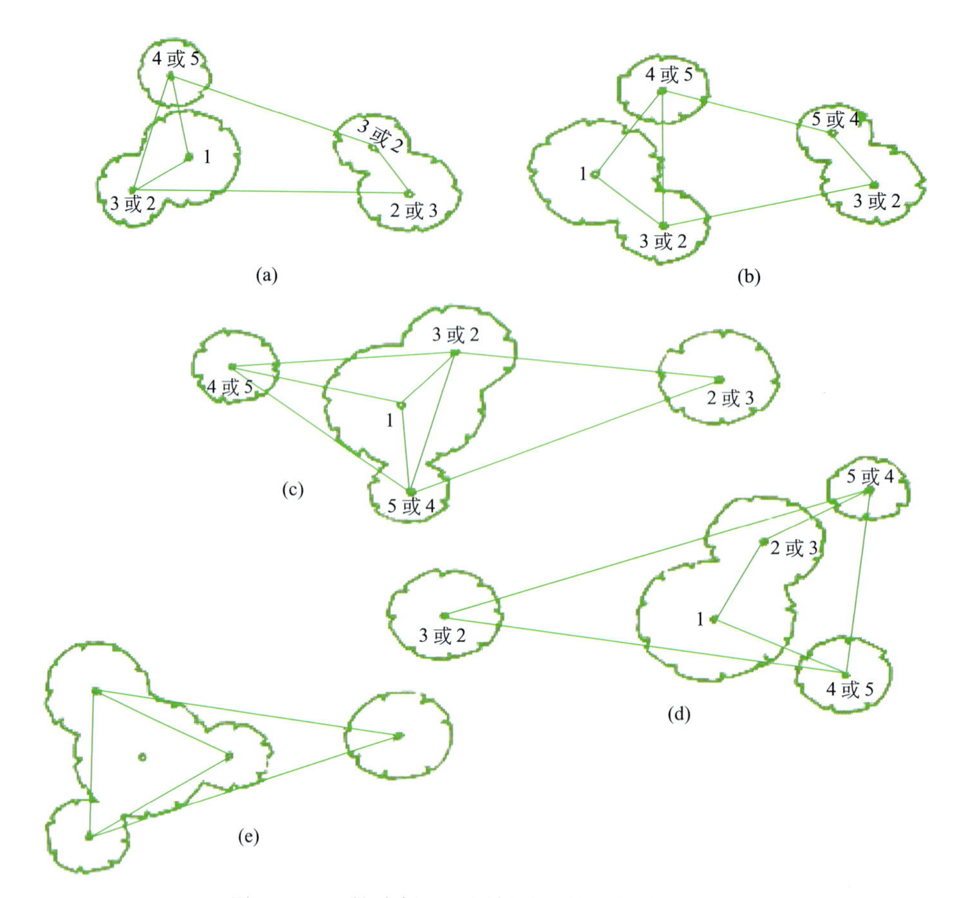

图 4-15 五株式树丛（同树种）构图与分组形式

图 4-16 五株式树丛（同树种 4∶1 与 3∶2 组合）景观

5. 六株以上树丛

由二株、三株、四株、五株几个基本配合形式相互组合而成。不同功能的树丛，树种造景要求不同。庇荫树丛，最好采用同一树种，用草地覆盖地面，并设天然山石作为坐石或安置石桌、石凳。观赏树丛可用两种以上乔灌木组成，如图 4-18、图 4-19 所示。

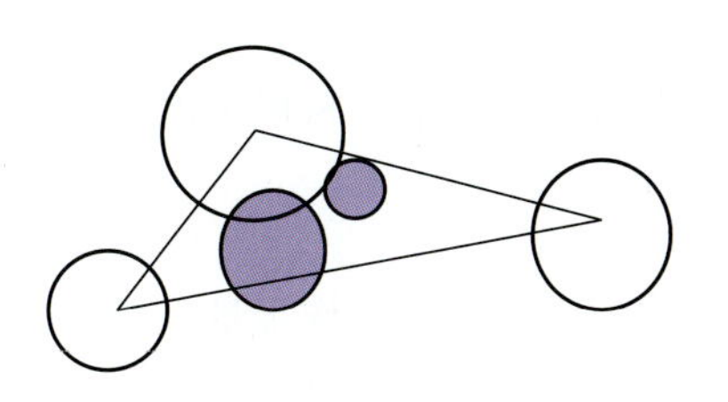

(a) 两株居同组的4∶1分组

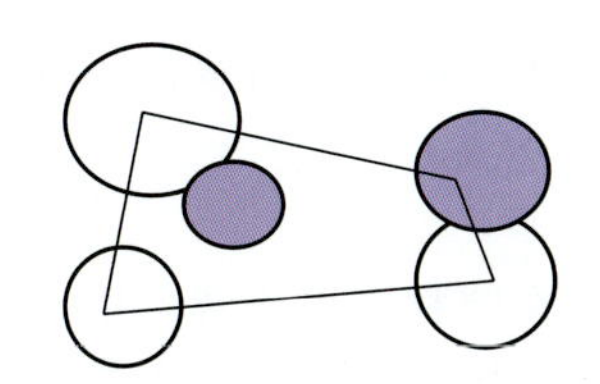

(b) 两株者分居两组不单独成组者，要居它组包围之中

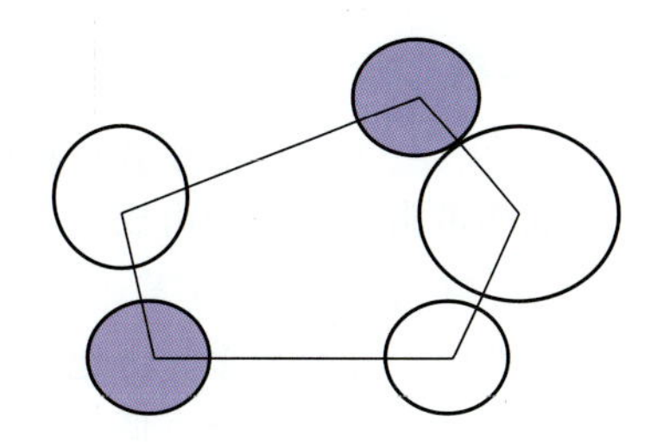

(c) 3∶2分组最大株要在三株单元中，每单元均为两个树种

图 4-17　五株式树丛（不同树种）构图与分组形式

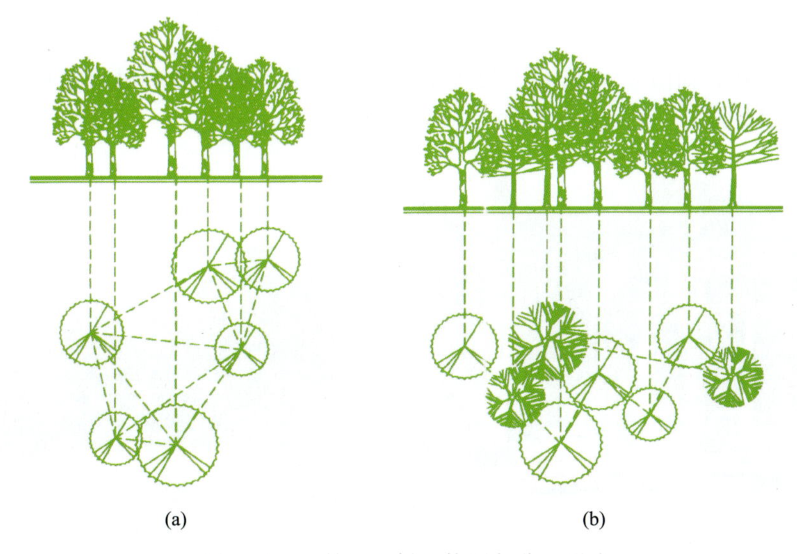

(a)　(b)

图 4-18　六株以上树丛构图与分组形式

图 4-19　六株以上树丛景观

四、群植

将二、三十株以上至数百株的乔木、灌木混植成群叫群植，其群体称树群。树群可由单一树种组成亦可由数个树种组成。

（一）树群的功能与布置

树群由于株数较多，占地较大，在园林中可作背景用，在自然风景区中亦可作主景。两组树群相邻时又可起到诱景、框景的作用。树群所体现的主要是群体美，可作规则或自然式配植。树群在园林植物造景中常作为主景或临界空间的隔离，其内不允许有园路经过（图 4-20）。

树群应布置在有足够面积的开朗的场地上，如靠近林缘的大草坪上、宽广的林中空地、山坡、土丘、岛屿及宽广水面之滨等，其观赏视距至少为树高的 4 倍，树群宽的 1.5 倍以上。

（二）树群设计

1. 单纯树群

由一个树种构成，如图 4-20 所示。为丰富其景观效果，树下可用耐阴宿根花卉等作地被，如玉簪、萱草、鸢尾等。

(a) 假槟榔

(b) 杨树林

图 4-20　单纯树群

2. 混交树群

具有多重结构，层次性明显，一般 3～6 层，水平与垂直郁闭度均较高，为树群的主要形式，如图 4-21。

图 4-21　混交树群景观

(1) 立面布局　中心至边缘渐次排列，乔木层（7～8m）、亚乔木层（5～6m）、小乔木层（3～4m）、大灌木层（2～3m）、小灌木层（1～2m）及多年生草本植被（10～50cm），形成封闭空间，如图4-22。树群的外缘可造景1～2个树丛及孤植树。树群的天际线应富于起伏变化，从任何方向观赏，都不能呈金字塔式造型。

(2) 平面布局　处于树群外缘的花灌木有呈不同宽度的自然凹凸环状配植的，但一般多呈丛状造景，自然错落、断续，见图4-23。

(3) 树种选择　树群造景要做到群体组符合单体植物的生理生态要求，第一层的乔木应为阳性树，第二层的亚乔木应为半阴性树，乔木之下或北面的灌木、草本应耐阴或为全阴性的植物。

图4-22　混交树群垂直分层结构图

图4-23　混交树群结构平面图（长江流域树群设计示意图）
1—鸡爪槭；2—丹桂；3—枸骨；4—垂丝海棠；5—馨口腊梅；6—大花栀子；
7—笑靥花；8—翠微灌丛；9—银微灌丛

华北地区适用的树群，其乔木层为阳性树种的青杨，亚乔木层为半耐阴的平基槭和稍耐阴的山楂，乔木下为稍耐阴的白皮松（青杨的更替树种），半耐阴的灌木珍珠梅、忍冬，极其耐阴的宿根草本植物玉簪。树群边缘灌木成丛造景，选用的是半耐阴的珍珠梅、忍冬和喜光的榆叶梅、碧桃。注意树群的天际线起伏而有韵味。

3. 带状树群

当树群平面投影的长宽稍大于4∶1时，称为带状树群，在园林中多用于组织空间。

4. 功能型树群

随着生态园林的深入和发展，及景观生态学、全球生态学等多学科的引入，植物景观的内涵也随着景观的概念而不断扩展，植物造景不仅是利用植物营造视觉艺术效果的景观，还应遵循生态学的原理，建设多层次、多结构、多功能、科学的植物群落，达到生态美、科学美、文化美和艺术美。恢复人与自然的和谐，充分发挥园林绿化的生态效益、景观效益、经济效益和社会效益。具体类型如下。

(1) 观赏型树群　观赏型树群是园林中植物配置的重要类型，多选择观赏价值高、多功能的园林植物，运用风景美学原理，经科学设计、合理布局，构成一个自然美、艺术美、社会美的整体，体现多单元、多层次、多景观的生态型人工植物群落。观赏型植物群落中季相变化应用最多，园林工作者在设计中讲究春花、夏叶、秋实、冬干，通过对植物的合理配置，达到四季有景（图 4-24）。

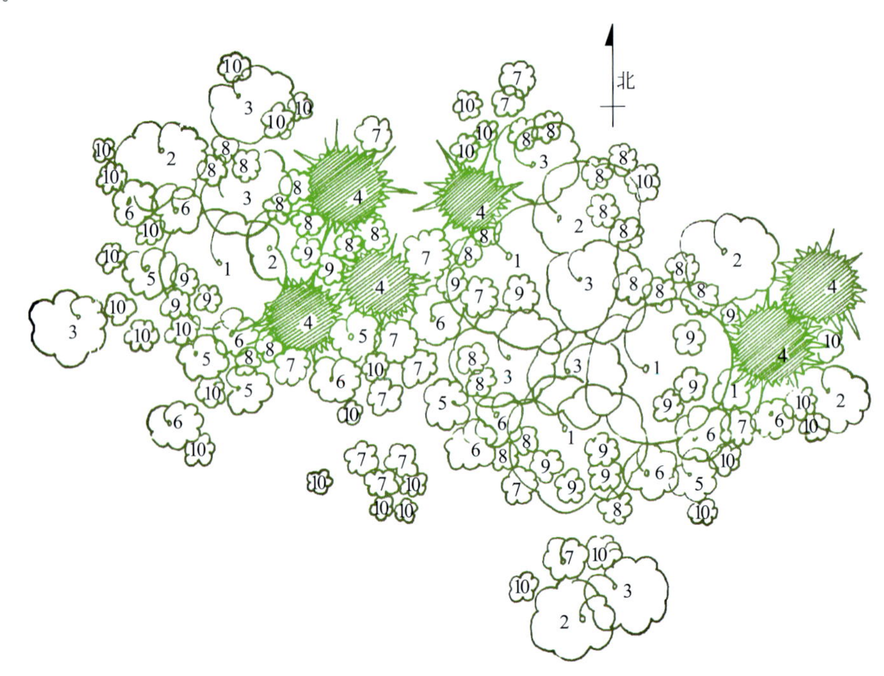

图 4-24　北京观赏型树群设计图

1—青杨；2—平基槭；3—山楂；4—白皮松；5—白碧桃；6—红碧桃；
7—珍珠梅；8—忍冬；9—紫枝忍冬；10—重瓣榆叶梅

最突出的植物季相景观配置的例子之一是杭州花港观鱼，春夏秋冬四季景观变化鲜明，春有牡丹、樱花、桃、李；夏有荷花；秋有桂花、槭树；冬有腊梅、雪松，让游人一年四季享受美妙的景观变化。在华北地区观赏型人工植物群落配置模式如下。

① 春景：白玉兰＋油松—樱花＋西府海棠；紫荆—紫花地丁＋崂峪苔草或马蔺；垂柳＋鹅掌楸或臭椿—女贞＋丁香或紫叶桃—榆叶梅＋太平花（或迎春、野蔷薇、锦带花、海州常山）—鸢尾＋二月兰或五叶地锦。

② 夏景：圆柏＋国槐＋合欢—紫叶李＋紫薇或石榴—平枝栒子或卫矛＋蜀葵—玉簪或荷兰菊；毛白杨＋栾树＋云杉—小叶女贞＋木槿或珍珠梅—月季或美人蕉＋石蒜或半支莲。

③ 秋景：柿树或银杏＋火炬树—白杆＋金银木或平枝栒子—大丽花＋宽叶麦冬；水杉＋油松＋五角枫或洋白蜡—白皮松＋荚蒾或山楂＋小花溲疏—月季＋紫叶小檗或铺地柏。

④ 冬季：白皮松＋白桦—腊梅＋枸骨—矮紫杉＋书带草；油松＋金枝柳＋银白杨—竹类＋火棘或银芽柳—荚果蕨或三叶草。

（2）保健型树群　利用产生有益分泌物和挥发物的植物配置，形成一定的生态结构，达到增强人们健康，防病治病目的的树群。在公园、居民区，尤其是医院、疗养院等医疗单位，应以园林植物的杀菌特性为主要评价指标，结合植物的吸收 CO_2、降温增湿、滞尘以及耐阴性等测定指标，选择适用于医院型绿地的园林植物种类，如具有萜烯的松树、具有乔柏素的柏树，具有雪松烯的雪松，香花中的芳香植物等。结构模式如下。

① 在北方可以油松（或圆柏、侧柏、雪松）＋臭椿（或国槐、白玉兰、绦柳、白蜡、栾树）—大叶黄杨＋碧桃＋金银木（或紫丁香、紫薇、紫穗槐、接骨木）—矮紫杉＋丰花月季（或连翘、玫瑰）—鸢尾或麦冬；华山松（或白皮松、云杉、粗榧、洒金柏）＋银杏（栾树、黄栌、杜仲、核桃、暴马丁香）—早园竹＋海州常山（珍珠梅、平枝栒子、枸骨、黄刺玫）—萱草＋早熟禾等。

② 在南方构建芳香型树群，香樟（或白玉兰、广玉兰、天竺葵）—桂花（或柑橘、腊梅、丁

香、月桂)—含笑（或栀子、月季、山茶等)—酢浆草（或薄荷、迷迭香、月见草、香叶天竺葵、活血丹等)。

(3) 环境防护型树群　以园林植物的抗污染特性为主要评价指标，结合植物的光合作用、蒸腾作用、吸收污染物特性等测定指标，进行分析，选择出适于污染区绿地的园林植物。以通风较好的复层结构为主，组成抗性较强的植物群落，有效地改善重污染环境局部区域内的生态环境，提高生态效益，对人们健康有利。结构模式如下。

① 污染区厂房向阳侧种植模式：侧柏（或华山松、桧柏、蜀桧、云杉)＋毛泡桐（或银杏、构树、臭椿、流苏、毛白杨、栾树)—丰花月季＋平枝栒子—早熟禾。

② 污染区厂房背阴侧种植模式：金银木（或天目琼花、矮紫杉、珍珠梅、紫穗槐）—沙地柏（或崂峪苔草)。

③ 污染区厂房与生活区隔离带绿化植物种植模式：桧柏（或白杆、侧柏)＋毛白杨（或臭椿、毛泡桐、构树)—矮紫杉＋棣棠（或紫穗槐、天目琼花、金银木、大叶黄杨)—二月兰（或崂峪苔草、麦冬、早熟禾)。

④ 街道、公路周边地区的植物种植模式：侧柏＋悬铃木（国槐、银杏、白蜡、毛泡桐）—大叶黄杨＋紫丁香（或紫薇、天目琼花、锦带花）—早熟禾或麦冬。

上述几种种植模式为北京地区的设计，以抗性强的乡土树种为主，结合抗污性强的新优植物，既丰富了植物种类，美化了环境，又适应了粗放管理，适合污染区大面积绿化养护管理的需要。

(4) 知识型树群　在公园、植物园、动物园、风景名胜区，收集多种植物群落，按分类系统，或按种群生态系统排列种植，建立科普性的人工群落。植物的筛选，不仅着眼于色彩丰富的栽培品种，还应将濒危和稀有的野生植物引入园中，既可丰富景观，又保存和利用了种质资源，激发人们热爱自然、探索自然奥秘的兴趣和爱护环境、保护环境的自觉性。例如中科院植物研究所北京植物园建有树木园、宿根花卉园、月季园、牡丹园、木草园、紫薇园、野生果树资源区、环保植物区、水生植物园、珍稀濒危植物区、热带、亚热带植物展览温室等10余个展区和展室，栽培植物近5000种（含品种)，其中乔灌木约2000种，热带、亚热带植物1000余种，花卉近500种（含品种)，果树、芳香植物、油料、中草药、水生植物等植物1500余种。在观赏娱乐中，游人可初步了解植物生态学、植物种群生态学、植物分类学、美学等基本科普知识，学习科学，认识自然。

(5) 文化型树群　特定的文化环境如历史遗迹、纪念性园林、风景名胜、宗教寺庙、古典园林等，通过各种植物的配置使其具有相应的文化环境氛围，形成不同种类的文化环境型人工植物群落，从而使人们产生各种主观感情与宏观环境之间的景观意识，引起共鸣和联想。

各种植物不同的配置组合，能形成千变万化的景境，给人以丰富多彩的艺术感受。“几处早莺争暖树，谁家春燕啄春泥。乱花渐欲迷人眼，浅草才能没马蹄，最爱湖东行不足，绿杨荫里白沙堤。”这是著名诗人白居易对植物形成春光明媚景色的描述。“独坐幽篁里，弹琴复长啸。深林人不知，明月来相照。”这是著名诗人王维对植物所形成的“静”的感受。常绿的松科和塔形的柏科植物成群种植在一起，给人以庄严、肃穆的气氛；高低不同的棕榈与凤尾丝兰组合在一起，则给人以热带风光的感受；开阔的疏林草地，给人以开朗舒适、自由的感觉；高大的水杉、雪松则给人以蓬勃向上的感觉。如雨花台烈士陵园，烈士殉难处的种植设计，以松柏长青象征革命烈士的精神永驻，风卷松涛仿佛澎湃的革命浪潮，以春花洁白的白玉兰象征烈士们纯洁品格和高尚情操，垂丝海棠嫣红万点寓意当今一代对革命烈士的缅怀之情，枫叶如丹、茶花似血启示后代应珍惜烈士们用鲜血换来的幸福，这样的植物配置体现了庄严肃穆的主题，使游人在遐想中达到园林美的升华。

(6) 生产型树群　不同的立地条件下，发展具有经济价值的乔、灌、花、果、草、药和苗圃基地，并与环境协调，既满足市场的需要，又增加社会效益的人工植物群落为生产型树群。如在绿地中选用干果或高干性果树（板栗、核桃、银杏等)；在居民区种植桃、杏、海棠等较低矮的果树，结果后在管理人员的指引下，参与采果等富有人性化的活动。具体结构模式如下。

桧柏＋银杏＋杜仲—接骨木＋连翘＋珍珠梅＋枸骨—金银花＋芍药＋宽叶麦冬，以药用植物为主，尽可能创造景观变化。连翘春季夺目，珍珠梅夏季串串白花驱散酷暑；金银花、芍药等春夏之季竞相争艳；秋季银杏渲染片林景色，果实又可入药（为名贵中药材），冬季桧柏苍翠打破萧条景象。

五、林植

成片、成块地大量栽植乔、灌木称为林植，构成林地或森林景观的称为风景林或树林。这是将森林学、造林学的概念和技术措施按照园林的要求引入于自然风景区和城市绿化建设中的配植方式。较大规模的风景林，可称得上是特殊用途的森林，它是大面积园林绿地，特别是城郊森林公园和风景名胜区的森林植被景观。

（一）林植的功能与布置

风景林的作用是保护和改善环境大气候，维持环境生态平衡；满足人们休息、游览与审美要求；适应对外开放和发展旅游事业的需要；生产某些林副产品。在园林中可充当主景或背景，起着空间联系、隔离或填充作用。此种配置方式多用于风景区、森林公园、疗养院、大型公园的安静区及卫生防护林等。

（二）风景林设计

风景林设计中，应注意林冠线的变化、疏林与密林的变化、林中树木的选择与搭配、群体内及群体与环境间的关系，以及按照园林休憩游览的要求留有一定大小的林间空地等措施，特别是密度变化对景观的影响（图 4-25）。

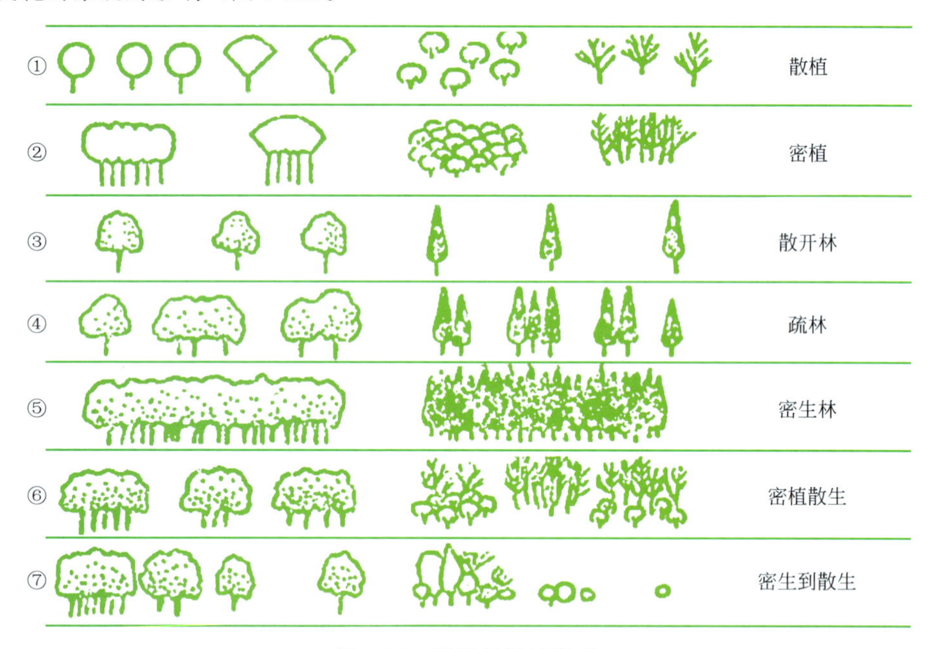

图 4-25 风景林设计形式

（引自：胡长龙．园林规划设计．第 2 版．北京：中国农业出版社，2002）

1. 密林

水平郁闭度在 0.7～1.0，阳光很少透入林下，土壤湿度很大。地被植物含水量高，经不起踩踏，容易弄脏衣物，不便游人活动。密林又有单纯密林和混交密林之分。

（1）单纯密林 是由一个树种组成的，它没有垂直郁闭景观美和丰富的季相变化。在种植时，可以用异龄树种，结合利用起伏地形的变化，同样可以使林冠得到变化。林区外线还可以造同一树种的树群、树丛或孤植树，增强林缘线的曲折变化。林下配植一种或多种开花的耐阴或半耐阴的草本花卉，以及低矮开花繁茂的耐阴灌木。为了提高林下景观的艺术效果，水平郁闭度不可太高，最好在 0.7～0.8，以利地下植被正常生长和增强可见度（图 4-26）。

图 4-26　单纯密林景观

(2) 混交密林　是一个具有多层结构的植物群落，形成不同的层次，季相变化比较丰富。供游人欣赏的林缘部分，其垂直成层构图要十分突出，但也不能全部塞满，影响游人欣赏林下特有的幽邃深远之美。密林可以有自然路通过，但沿路两旁垂直郁闭度不可太大，游人漫步其中犹如回到大自然中。必要时还可以留出大小不同的空旷草坪，利用林间溪流水体，种植水生花卉，再附设一些简单构筑物，以供游人做短暂的休息或躲避风雨之用，更觉意味深长（图 4-27)。

图 4-27　混交密林景观

密林的混交方式可用自然点、块状混交及常绿、落叶树混交。混交密林的设计，基本与树群相似，但由于面积大，无需作出每株树的定点设计，只做几种小面积的标准定型设计就可以了。标准定型设计的面积为 25m×20m 至 25m×40m，绘出每株树的定植点，注明地被植物并绘出植物编号表及编写说明书。设计图纸总平面图比例为（1：500)～(1：1000)，并绘出规划范围、道路、设施及标准定型设计编号。定型设计图比例为（1：100)～(1：250)。

单纯密林和混交密林在艺术效果上各有特点，前者简洁壮阔，后者华丽多彩，两者相互衬托，特点更突出，因此不能偏废。但从生物学的特性来看，混交密林比单纯密林好，故在园林中纯林不宜太多。

2. 疏林

水平郁闭度在0.4～0.6，常与草地相结合，故又称草地疏林，是园林中应用最多的一种形式。疏林中的树种应具有较高的观赏价值，树冠应开展，树荫要疏朗，生长要强健，花和叶的色彩要丰富，树枝线条要曲折多变，树干要好看，常绿树与落叶树搭配要合适。树木的种植要三五成群，疏密相间，有断有续，错落有致，使构图生动活泼。林下草坪含水量少，组织坚韧耐践踏，不污染衣服，尽可能让游人在草坪上活动，作为观赏用的嵌花草地疏林，应该有路可通，不能让游人在草地上行走，为了能使林下花卉生长良好，乔木的树冠应疏朗一些，不宜过分郁闭。

(1) 草地疏林　在游客量不大，游人进入活动不会踩死草地的情况下设置（图4-28)。草地疏林设计中，树林株行距应在10～20m，不小于成年树树冠直径，其间也可设林中空地。树种选择要求以落叶树为主，树荫疏朗的伞形冠较为理想，所用草种应含水量少，组织坚固，耐旱，如禾本科的狗牙根和野牛草等。

图4-28　草地疏林景观

(2) 花地疏林　在游客量大，不进入内部活动的情况下设置。此种疏林要求乔木间距大些，以利于林下花卉植物生长，林下花卉可单一品种，也可多品种进行混交造景，或选用一些经济价值高的花卉，如金银花、金针菜等。花地疏林内应设自然式道路，以便游人进入游览。道路密度以10%～15%为宜，沿路可设石椅、石凳或花架、休息亭等，道路交叉口可设置花丛(图4-29)。

(3) 疏林广场　在游客量大，又需要进入疏林活动的情况下设置。林下多为铺装广场(图4-30)。

六、篱植

篱植即绿篱、绿墙，是耐修剪的灌木或小乔木以近距离的株行距密植，呈紧密结构的规则种植形式。单行或双行排列而组成的规则绿带，是属于密植行列栽植的类型。

(一) 篱植的功能与布置

1. 范围与围护作用

在园林绿地中，常以绿篱作为防范的边界，例如用刺篱、高篱或绿篱内加铁丝。绿篱可用作组织游览路线。

图 4-29　花地疏林景观

图 4-30　疏林广场景观

2. 分隔空间和屏障视线

园林的空间有限，往往又需要安排多种活动用地，为减少互相干扰，常用绿篱或绿墙进行分区和屏障视线，以便分隔不同的空间。这种绿篱最好用常绿树组成高于视线的绿墙。如把儿童游戏场、露天剧场、运动场等与安静休息区分隔开来，这样才能减少互相干扰。局部规则式的空间，也可用绿篱隔离，这样对比强烈、风格不同的布局形式可以得到缓和。

3. 作为规则式园林的区划线

以中篱作分界线，以矮篱作花境的边缘，或作花坛和观赏草坪的图案花纹。一般装饰性矮篱选用的植物材料有黄杨、大叶黄杨、桧柏、日本花柏、雀舌黄杨等。其中以雀舌黄杨最为理想，因其生长缓慢，别名千年矮，纹样不易走样，比较持久。也可以用常春藤组成粗放的纹样。

4. 作为花境、喷泉、雕像的背景

园林中常用常绿树修剪成各种形式的绿墙，作为喷泉和雕像的背景，其高度一般要与喷泉和雕像的高度相称，色彩以选用没有反光的暗绿色树种为宜。作为花境背景的绿篱一般均为常绿的高篱及中篱。

5. 美化挡土墙或景墙

在各种绿地中，为避免挡土墙立面的枯燥，常在挡土墙的前方栽植绿篱，以便把挡土墙的立面美化起来。见图 4-31，绿篱对景墙的装饰。

图 4-31　绿篱对景墙的装饰

6. 作色带

中矮篱的应用，按绿篱栽植的密度，其宽窄随设计纹样而定，但宽度过大将不利于修剪操作，设计时应考虑工作小道。在大草坪和坡地上可以利用不同的观叶木本植物（灌木为主，如小叶黄杨、红叶小檗、金叶女贞、桧柏、红枫等）组成具有气势、尺度大、效果好的纹样，如北京天安门观礼台、三环路上立交桥的绿岛等由宽窄不一的中、矮篱组成不同图案的纹饰。

（二）绿篱的设计

1. 绿篱高度

根据使用功能的不同，绿篱高度各异（图 4-32）。

（1）绿墙　高度在人视线高 160cm 以上，有的在绿墙中修剪形成绿洞门。

（2）高绿篱　高度在 120～160cm，人的视线可以通过，但不能跳越。

（3）中绿篱　高度为 50～120cm。

（4）矮绿篱　高度在 50cm 以下，人们能够跨越。

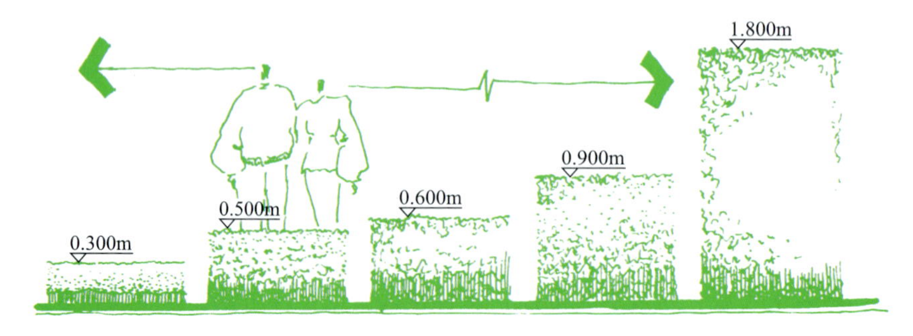

图 4-32　绿篱高度对人活动的影响

2. 绿篱设计形式与植物选用

根据功能和观赏要求，绿篱设计形式通常有以下几种。

(1) 常绿篱　常绿篱一般由灌木或小乔木组成，是园林绿地中应用最多的绿篱形式。该绿篱一般常修剪成规则式。常采用的树种有柏、侧柏、大叶黄杨、瓜子黄杨、女贞、珊瑚、冬青、蚊母、小叶女贞、小叶黄杨、胡颓子、月桂、海桐等（图 4-33）。

图 4-33　常绿篱——大叶黄杨

(2) 落叶篱　由一般的落叶树种组成。常见的树种有榆树、雪柳、水蜡树、茶条槭。

(3) 花篱　花篱是由枝密花多的花灌木组成。通常是任其自然生长成为不规则的形式，至多修剪其徒长的枝条。花篱是园林绿地中比较精美的绿篱形式，一般多用于重点绿化地带，其中常绿芳香花灌木树种有桂花、栀子花等，如图 4-34 所示。常绿及半常绿花灌木树种有六月雪、金丝桃、迎春、黄馨等。落叶花灌木树种有锦带花、木槿、紫荆、珍珠花、麻叶绣球、绣线菊、金缕梅等。

(4) 观果篱　通常由果实色彩鲜艳的灌木组成。一般在秋季果实成熟时，景观别具一格。观果篱常用树种有枸杞、火棘、紫珠、忍冬、花椒等。观果篱在园林绿地中应用还较少，一般在重点绿化地带才采用，在养护管理上通常不作大的修剪，至多剪除其过长的徒长枝，如修剪过重，则结果率降低，影响其观果效果。

图 4-34　花篱

（5）刺篱　由带刺的树种组成，常见的树种有枸杞、山花椒、山皂荚、雪里红。

（6）蔓篱　由攀缘植物组成，需事先设供攀附的竹篱、木栅栏等。主要植物可选用地锦、蛇葡萄、南蛇藤，还可选用草本植物、牵牛花、丝瓜等。

3. 绿篱造型形式

（1）整形绿篱　即把绿篱修剪为具有几何形体的绿篱。具有较强的规整性，人工塑造性强（图 4-35、图 4-36）。

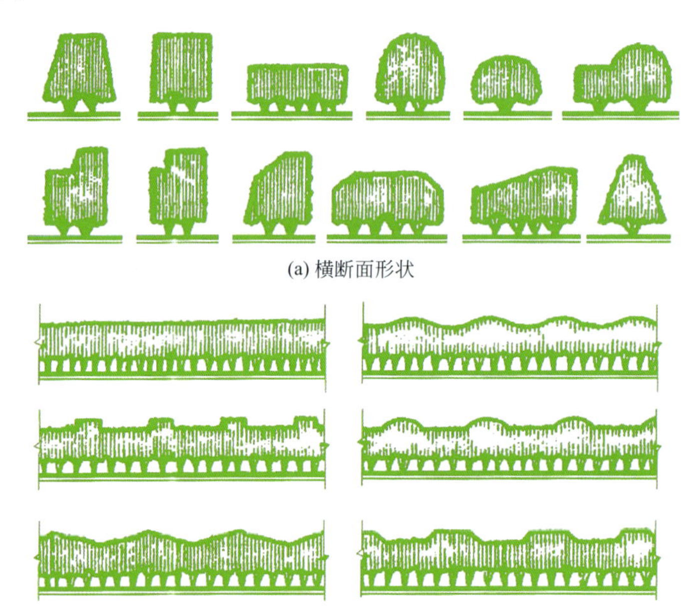

(a) 横断面形状

(b) 纵断面形状

图 4-35　整形绿篱修剪形式

(a)

(b)

图 4-36　绿篱造型

（2）不整形绿篱　仅做一般修剪，保持一定的高度，下部枝叶不加修剪，使绿篱半自然生长，不塑造几何形体。

（3）编篱　把绿篱植物的枝条编结起来的绿篱。编篱通常由枝条韧性较大的灌木组成，将这些植物的枝条幼嫩时编结成一定的网状或格栅状的形式。编篱既可编制成规则式，亦可编成自然式。常用的树种有木槿、枸杞、小叶女贞、紫穗槐等。

4. 篱植种植密度

绿篱的种植密度根据使用的目的性，所选树种、苗木的规格和种植地带的宽度而定。矮篱、一般绿篱，株距为 30～50cm，行距为 40～60cm，双行式绿篱呈三角交叉排列。绿墙的株距可采用 100～150cm，行距可采用 150～200cm。绿篱的起点和终点应作尽端处理，以使其从侧面看来比较厚实美观。

七、列植

列植是乔木或灌木植物按一定的株距成行种植，甚至是多行排列形式。列植形成的景观比较整齐、单纯、气势庞大，韵律感强。如行道树栽植、基础栽植、“树阵”布置，就是其应用形式。

（一）列植的功能与布置

列植在园林中可发挥联系、隔离、屏蔽等作用，可形成夹景或障景。多用在道路旁、广场、林带、河边，是规则式园林绿地中应用最多的基本栽植形式（图 4-37）。

图 4-37　植物列植景观

（二）列植的设计

1. 列植的树种选择

列植宜选用树冠体形比较整齐、枝叶繁茂的树种。如圆形、卵圆形、椭圆形、塔形的树冠，如图 4-38 所示。列植的植物可以是一种，也可以由多种植物组成。

图 4-38　水渠边圆柏列植景观

2. 列植构图形式

列植分为等行等距和等行不等距两种形式。等行等距的种植从平面上看是正方形或正三角形，多用于规则式园林绿地或自然式园林绿地中的规则部分。等行不等距的种植从平面上看种植点呈不等边的三角形或四角形，多用于园林绿地中规则式向自然式的过渡地带，如水边、广场边、路边、建筑旁等，或用于规则式的栽植到自然式栽植的过渡。

3. 株行距的大小

株行距的大小，应视树的种类和所需要的郁闭度而定。一般大灌木 2～3m，小灌木 1～2m。列植在设计时，要注意处理好与其他因素的矛盾。如周围建筑、地下地上管线等，应适当调整距离以保证设计技术要求的最小距离（表 4-1～表 4-5）。

表 4-1 绿化植物栽植间距

名 称	不宜小于(中-中)/m	不宜大于(中-中)/m
一行行道树	4.00	6.00
两行行道树(棋盘式栽植)	3.00	5.00
乔木群栽	2.00	—
乔木与灌木	0.50	—
灌木群栽(大灌木)	1.00	3.00
(中灌木)	0.75	0.50
(小灌木)	0.30	0.80

注：引自中国城市规划设计研究院。城市道路绿化规划与设计规范（CJJ75—97）．北京：中国建筑工业出版社，2005.

表 4-2 绿化带最小宽度

名 称	最小宽度/m	名 称	最小宽度/m
一行乔木	2.00	一行灌木带(大灌木)	2.50
两行乔木(并列栽植)	6.00	一行乔木与一行绿篱	2.50
两行乔木(棋盘式栽植)	5.00	一行乔木与两行绿篱	3.00
一行灌木带(小灌木)	1.50		

注：引自中国城市规划设计研究院．城市道路绿化规划与设计规范（CJJ75—97）．北京：中国建筑工业出版社，2005.

表 4-3 绿化物与建筑物、构筑物的最小间距

建筑物、构筑物名称	最小间距/m	
	至乔木中心	至灌木中心
建筑物外墙：有窗	3.0～5.0	1.5
无窗	2.0	1.5
挡土墙顶内和墙脚外	2.0	0.5
围墙	2.0	1.0
铁路中心线	5.0	3.5
道路路面边缘	0.75	0.5
人行道路面边缘	0.75	0.5
排水沟边缘	1.0	0.5
体育场地	3.0	3.0
喷水冷却池外缘	40.0	
塔式冷却塔外缘	1.5 倍塔高	

注：引自中国城市规划设计研究院．城市道路绿化规划与设计规范（CJJ75—97）．北京：中国建筑工业出版社，2005.

表 4-4 绿化植物与管线的最小间距

管线名称	最小间距/m	
	乔木(至中心)	灌木(至中心)
给水管、闸井	1.5	不限
污水管、雨水管、探井	1.0	不限
煤气管、探井	1.5	1.5
电力电缆、电信电缆、电信管道	1.5	1.0
热力管(沟)	1.5	1.5
地上杆柱(中心)	2.0	不限
消防龙头	2.0	1.2

注：引自中国城市规划设计研究院．城市道路绿化规划与设计规范（CJJ75—97）．北京：中国建筑工业出版社，2005.

表 4-5 道路交叉口植物布置规定

行车速度≤40km/h	非植树区不应小于 30m
行车速度≤25km/h	非植树区不应小于 14m
机动车道与非机动车道交叉口	非植树区不应小于 10m
机动车道与铁路交叉口	非植树区不应小于 50m

注：引自中国城市规划设计研究院．城市道路绿化规划与设计规范（CJJ75—97）．北京：中国建筑工业出版社，2005.

第二节　花卉景观

花卉是园林景物的重要组成部分，在园林中，花卉常被布置成花坛、花镜、花丛、花台等，一些蔓性花卉还可装饰柱、廊、篱及棚架。

一、花坛

花坛是指在具有一定的几何形状的植床内种植各种不同观花、观叶或观景的园林植物，配植成各种富有鲜艳色彩或华丽纹样的花卉应用形式。花坛一般中心部位较高，四周逐渐降低，以便排水，边缘用砖、水泥、磁柱等做成几何形矮边。

（一）花坛的功能与定位

在园林构图中，花坛常作主景或配景，具有较高的装饰性和观赏价值。花坛具有美化环境、组织交通和渲染气氛的功能。花坛大多布置在道路中央、两侧、交叉点、广场、庭院、大门前等处，是园林绿地中重点地区节日装饰的主要花卉布置类型。

（二）花坛的设计

现代花坛样式极为丰富，某些设计形式已远远超过了花坛的最初含义，设计内容如下。

1. 表现主题与材料使用

（1）花丛式花坛　又称之为盛花花坛，如图 4-39 所示。以欣赏花卉群体的华丽色彩或绚丽图案为主题的花坛称为花丛式花坛。一般选用高矮一致、开花整齐繁茂、花期较长的草本花卉。所采用的花卉可是同一品种，也可用几个品种构成简单的图案有机地组合在一起。

（2）图案式花坛　又称之为模纹花坛。是利用不同色彩的观叶或花、叶兼美的植物，组成以华丽的图案、纹样或文字等为主题的花坛。它通常需利用修剪措施以保证纹样的清晰。它的优点在于它的观赏期长，因此图案式花坛的材料应选用生长期长、生长缓慢、枝叶茂盛、耐修剪的植物。它具体包括以下几种。

① 毛毡花坛　由各种观叶植物组成精美的装饰图案，植物修剪成同一高度，表面平整，宛如华丽的地毯（图 4-40）。

图 4-39　花丛式花坛

图 4-40　毛毡花坛

② 浮雕花坛　是依花坛纹样变化，植物高度不同，部分纹样凸起或凹陷，凸出的纹样多由常绿小灌木组成，凹陷面多栽植低矮的草本植物，也可以通过修剪使同种植物因高度不同而呈现凸凹变化，整体上具有浮雕的效果（图 4-41）。

③ 彩结花坛　是花坛内纹样模仿绸带编成的绳结式样，图案的线条粗细一致，并以草坪、砾石或卵石为底色（图 4-42）。

(3) 草皮花坛　用草皮和花卉配合布置形成的花坛。常以草皮为主，表现草坪细匀、简洁、均一的绿色，花卉仅作点缀，多用于草皮边沿或广场的中心（图 4-43）。

(4) 木本植物花坛　利用木本植物布置的花坛。常以整形植物、桩景或常绿针叶树为花坛中心，展示其形态美，结合开花灌木和花卉陪衬，利用绿篱镶边作围，它有一劳永逸的优点（图 4-44）。

图 4-41　浮雕花坛

图 4-42　彩结花坛

图 4-43　草皮花坛

图 4-44 木本植物花坛

（5）混合花坛 混合花坛是由草皮、草花、木本植物和假山石等材料所构成，表现自然景观的一种花坛（图 4-45）。

图 4-45 混合花坛

2. 花坛空间规划形式

（1）平面花坛 花坛表面与地面平行，主要观赏花坛的平面效果，包括沉床花坛或高出地面的花坛（图 4-46）。

图 4-46 平面花坛

（2）斜面花坛 花坛设置在斜坡或阶地上，也可以布置在建筑的台阶两旁或台阶上，花坛表面为斜面，同时也是主要的观赏面，如图 4-47 所示。

图 4-47　斜面花坛

（3）立体花坛　花坛向空间伸展，具有竖向景观，是一种超出花坛原有含义的布置形式，它以四面观为主。包括造型花坛、标牌花坛等形式。

① 造型花坛　是图案式花坛的立体发展或称立体构型。它是以竹木或钢筋为骨架的泥制造型。在其表面种植五彩草或小菊等草本植物制成的一种立体装饰物，如动物、花篮、花瓶等，前面或四周用平面装饰。它是植草与造型的结合，形同雕塑，观赏效果很好（图 4-48）。

② 标牌花坛　是用植物材料组成竖向牌式花坛，多为一面观赏（图 4-49）。

3. 花坛的组合形式

（1）独立花坛　即单体花坛。常设置在广场、公园入口等较小的环境中，作为局部构图的主体，一般布置在轴线的焦点，公路交叉口或大型建筑前的广场上。独立花坛的面积不宜过大，若是太大，需与雕塑喷泉或树丛等结合布置（图 4-50）。

图 4-48　造型花坛

（2）花坛群　由两个以上相同或不同形式的个体花坛，组成一个不可分割的构图整体，称之为花坛群。花坛群的构图中心可以采用独立花坛，也可以采用水池、喷泉、雕塑来代替，喷泉和雕塑可作为花坛群的构图中心，也可作为装饰。花坛群应具有统一的底色，以突出其整体感。组成花坛群的各花坛之间常用道路、草皮等互相联系，可允许游人入内，有时还可设置座椅、花架供游人休息（图 4-51）。

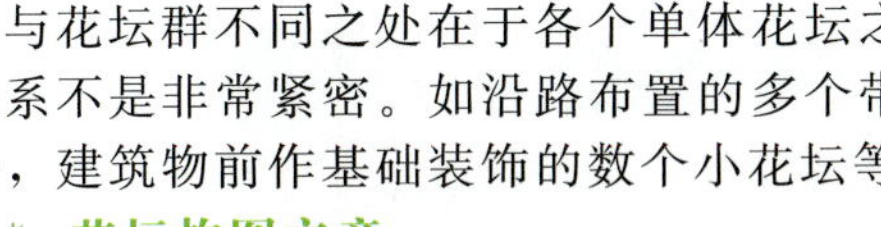

（3）花坛组　是指同一环境中设置多个花坛，与花坛群不同之处在于各个单体花坛之间的联系不是非常紧密。如沿路布置的多个带状花坛，建筑物前作基础装饰的数个小花坛等。

4. 花坛构图立意

（1）与环境关系的处理

① 花坛的设置　首先应在风格、体量、形状诸方面与周围环境相协调，其次才是花坛自身的特色。花坛的布置要和环境统一，要求色彩、表现形式、主题思想等因素与环境相协调。处理好花坛与建筑、道路、周围植物的关系。

② 布局形式　可分为规则式花坛、自然式花坛、混合式花坛。

③ 花坛的体量　花坛体量、大小也应与花坛设置的广场、出入口及周围建筑的高低成比例。一般不应超过广场面积的 1/3，不小于 1/5，出入口设置花坛以既美观又不妨碍游人观光路线为原则，高度应低于出入口处行人的水平视线。花坛大小要适度，独立花坛一般观赏轴线以 8～10m 为主，多采用内高外低形式，形成自然斜面，这与人的视觉规律有关，如图 4-52 所示。

图 4-49　标牌花坛

图 4-50　独立花坛

图 4-51　花坛群

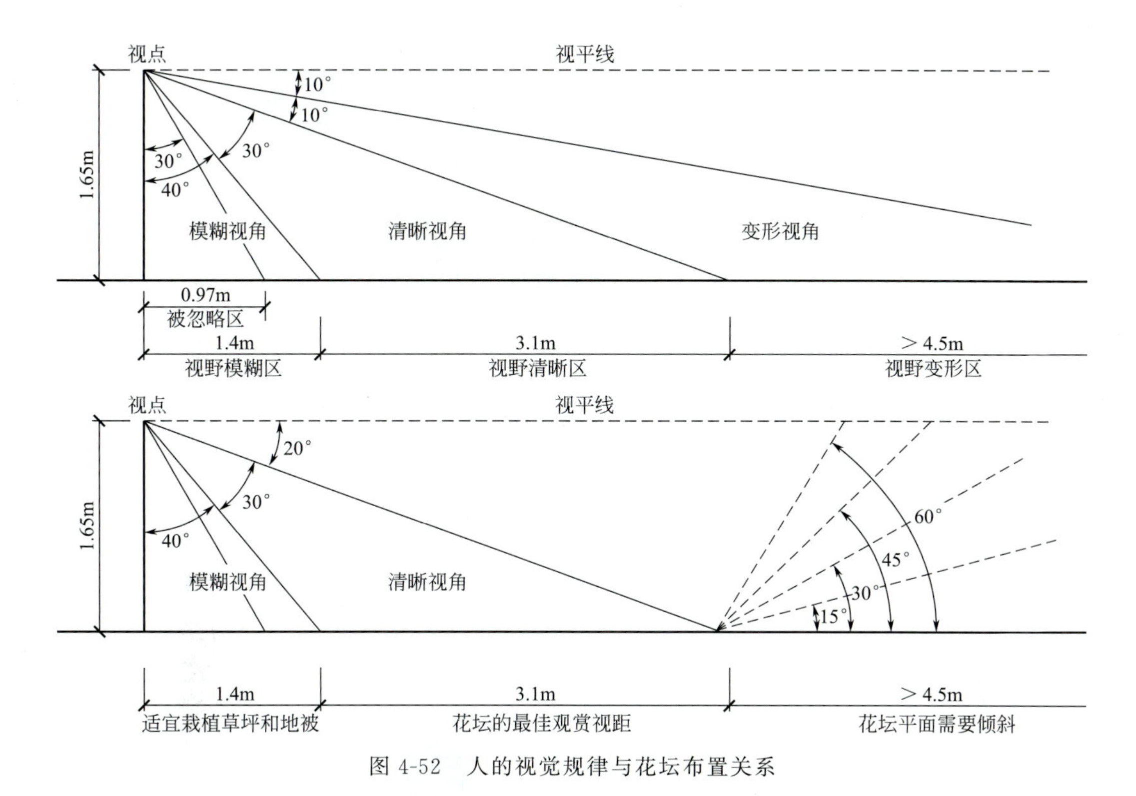

图 4-52　人的视觉规律与花坛布置关系

④ 花坛的外部轮廓　也应与建筑物边线、相邻的路边和广场的形状协调一致。如现代建筑的外形趋于多样化、曲线化，在外形多变的建筑物前设置花坛，可用流线或折线构成外轮廓，对称、拟对称或自然均可，以求与环境协调。

(2) 花坛的形状　可以有规则式与不规则式，如图 4-53 所示。

(3) 花坛细部安排　根据人的视觉规律，注意三个细部：中心、边缘与主体部分。花丛式花坛内部图案要简洁，轮廓明显。忌在有限的面积上设计烦琐的图案，要求有大色块的效果。而模纹式花坛以突出内部纹样精美华丽为主，因而植床的外轮廓以线条简洁为宜，可参考盛花花坛中较简单的外形图案，内部纹样可较盛花花坛精细复杂些，但点缀及纹样不可过于窄细。以红绿草类为例，不可窄于 5cm，一年生草本花卉以能栽植 2 株为限。设计条纹过窄则难于表现图案，纹样粗、宽，色彩才会鲜明，使图案清晰。内部图案可选择的内容广泛，如依照某些工艺品的花纹、卷云等，设计成毯状花纹；用文字或文字与纹样组合构成图案，如国旗、国徽、会徽等（图 4-54、图 4-55）。

5. 色彩的处理

注意色相的应用，处理好色彩比例、对比色、中间色、冷暖色、深浅色关系与应用（图 4-56），以及花坛色与环境色彩的关系。盛花花坛表现的主题是花卉群体的色彩美，因此一般要求鲜明、艳丽。如果有台座，花坛色彩还要与台座的颜色相协调。其配色方法如下。

(1) 对比色应用　这种配色较活泼而明快。深色调的对比较强烈，给人兴奋感，浅色调的对

图 4-53　花坛轮廓形状设计
（引自：吴涤新．花卉应用与设计．北京：中国农业出版社，2006）

图 4-54 花坛细部纹样设计

（引自：陈祺，周永学．植物景观工程图解与施工．北京：化学工业出版社，2008）

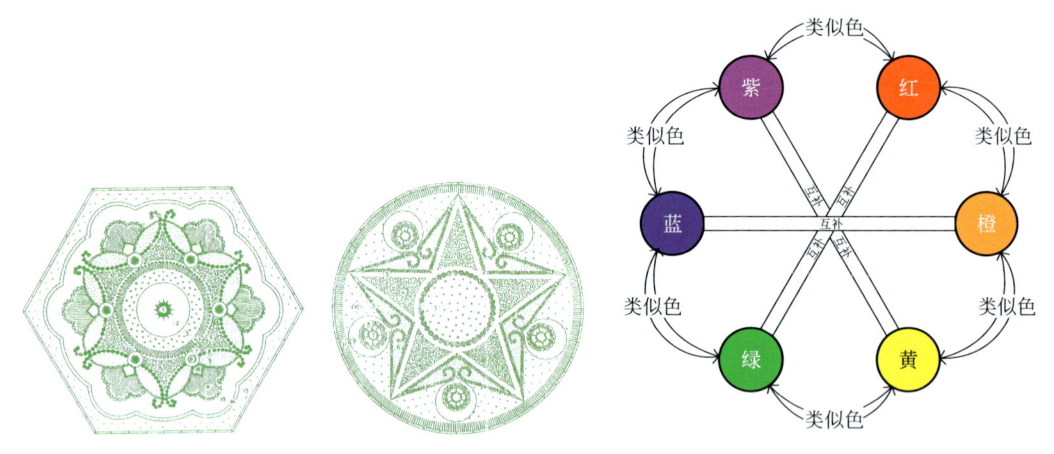

图 4-55 花坛图案纹样设计

图 4-56 色彩关系图

比配合效果较理想，对比不那么强烈，柔和而又鲜明。如浅紫色＋浅黄色（浅紫色三色堇＋黄色三色堇、藿香蓟＋黄早菊、荷兰菊＋三色堇），绿色＋红色（扫帚草＋星红鸡冠）等。

(2) 暖色调应用 类似色或暖色调花卉搭配，色彩不鲜明时可加白色以调剂。这种配色鲜艳，热烈而庄重，在大型花坛中常用。如红＋黄或红＋白＋黄（黄早菊＋白早菊＋一串红或一品红、金盏菊或黄色三色堇＋白雏菊或白色三色堇＋红色美女樱）。

(3) 同色调应用 这种配色不常用，适用于小面积花坛及花坛组，起装饰作用，不作主景。

色彩设计中还要注意其他一些问题。

① 一个花坛配色不宜太多。一般花坛 2～3 种颜色，大型花坛 4～5 种足矣。配色多而复杂难以表现群体的花色效果，显得杂乱。

② 在花坛色彩搭配中注意颜色对人的视觉及心理的影响。

③ 花坛的色彩要和它的作用结合考虑。

④ 花卉色彩不同于调色板上的色彩，需要在实践中对花卉的色彩仔细观察才能正确应用。同为红色的花卉，如天竺葵、一串红、一品红等，在明度上有差别，分别与早黄菊配用，效果不同。一品红红色较稳重，一串红较鲜明，而天竺葵较艳丽，后两种花卉直接与早黄菊配合，也有明快的效果，而一品红与早黄菊搭配后需要加入白色的花卉才会有较好的效果。同样，黄、紫、粉等各色花在不同花卉中明度、饱和度都不相同。

6. 花坛植物材料的选择与应用

(1) 花丛式花坛的植物选择 适合作花坛的花卉应株丛紧密、着花繁茂。理想的植物材料在盛花时应完全覆盖枝叶，要求花期较长，开放一致，至少保持一个季节的观赏期。一二年生花卉为花坛的主要材料，其种类繁多，色彩丰富，成本较低。球根花卉也是盛花花坛的优良材料，色彩艳丽，开花整齐，但成本较高。常用一二年生花卉有三色堇、金盏菊、金鱼草、紫罗兰、福禄考、石竹、百日草、千日红、一串红、美女樱、凤尾鸡冠、虞美人、翠菊、菊等；球根花卉有郁金香、风信子、美人蕉、水仙、大丽花等。

(2) 模纹花坛的植物选择　以枝叶细小，株丛紧密，萌蘖性强，耐修剪，生长缓慢的多年生观叶植物为主。如红绿草、白草、尖叶红叶苋、小月季、红叶小蘗、南天竹、杜鹃、六月雪、小叶女贞、金叶女贞、小栀子、红叶苋、半支莲、香雪球、紫罗兰、彩叶草、三色堇、雏菊、松叶菊、鸭趾草、葱兰、沿阶草、一串红、四季秋海棠、五色草等。

花坛要求经常保持鲜艳的色彩和整齐的轮廓。因此，应注意花期交替的合理应用。利用花卉的不同花期，使整个花坛的观花时间延长。

花坛中心宜选用较高大而整齐的花卉材料，如美人蕉、扫帚草、毛地黄、高金鱼草等；也有用树木的，如苏铁、蒲葵、海枣、凤尾兰、雪松、云杉及修剪的球形黄杨、龙柏等。花坛的边缘也常用矮小的灌木绿篱或常绿草本作镶边栽植。如雀舌黄杨、紫叶小蘗、葱兰、沿阶草等。

7. 花坛栽植床设计

为了突出地表现轮廓变化和避免游人践踏，花坛栽植床一般都高于地面，为了便于排水，还可以把花坛中心堆高形成四面坡。其倾角在5°～10°，最大不超过25°。种植土厚度因植物种类而异，种植一年生花卉为20～30cm，多年生花卉及灌木为40cm。为了避免游人踩踏装饰花坛，常用一些建筑材料围边，如砖、卵石、大理石、栏杆等，形式简单，色彩朴素。一般高度为10～15cm，厚度为10cm左右。边缘高出地面10～15cm，高度可0.30～1.5m。

8. 设计图的制作

用小钢笔、水粉、水彩等均可绘制花坛设计图。设计图内容见图4-57。

(1) 环境总平面图　应标出花坛所在环境的道路、建筑边界线、广场及绿地等，并绘出花坛平面轮廓。依面积大小有别，通常可选用1∶100或1∶1000的比例。

(2) 花坛平面图　应表明花坛的图案纹样及所用植物材料。绘出花坛的图案后，用阿拉伯数字或符号在图上依纹样使用的花卉，从花坛内部向外依次编号，并与图旁的植物材料表相对应，表内项目包括花卉的中文名、拉丁学名、株高、花色、花期、用花量等。以便于阅图。若花坛用花随季节变化需要轮换，也应在平面图及材料表中予以绘制或说明。

(3) 立面效果图　用来展示及说明花坛的效果及景观。花坛中某些局部，如造型物等细部必要时需绘出立面放大图，其比例及尺寸应准确，为制作及施工提供可靠数据。立体阶式花坛还可绘出阶梯架的侧剖面图。

(4) 设计说明书　简述花坛的主题、构思，并说明设计图中难以表现的内容，对植物材料的要求，列出植物材料配置统计表以及花坛建立后的一些养护管理要求。其中花坛用苗量计算以冠幅大小为依据，不露地面为准。实际用苗量算出后，要根据花圃及施工的条件留出5%～15%的耗损量。

二、花境

花境是模拟自然界林地边缘地带多种野生花卉交错生长状态，运用艺术手法提炼、设计成的以多年生花卉为主呈带状布置的一种花卉应用形式。它是园林中从规则式构图到自然式构图的一种过渡的半自然式种植形式。花境的平面形状较自由灵活，是以树丛、树群、绿篱、矮墙或建筑物作背景，可以直线布置（如带状花坛），也可以作自由曲线布置，内部植物布置是自然式混交的，着重于多年生花卉与少量低矮灌木并用。表现的主题是花卉群体形成的自然景观。

（一）花境的功能与布置

花境是一种带状布置方式，可在小环境中充分利用边角、条带等地段，营造出较大的空间氛围，是林缘、墙基、草坪边缘、路边坡地、挡土墙等的装饰；还可起到分隔空间和引导游览路线的作用。花境可设置在公园、风景区、街心绿地、家庭花园及林荫路旁；建筑物与道路之间；用植篱配合布置单面花境；与花架游廊配合布置花境（正面或两侧）；还可与围墙挡土墙配合布置花境（图4-58、图4-59）。

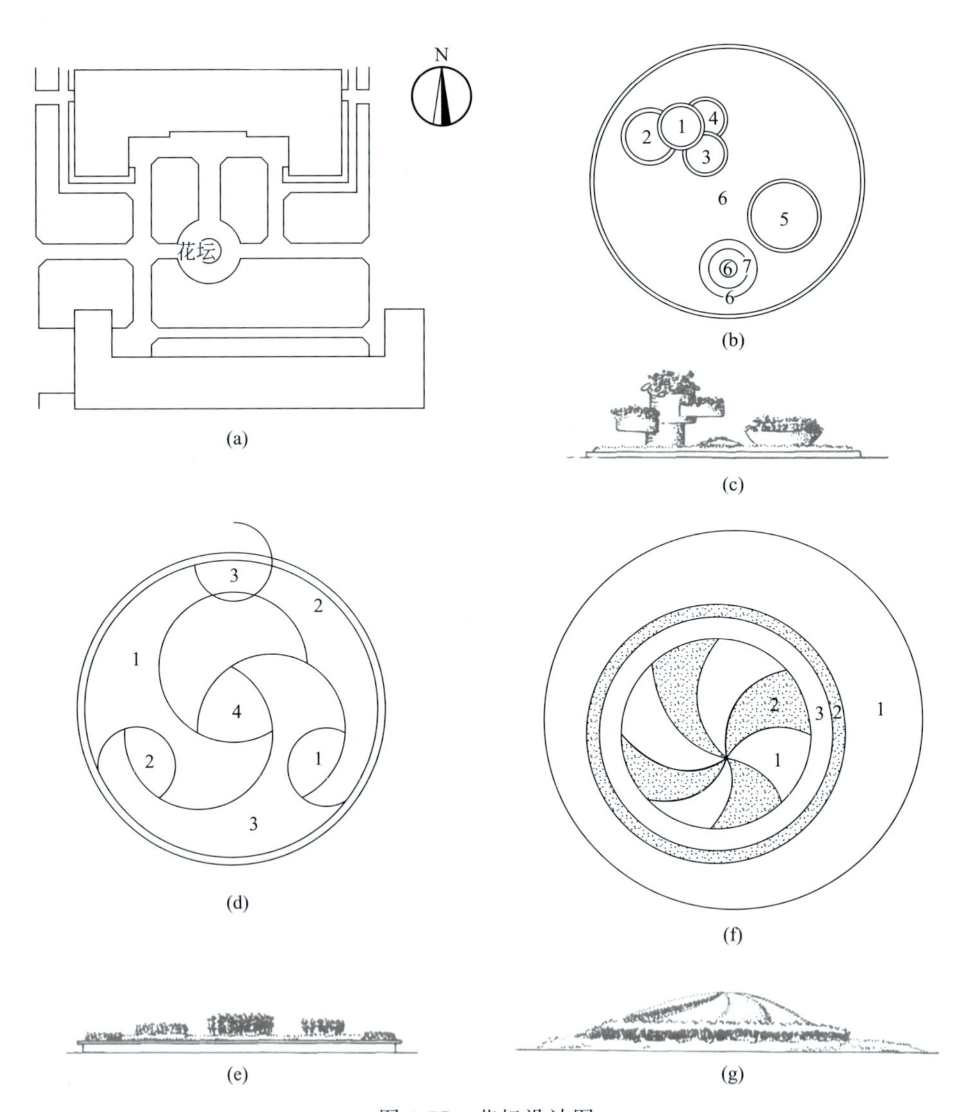

图 4-57　花坛设计图

(a) 花坛环境位置图；(b) 方案 1 的花坛平面图；(c) 方案 1 的花坛立面效果图；
(d) 方案 2 的花坛平面图；(e) 方案 2 的花坛立面效果图；
(f) 方案 3 的花坛平面图；(g) 方案 3 的花坛立面效果图
(引自：吴涤新．花卉应用与设计．北京：中国农业出版社，2006)

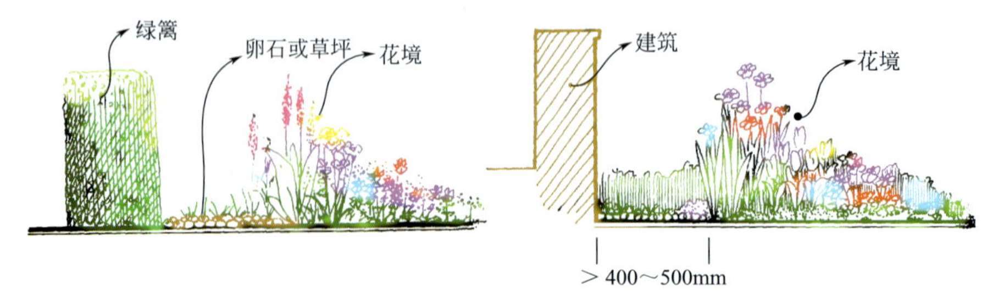

图 4-58　与绿篱、建筑结合布置的花境

图 4-59　与游廊结合布置的花境

（二）花境的设计

1. 布局形式

（1）单面观赏的花境　常以建筑物、矮墙、树丛、绿篱等为背景，前面为低矮的边缘植物，整体上前低后高，供一面观赏（图 4-60）。

（2）两面观赏的花境　这种花境没有背景，多布置在道路的中央、草坪上或树丛间，植物种植是中间高两侧低，供两面观赏（图 4-61）。

图 4-60　单面观赏的花境景观

图 4-61　双面观赏的花境景观

（3）对应式花境　在园路的两侧、草坪中央或建筑物周围设置相对应的两个花境，这两个花境呈左右二列式。在设计上统一考虑，作为一组景观，多采用拟对称的手法，以求有节奏和变化。如图 4-62 所示。

2. 植物选材及应用

花境植物应选择在当地露地越冬，不需特殊管理的宿根花卉为主。兼顾一些小花木及球根花卉和一二年生花卉。花镜植物应有较长的花期，且花期分散在各季节。要求四季美观又能季相交替，一般栽后 3～5 年不更换。如波斯菊、美人蕉、大丽花、芍药、鸢尾、石蒜、月季、杜鹃、腊梅、连翘、迎春等。根据材料的不同，可有以下的组织形式。

（1）宿根花卉花境　花境全部由可露地过冬的宿根花卉组成。

（2）混合式花境　花境种植材料以耐寒的宿根花卉为主，选用少量的花灌木、球根花卉或一二年生花卉造景。这种花境季相分明，色彩丰富，多见应用。

图 4-62 对应式花境

(3) 专类花卉花境 由同一属不同种类或同一种不同品种植物为主要种植材料的花境。做专类花镜用的花卉要求花期、株形、花色等有较丰富的变化，从而体现花境的特点。如百合类花境、鸢尾类花境、菊花花境等。

3. 花境的艺术处理

花境在设计过程中，首先要根据花境朝向、光照条件的不同选择相应的植物花卉。同时也要充分考虑环境空间的大小，长轴虽无要求，但长轴过长会影响管理及观赏要求，最好通过植物分段布置使其具有节奏感、韵律感。

花境不宜过宽或过窄。过窄不易体现群落的美感，过宽超过视觉鉴赏范围则造成浪费；一般单面观混合花境以 4～5m 为宜；单面观宿根花境以 2～3m 为宜；双面观花境以 4～6m 为宜。

另外单面观花境还需要背景，花境背景设计依设计场所的不同而异。较理想的背景是绿色的树墙或高篱，用建筑物的墙基及各种栅栏作背景以绿色或白色为宜。为管理方便和通风，背景和花境之间最好留出一定空间，它可以防止作为背景的树和花木根系侵扰花卉。

4. 花境设计图绘制

花境设计图可用小钢笔画墨线图，也可用水彩、水粉画方式绘制。如图 4-63 所示。

(1) 花境位置图 用平面图表示，标出花境周围环境，如建筑物、道路、草坪及花境所在位置。依环境大小可选用 1∶100～1∶500 的比例绘制。

(2) 花境平面图 绘出花境边缘线，背景和内部种植区域，以流畅曲线表示，避免出现死角，以求近种植物后的自然状态。在种植区内编号或直接注明植物，编号后需附植物材料表，包括植物名称、株高、花期、花色等。可选用 1∶50～1∶100 的比例绘制。

(3) 花境立面效果图 可以一季景观为例绘制，也可分别绘出各季景观。选用 1∶100～1∶200比例皆可。

此外，如果需要，还可绘制花境种植施工图及花境设计说明书。种植图比例可选用 1∶20～1∶50 绘制。说明书可简述作者创作意图及管理要求等，并对图中难于表达的内容作说明。

三、花台

四周用砖石围砌的高出地面 40～100cm 的小型台座中填土栽植灌木类花卉或点缀山石、配置花草的布置形式，称为花台。按照造型特点可分为规则式和自然式两类。花台距地面较高，缩短了与人的距离，便于人们观赏植物的姿态、花色，闻其花香，并领略花台本身的造型之美。

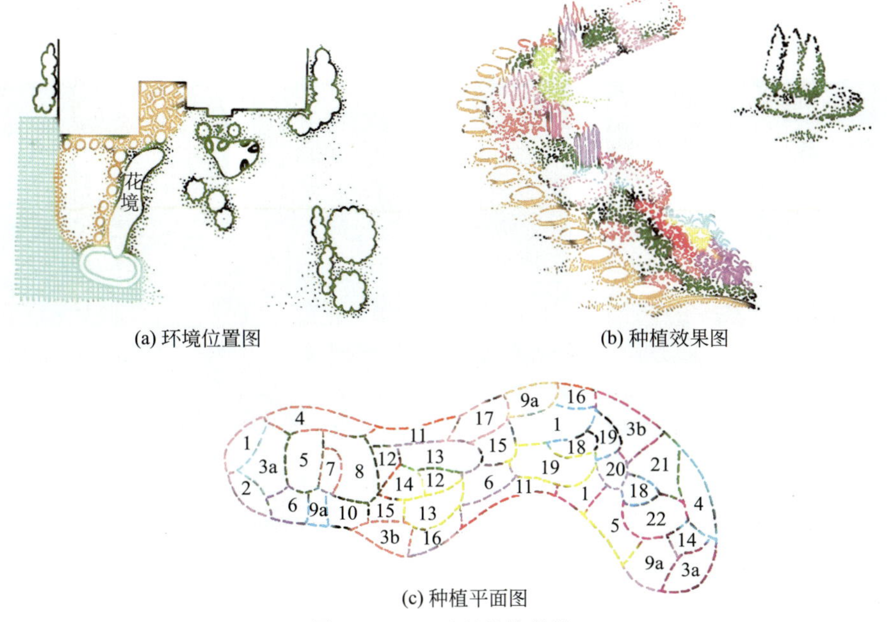

(a) 环境位置图　(b) 种植效果图

(c) 种植平面图

图 4-63　双面观花境设计

（引自：吴涤新．花卉应用与设计．北京：中国农业出版社，2006）

花台一般设置在门旁、窗前、墙角。最适宜在花台内种植的植物应当小巧低矮、枝密叶微、树干古拙、形态特殊，或被赋予某种寓意和形象的花木，如岁寒三友松、竹、梅，象征富贵的牡丹等。

花台的布置宜高低参差，错落有致。牡丹、杜鹃、梅花、五针松、腊梅、红枫、翠柏等，均为我国花台传统的观赏植物。当然，也可配以山石、树木做成盆景式花台（图 4-64）。在建筑物出入口两侧的小型花台，一般选用一种花卉布置，而不用高大的花木。

四、花池、花箱、花钵

花池是指在边缘用砖石围护起来的种植床内，灵活自然地种上花卉或灌木、乔木，往往还造景有山石配景以供观赏。高度一般低于 0.5m，有时低于自然草坪。它是中国式庭园、宅院内一种传统手法。花池设计应尽量选择株形整齐、低矮，花期较长的植物材料，如矮牵牛、万寿菊、一串红、羽衣甘蓝、鸢尾、鼠尾草等（图 4-65）。

图 4-64　花台

图 4-65　花池

在现代园林中，借用花池的原理，将花卉布置在特制的小型容器中，构成花箱或花钵，或组合成一些特殊的造型，装饰性强，布置灵活，在局部地段作主景或点景使用（图 4-66）。

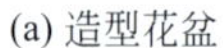

(a) 造型花盆

(b) 造型花钵

图 4-66　造型花盆与花钵

五、花丛与花群

几株至十几株以上花卉种植在一起称作花丛。花丛是指花卉的自然式种植形式，是花卉种植的最小单元或组合。每丛花卉由 3 株至十几株组成，按自然式分布组合。每丛花丛可以是一个品种，也可以为不同品种的混合，但其种类宜少而精，切忌多而杂。混交花丛以块状混交为多，要有大小、疏密、断续的变化，还要有形态、色彩上的变化。在同一地段连续出现的花丛要各具特色，这样才能丰富园林之景观。

花丛多选用多年生、生长健壮的宿根花卉，也可以选用野生花卉和可自播繁衍的一二年生花卉。花丛可以布置在林缘、路边、道路转折处、路口、休息设施对景处的草坪上，起点缀装饰的作用（图 4-67）。

花丛是花卉诸多配植形式中最为简单，管理最为粗放的一种形式。因此，在大的风景区中，可以广泛地应用，这是花卉的主要布置形式，但花丛布置时面积和形状要与环境协调。

很多株花卉种植在一起形成一群称花群或花地，可布置在林缘（图 4-68）、草坪、山坡和水边地面，起覆盖和装饰作用。

图 4-67　入口醉蝶花花丛

图 4-68 林缘花群

第三节 草坪与地被植物景观

一、草坪景观

草坪是指有一定设计、建造结构和使用目的的人工建植的多年生草本植物形成的坪状草地。是由草的枝条系统、根系和土壤最上层（约 10cm）构成的整体，有独特的生态价值和审美价值。

（一）草坪在园林中的应用特点

1. 用途广，作用大

草坪的园林功能是多方面的，除了保持水土，防止冲刷；覆盖地面，减少飞尘；消毒杀菌，净化空气；降低气温，增加温度；美化环境，有益卫生等功能外，还有两项独特的作用，一是绿茵覆盖大地替代了裸露的土地，给整个城市以整洁清新、绿意盎然、生机勃勃之感；二是柔软的禾草铺装成绿色的地毯，为人们提供了一个理想的户外游息场地。

2. 覆盖面大、见效快

随着工业化的发展，环境污染越来越严重，已严重影响生态平衡，直接威胁到人们的生命安全，血的教训使人类逐渐认识到了恢复绿色植被的重要性，黄土不露天是园林绿化的一个基本目标。而草坪与地被植物是实现黄土不露天的最有效手段和最佳选择。特别是地被植物种类多、适应性强，能够适应不同的环境条件，且造价低廉，管理简便，覆盖效果好，值得大力推广。

3. 观赏价值高

大片的绿色草坪给人以平和、凉爽、亲切，以及视线开阔、心胸舒畅之感。特别是在拥挤嘈杂的都市，如毯的绿色草坪给人以幽静的感觉，能陶冶人的情操，净化人的心灵，开阔人的心胸，稳定人的情绪，激发人的想象力和创造力。平坦舒适的绿色草坪，更是人们休闲娱乐的理想场所，能引起孩子们的游戏兴趣，给家庭生活带来欢乐。

4. 组景方式多样

（1）草坪作主景　草坪以其平坦、致密的绿色平面，能够创造开朗柔和的视觉空间，具有较高的景观作用，可以作为园林的主景进行造景。如在大型的广场、街心绿地和街道两旁，四周是灰色硬质的建筑和铺装路面，缺乏生机和活力，铺植优质草坪，形成平坦的绿色景观，对广场、街道的美化装饰具有极大的作用。公园中大面积的草坪能够形成开阔的局部空间，丰富了景点内容，并为游人提供了安静的休息场所。机关、医院、学校及工矿企业也常在开阔的空间建植草坪，形成一道亮丽的风景。草坪也可以控制其色差变化，而形成观赏图案，或抽象或现代或写实，更具艺术魅力。

（2）草坪作基调　绿色的草坪是城市景观最理想的基调，是园林绿地的重要组成部分。在草坪中设置雕塑、喷泉、纪念碑等建筑小品，以草坪衬托出主景物的雄伟。与其他植物材料、山石、水体、道路造景，可形成独特的园林小景。目前，许多大中城市都辟建面积较大的公园休息绿地、中心广场绿地，借助草坪的宽广，烘托出草坪中心主要景物的雄伟。

但要注意不要过分应用草坪，特别是缺水城市更应适当应用。因为草坪更新快，绿化量值低，生态效益不如乔木、灌木高，草坪还存在容纳量小、实用性不强、维护成本高等不足，这些均是设计时应慎重对待的。

（二）草坪造景设计

1. 草坪造景原则

（1）体现多功能性　在造景时应首先考虑其环境保护作用，同时适当注意草坪的其他综合性功能，如欣赏性、固土护坡和水土保持的作用等。只有充分发挥草坪在绿地中的各种不同功能，才能正确地提高它在绿地中所起的作用。

（2）要适地适草，合理造景　各种草坪植物均具有不同的生态习性，在选择草种时，必须根据不同的立地条件，选择生态习性适合的草种，必要时还需做到合理混合搭配草种。

（3）充分发挥草坪植物本身的艺术效果　草坪是园林造景的主要题材之一，它本身不仅具有独特的色彩表现，还具有极丰富的地形起伏、空间划分等作用。这些不同的变化都会给人以不同的艺术感受。

（4）要注重与建筑物、山、石、地被植物、树木等其他材料的协调关系　如在草坪上造景，其他植物不仅能够增添和影响整个草坪的空间变化，而且能给草坪增加景色内容，形成不同的景观。

2. 草坪景观形式

根据草坪的用途，可以作以下形式设计。

（1）游憩性草坪　一般建植于医院、疗养院、机关、学校、住宅区、家庭庭院、公园及其他大型绿地之中，供人们工作、学习之余休息、疗养和开展娱乐活动。这类草坪一般采取自然式建植，没有固定的形状，大小不一，允许人们入内活动，管理较粗放。选用的草种适应性要强，耐践踏，质地柔软，叶汁不易流出以免污染衣服。面积较大的游憩性草坪要考虑造景一些乔木以供遮阴，也可点缀石景、园林小品及花丛、花带（图 4-69）。

图 4-69　游憩性草坪

(2) 观赏性草坪　园林绿地中专供观赏用的草坪，也称装饰性草坪。如铺设在广场、道路两边或分车带、雕像、喷泉或建筑物前以及花坛周围，独立构成景观或对其他景物起装饰陪衬作用的草坪。这类草坪栽培管理要求精细，应严格控制杂草丛生，有整齐美观的边缘并多采用精美的栏杆加以保护，仅供观赏，不能入内游乐。草种要求平整、低矮，绿色期长，质地优良，观赏效果显著。为提高草坪的观赏性，有的观赏性草坪还造景一些草本花卉，形成缀花草坪（图 4-70）。

图 4-70　观赏性草坪

(3) 运动场草坪　指专供开展体育运动的草坪。如高尔夫球场草坪、足球场草坪、网球场草坪、赛马场草坪、垒球场草坪、滚木球场草坪、橄榄球场草坪、射击场草坪等。此类草坪管理精细，对草种要求韧性强、耐践踏，并能耐频繁的修剪，形成均匀整齐的平面。

(4) 环境保护草坪　这类草坪主要是为了固土护坡，覆盖地面，不让黄土裸露，从而达到保护生态环境的作用。如在铁路、公路、水库、堤岸、陡坡处铺植草坪，可以防止冲刷引起水土流失，对路基、护岸和坡体起到良好的防护作用（图 4-71）。在城市角隅空地、林地、道旁等土地裸露的地段用草坪覆盖地面，能够固定土壤、防止风沙、减少扬尘、改善城市生态环境（图 4-72）。在飞机场、精密仪器厂建植草坪，能够保持良好的环境，减弱噪声，减少灰尘，保护飞机和机器的零部件，延长使用年限，保证运行安全。这类草坪的主要目的是发挥其防护和改善生态环境的功能，要求选择的草种适应性强，根系发达，草层紧密，抗旱、抗寒、抗病虫害能力强，一般面积较大，管理粗放。

图 4-71　护坡草坪

图 4-72 防护草坪

（5）其他草坪 这是指一些特殊场所应用的草坪，如停车场草坪（图 4-73）、人行道草坪。建植时多用空心砖铺设停车场或路面，在空心砖内填土建植草坪，这类草坪要求草种适应能力强、耐高度践踏和耐干旱。

图 4-73 停车场草坪

以上的设计形式不是绝对的，仅是侧重于某一方面的功能来界定的。每种草坪往往具有双重或多重功能，如观赏性草坪同样具有改善环境的生态作用，而环境保护草坪本身就包括美化环境的观赏功能。设计时能实现多种功能结合，将是更理想的。

3. 草坪植物的选择与应用

根据草坪功能和作用，选草要求生长旺盛，繁殖容易，繁殖系数大（繁殖快），有发达的根系，分蘖力强，枝叶茂密，覆盖面大，地上部分生长点低，耐修剪，叶色美观，绿色期长，抗性强，茎叶尽可能无浆、刺。因此，草坪植物多为一些适应性较强的矮性禾草，主要有禾本科的多年生草本和少数一二年生的草本植物。另外，还有一些其他科属的矮生草坪植物，如豆科的白三叶、红三叶等。

（1）草坪草的选择　结合草坪植物对生长适宜温度的不同要求和分布的地域，有暖季型草坪草和冷季型草坪草可供选用。

① 暖季型草坪草　又称夏绿型草，其主要特点是早春返青复苏后生长旺盛，进入晚秋遇霜茎叶枯萎，冬季呈休眠状态，最适生长温度为26～32℃。这类草种在我国适合于黄河流域以南的华中、华南、华东、西南广大地区，而有的种类适应性较广，如结缕草、野牛草、中华结缕草等耐寒性较强。在华北也能良好生长。

园林中常用的暖季型草坪草主要有狗牙根、地毯草、野牛草、结缕草、中华结缕草、细叶结缕草、大穗结缕草、天堂草、假俭草、巴哈雀稗、两耳草、双穗雀稗、竹节草、铺地狼尾草、格兰马草、丝带草、画眉草、白喜草等。

② 冷季型草坪草　又称寒地型草，其主要特征是耐寒性较强，在部分地区冬季是常绿状态或短期休眠，不耐夏季炎热高湿，春秋两季最适宜生长，适合我国北方地区栽培，部分种类在我国南方也能栽培，尤其适应夏季冷凉的地区。

园林中常用的冷季型草坪草有：草地早熟禾、加拿大早熟禾、高羊茅、草地羊茅、细羊茅、匍匐翦股颖、细弱翦股颖、绒毛翦股颖、小糠草、美国海滨草、猫尾草、蓝茎冰草、扁穗冰草、卵穗苔草、异穗苔草、无芒雀麦、匍匐紫羊茅、多年生黑麦草。

（2）草坪植物的应用　在设计时，可以将草种组合应用，构成以下几种草坪。

① 单纯草坪　由一种草种构成，均一性强、观赏性强。

② 混合草坪　由具不同特点的多种草种组成，达到成坪快、绿期长、寿命长、功能性强的要求。如运动场、高尔夫球场草坪，可选用90％草地早熟禾＋10％黑麦草种植。

③ 缀花草坪　在空旷的草地上布置低矮的开花地被植物如马兰、葱兰、韭兰、水仙、石蒜类等，形成开花草地，增强观赏效果。

4. 草坪与树木组合关系

（1）从草坪周边考虑

① 空旷草坪　不栽任何乔、灌木，用于风景区和大型公园，供游憩、观赏。

② 闭锁草坪　60％以上草坪周围被栽上高灌木。

③ 开朗草坪　60％以上草坪周围都没栽高灌木。

（2）从草坪内部考虑

① 稀树草坪　整个草坪分布单株孤植乔木，散植单株乔木，树木覆盖面积在20％～30％。用于庭院、广场、公园，供游憩和观赏。

② 疏林草坪　树木郁闭度可达30％～60％，用于公园、风景区，供游憩、休闲或观赏。

③ 林下草坪　有密林和树群，树木覆盖面积达70％以上，用于风景区与大型公园，作生态防护与观赏。

二、地被植物景观

地被植物是指株丛紧密、低矮，用以覆盖园林地面防止杂草孳生的植物。草坪植物实际属地被植物，但因其特殊重要的地位，所以专门另列为一类。

地被植物主要为一些多年生低矮的草本植物以及一些适应性较强的低矮、匍匐型的灌木和藤本植物。它们比草坪更为灵活，在不良土壤、树荫浓密、树根暴露的地方，可以代替草坪。且种类繁多，可以广泛地选择，有蔓生的、丛生的、常绿的、落叶的、多年生宿根的及一些低矮的灌木。

（一）地被植物景观功能与特点

地被植物景观可以增加植物层次，丰富园林景色，提高园林的艺术效果，给人们提供优美舒适的环境。园林中可以应用地被植物形成具有山野景象的自然景观，同时地被植物有许多耐阴性强，可在密林下生长开花，故与乔木、灌木造景能形成立体的群落景观，既增加城市的绿量，又能创造良好的自然景观。地被物在园林树坛树池中、林下和林缘地或做零星配置。

地被植物的应用，还可以增加叶面积系数，具有减少尘土与细菌的传播、净化空气、降低气温、改善空气湿度和减少地面辐射等作用，并能保持水土环境，减少或抑制杂草生长。

图 4-74 地被植物在园林中的应用

在地被植物应用中，不但要充分了解各种地被植物的生态习性，还应根据其对环境条件的要求、生长速度及长成后的覆盖效果与乔、灌、草合理搭配，才能营造出理想的景观（图 4-74）。

地被植物和草坪植物一样，都可以覆盖地面，涵养水源，形成视觉景观。但地被植物又有其自身特点：一是种类繁多，枝、叶、花、果富于变化，色彩丰富，季相特征明显；二是适应性强，可以在不同的环境条件生长，形成不同的景观效果；三是地被植物有高低、层次上的变化，易于组成各种图案；四是繁殖简单，养护管理粗放，成本低，见效快。但地被植物不易形成平坦的平面，大多不耐践踏。

（二）地被植物景观设计

1. 地被植物景观设计原则

（1）适地适树，合理造景　在充分了解种植地环境条件和地被植物本身特性的基础上合理造景。如入口区绿地主要是美化环境，可以用低矮整齐的小灌木和时令草花等地被植物进行造景，以亮丽的色彩或图案吸引游人；山林绿地主要是覆盖黄土，美化环境，可选用耐阴类地被植物进行布置；路旁则根据园路的宽窄与周围环境，选择开花地被植物，使游人能不断欣赏到因时序而递换的各色园景。

（2）按照园林绿地的功能、性质不同来造地被植物景观　按照园林绿地不同的性质、功能，不仅乔、灌木造景不同，地被植物的造景也应有所区别。

（3）高度搭配适当　一般说园林地被植物是植物群落的最底层，选择合适的高度是很重要的。在上层乔、灌木分枝高度都比较高时，下层选用的地被植物可适当高一些。反之，上层乔、灌木分枝点低或是球形植株，则应根据实际情况选用较低的种类，如在花坛边，地被植物则应选择一些更矮的匍地种类。

（4）色彩协调、四季有景　园林地被植物与上层乔、灌木同样有着各种不同的叶色、花色和果色。因此，在群落搭配时要使上下层的色彩相互协调，叶期、花期错落，具有丰富的季相变化。

2. 地被植物景观设计形式

（1）多种开花地被植物与草坪造景，形成高山草甸景观　在草坪上点缀水仙、秋水仙、鸢尾、石蒜、葱兰、韭兰、红花酢浆草、马蔺、二月兰、野豌豆等草本和球根地被，这些地被植物可布置成不同的形状，形成高山草甸景观。如此分布有疏有密、自然错落、有叶有花，远远望去，如一张绣花地毯，别有风趣。

（2）在假山、岩石园中造景矮竹、蕨类等地被植物，构成假山岩石小景　在假山、岩石周围布置蕨类和矮竹等地被植物，既活化了岩石、假山，又显示出清新、典雅的意境。在水池边、石缝中、岩石上布置一丛或几丛蕨类植物如铁线蕨、凤尾蕨等，别具风格。在假山园、岩石园中，造景茎秆比较低矮、养护管理粗放的矮竹如菲白竹、箬竹、鹅毛竹、凤尾竹、翠竹、菲黄竹等，则可显出“日出有清荫，月照有清影，风来有清声，雨来有清韵，露凝有清光，雪停有清趣”的意境。

（3）林下多种地被相造景，形成优美的林下花带　乔、灌木下采用两种或多种地被轮植、混植，使其四季有景，色彩分明。如紫色的紫荆花盛开时，可以下层配以成片开鲜黄色花的花毛茛。红色或白色的紫薇花盛开时，下层配以紫茉莉或同时能开放多种色彩的花朵，即会出现一个五彩缤纷的树丛（图 4-75、图 4-76）。

图 4-75　多种地被结合造景——鸭脚木＋八仙花＋肾蕨＋银边六月雪

图 4-76　多种地被结合造景——玉簪＋冷水花＋石蒜

（4）以浓郁的常绿树丛为背景，构成适生地被　用宿根、球根或一二年生草本花卉成片点缀其间，形成人工植物群落。如南京情侣园中以冷杉、云杉为背景，前面栽植英国小月季、月月红月季，将萱草和书带草作地被，其间再散点假山石，组成林石小景花径。

（5）耐水湿的地被植物造景山、石、溪水构成溪涧景观　在小溪、湖边造景一些耐水湿的地被植物如石菖蒲、筋骨草、蝴蝶花、德国鸢尾、石蒜等，配上游鱼或叠水，溪中、湖边散置山石，再点缀一两座亭榭，别有一番山野情趣（图 4-77）。

图 4-77　耐水湿的地被植物造景——石菖蒲＋马蹄莲＋旱伞草

（6）大面积的景观地被　主要用于主干道和主要景区，采用一些花朵艳丽、色彩多样的植物，选择阳光充足的区域精心规划，采用大手笔，大色块的手法大面积栽植形成群落，着力突出这类低矮植物的群体美，并烘托其他景观，形成美丽的景观。如美人蕉、杜鹃、红花酢浆草、葱兰以及时令草花（图 4-78、图 4-79）。

3. 地被植物材料的选择

地被植物为多年生低矮植物，适应性强，包括匍匐型的灌木和藤本植物，其选择标准如下。一是植株低矮。按株高分优良：一般分为 30cm 以下，50cm 左右，70cm 左右几种，一般不超过 100cm。二是绿叶期较长；植丛能覆盖地面，具有一定的防护作用。三是生长迅速；繁殖容易，管理粗放。四是适应性强；抗干旱、抗病虫害、抗瘠薄，有利于粗放管理。

（1）常绿类地被植物　这类地被植物四季常青，终年覆盖地表，无明显的枯黄期。如土麦冬、石菖蒲、葱兰、常春藤、铺地柏、沙地柏等（图 4-80）。

（2）观叶类地被植物　此类地被植物有优美的叶形，花小且不太明显，所以主要用以观叶，如麦冬、八角金盘、垂盆草、箬竹、红花酢浆草等（图 4-81）。

图 4-78　大面积花地

图 4-79 大色块花地

图 4-80 常绿地被植物——铺地柏

图 4-81 观叶地被植物——红花酢浆草

（3）观花类地被植物 此类地被植物花色艳丽或花期较长，以观花为主要目的，如二月兰、紫花地丁、水仙、石蒜、五彩石竹等（图 4-82）。

图 4-82 观花地被植物——五彩石竹

(4) 防护类地被植物——这类地被植物用以覆盖地面、固着土壤，有防护和水土保持的功能，较少考虑其观赏性问题。绝大部分地被植物都有这方面的功能（图 4-83）。

图 4-83　防护类地被植物——络石

(5) 草本地被植物　指草本植物中株形低矮、株丛密集自然、适应性强、管理粗放，可以观花、观叶或具有覆盖地面、固土护坡功能的种类。主要包括宿根、球根及能够自播繁衍的一二年生植物。如紫茉莉、马蹄金、白三叶、红三叶、杂三叶、茑萝、紫花苜蓿、百脉根、马蔺、阔叶土麦冬、阔叶沿阶草、二月兰、半支莲、紫花地丁、菊花脑、萱草、玉簪、喇叭水仙、番红花属、忽地笑、红花酢浆草、铃兰、虎耳草、石菖蒲、万年青、蛇莓、多变小冠花、葛藤、鸡眼草、石竹、常夏石竹、吉祥草、细叶麦冬、金毛蕨、荚果蕨、垂盆草、蔓长春花、肾蕨、贯众、地肤、月见草、黄刺玫、微型月季等。

(6) 木本地被植物　指一些生长低矮、对地面能起到较好覆盖作用并且有一定观赏价值的灌木、竹类及藤本植物。如迎春、火棘、阔叶十大功劳、五叶地锦、南天竹、八角金盘、铺地柏、石岩杜鹃、日本木瓜、砂地柏、金丝桃、栀子花、棣棠、小檗、偃柏、日本绣线菊、平枝栒子、箬竹、凤尾竹、菲黄竹、鹅毛竹、菲白竹、地锦、络石、常春藤、金银花、山葡萄、百里香、枸杞、紫穗槐、木地肤、海州常山、结香、中华猕猴桃、金焰绣线菊、紫藤、枸骨、中华常春藤、木通等。

第四节　藤本植物景观

一、藤本植物景观的功能与应用特点

藤本植物是指自身不能直立生长，需要依附它物或匍匐地面生长的木本或草本植物。篱、垣及棚架绿化，植物材料丰富，设计形式多样，可做园林一景，构筑或分隔空间，装饰或覆盖墙体等作用。

藤本植物同其他植物一样具有调节环境温度、湿度，吸附消化有害气体和灰尘，净化空气，减轻噪声污染，平衡空气中氧气和二氧化碳含量等多种生态功能；同时，藤本植物具有独特的攀缘或匍匐生长习性，可以对立交桥、建筑物墙面等垂直立面进行绿化，从而起到保护桥身、墙面，降低小环境温度的作用；也可以对陡坡、裸露地面进行绿化，既能扩大绿化面积，又具有良好的固土护坡作用。

藤本植物生长迅速，依靠篱、垣、棚架的支持，能最大限度地占据绿化空间。如爬墙虎年生长量可达 5～8m，而紫藤年生长量也达 3～6m。此类植物经 3 年左右就能将支撑体或墙面遮盖起来，收到绿化效果；草本类则当年见效。

从目前城市现状来看，铺装路面约占整个城市用地的1/2～2/3，可供绿化的地面是有限的。采用篱、垣、棚架的设计形式，也可补偿因地下管道距地表近，不适栽树的弊端，有效地扩大了绿化面积。

二、藤本植物景观的设计

（一）藤本植物景观配置原则

1. 应用攀缘植物造景，要考虑其周围的环境进行合理配置

在色彩和空间大小、形式上协调一致，并努力实现品种丰富、形式多样的综合景观效果。

2. 应丰富观赏效果，合理搭配

草、木本混合播种；如地锦与牵牛、紫藤与茑萝。丰富季相变化、远近期结合；开花品种与常绿品种相结合。

3. 植物材料的选择必须考虑不同习性的攀缘植物对环境条件的不同需要

（1）种植方位　东南向的墙面或构筑物前，应以种植喜阳的攀缘植物为主；北向墙面或构筑物前，应栽植耐阴或半耐阴的攀缘植物；在高大建筑物北面或高大乔木下面，遮阴程度较大的地方种植攀缘植物，也应在耐阴种类中选择。

（2）根据攀缘植物的观赏效果和功能要求，结合不同种类攀缘植物本身特有的习性，选择、创造满足其生长的条件。

① 缠绕类　适用于栏杆、棚架等。如紫藤、金银花、菜豆、牵牛等。

② 攀缘类　适用于篱墙、棚架和垂挂等。如葡萄、铁线莲、丝瓜、葫芦等。

③ 钩刺类　适用于栏杆、篱墙和棚架等。如蔷薇、爬蔓月季、木香等。

④ 攀附类　适用于墙面等。如爬山虎、扶芳藤、常春藤等。

（3）应根据墙面或构筑物的高度来选择攀缘植物

① 高度在2m以上，可种植：爬蔓月季、扶芳藤、铁线莲、常春藤、牵牛、茑萝、菜豆、猕猴桃等。

② 高度在5m左右，可种植：葡萄、杠柳、葫芦、紫藤、丝瓜、栝楼、金银花、木香等。

③ 高度在5m以上，可种植：中国地锦、美国地锦、美国凌霄、山葡萄等。

4. 应尽量采用地栽形式

种植带宽度50～100cm，土层厚50cm，根系距墙15cm，株距50～100cm为宜。容器（种植槽或盆）栽植时，高度应为60cm，宽度为50cm，株距为2m。容器底部应有排水孔。

（二）藤本植物景观组景手法

1. 点缀式

以观叶植物为主，点缀观花植物，实现色彩丰富。如地锦中点缀凌霄、紫藤中点缀牵牛等。

2. 花境式

几种植物错落配置，在观花植物中穿插观叶植物，呈现植物株形、姿态、叶色、花期各异的观赏景致。如大片地锦中有几块爬蔓月季，杠柳中有茑萝、牵牛等。

3. 整齐式

体现有规则的重复韵律和同一的整体美。成线成片，但花期和花色不同。如红色与白色的爬蔓月季、紫牵牛与红花菜豆、铁线莲与蔷薇等。应力求在花色的布局上达到艺术化，创造美的效果。

4. 悬挂式

在攀缘植物覆盖的墙体上悬挂应季花木，丰富色彩，增加立体美的效果。需用钢筋焊铸花盆套架，用螺栓固定，托架形式应讲究艺术构图，花盆套圈负荷不宜过重，应选择适应性强、管理粗放、见效快、浅根性的观花、观叶品种。布置要简洁、灵活、多样，富有特色。

5. 垂吊式

自立交桥顶、墙顶或平屋檐口处，放置种植槽（盆），种植花色艳丽或叶色多彩、飘逸的下垂植物，让枝蔓垂吊于外，既充分利用了空间，又美化了环境。材料可用单一品种，也可用季相不同的多种植物混栽。如凌霄、木香、蔷薇、紫藤、地锦、菜豆、牵牛等。容器底部应有排水孔，式样轻巧、牢固、不怕风雨侵袭。

（三）藤本植物景观形式

1. 棚架式绿化

选择合适的材料和构件建造棚架，栽植藤本植物，以观花、观果为主要目的，兼具有遮阴功能，这是园林中最常见、结构造型最丰富的藤本植物景观营造方式。应选择生长旺盛、枝叶茂密、观花或观果的植物材料，对大型木本、藤本植物建造的棚架要坚固结实，在现代园林绿地中，多用水泥构件建成棚架。对草本的植物材料可选择轻巧的构件建造棚架。可用于棚架的藤本植物有：猕猴桃、葡萄、三叶木通、紫藤、野蔷薇、木香、炮仗花、丝瓜、观赏南瓜、观赏葫芦、鹤颈瓜等（图 4-84、图 4-85）。

绿门（图 4-86）、绿亭、小型花架也同于棚架式绿化，只是体量较小，在植物选择上应偏重于花色鲜艳、姿态优美、枝叶细小的种类，如叶子花、铁线莲类、蔓长春花、探春等。棚架式绿化多布置于庭院、公园、机关、学校、幼儿园、医院等场所，既可观赏，又给可供纳凉、休息。

图 4-84　紫藤架

图 4-85　鹤颈瓜棚架

图 4-86　绿门景观

2. 绿廊式绿化

选用藤本植物种植于廊的两侧并设置相应的攀附物，使植物攀缘两侧直至覆盖廊顶形成绿廊。也可在廊顶设置种植槽，选植攀缘或匍匐型植物中的一些种类，使枝蔓向下垂挂形成绿帘，如图 4-87 所示。

绿廊具有观赏和遮阴两种功能，在植物选择上应选用生长旺盛、分枝力强、枝叶稠密、遮蔽效果好而且姿态优美、花色艳丽的种类，如紫藤、金银花、木通、铁线莲类、三角花、炮仗花、常春油麻藤、使君子等。绿廊多用于公园、学校、机关单位、庭院、居民区、医院等场所，既可以观赏，廊内又可形成私密空间，供人入内游赏或休息。在绿廊植物的养护管理过程中，不要急于将藤蔓引至廊顶，注意避免造成侧面空虚，影响景观效果。

图 4-87　门廊绿化

3. 墙面绿化

把藤本植物通过诱引和固定使其爬上墙面，从而达到绿化和美化的效果。城市中墙面的面积大，形式又多种多样，如围墙、楼房及立交桥的垂直立面等都需要用藤本植物加以绿化和装饰，来打破呆板的线条，吸收夏季太阳的强烈反光，柔化建筑物的外观（图 4-88）。

墙面的质地对藤本植物的攀附有较大影响，墙面越粗糙，对植物的攀缘越有利。较粗糙的建筑物表面可以选择枝叶较粗大的种类，如地锦、五叶地锦、薜荔、常春卫矛、凌霄、美国凌霄等；而光滑细密的墙面则宜选用枝叶细小、吸附能力强的种类，如络石、石血、常春藤、蜈蚣藤、绿萝、球兰等。为利于攀缘植物的攀缘，也可在墙面安装条状或网状支架，进行人工缚扎和牵引。特别对无吸附能力或吸附能力弱的藤本植物，更要用钩钉、骑马钉、胶粘等人工辅助方式使植物附壁生长，但这种方式费时、费工，一般不宜大面积推广，所以选择吸附能力强、适应性强的藤本植物是墙面绿化的关键。

图 4-88　墙面绿化

4. 篱垣式绿化

篱垣式绿化主要用于篱笆、栏杆、铁丝网、矮墙等处的绿化，它既具有围墙或屏障的功能，又有观赏和分割的作用。篱垣式绿化结构多种多样，既有传统的竹篱笆、木栏杆或砖砌成的镂空矮墙，也有塑性钢筋混凝土制作而成的水泥栅栏及其仿木、仿竹形式的栅栏，还有现代的钢筋、钢管、铸铁制成的铁栅栏和铁丝网搭制成的铁篱等（图 4-89）。

用藤本植物爬满篱垣栅栏形成绿墙、花墙、绿篱、绿栏等，不仅具有生态效益，使篱笆或栏杆显得自然和谐，并且生机勃勃，色彩丰富。篱垣的高度一般较矮，对植物材料攀缘能力的要求不高，几乎所有的藤本植物都可用于此类绿化，但具体应用时应根据不同的篱垣类型选用更适宜的植物材料。竹篱、铁丝网、小型栏杆等轻巧构件，应以茎柔叶小的草本种类为宜，如香豌豆、牵牛花、月光花、茑萝、打碗花、海金沙等；而普通的矮墙、钢架等可供选择的植物更多，除可用草本材料外，其他木本类的如野蔷薇、软枝黄蝉、探春、炮仗藤、云实、藤本月季、使君子、甜果藤、凌霄等均可应用。

5. 立柱式绿化

城市的立柱包括电线杆、灯柱、廊柱、高架公路立柱（图 4-90）、立交桥立柱等，对这些立柱进行绿化和装饰是垂直绿化的重要内容之一。园林中的树干也可作为立柱进行绿化，而一些枯树绿化后可给人老树生花、枯木逢春的感觉，景观效果很好。

立柱的绿化可选用缠绕类和吸附类的藤本植物，如五叶地锦、常春藤、常春油麻藤、三叶木通、南蛇藤、络石、金银花、软枣猕猴桃、扶芳藤、蝙蝠葛、南五味子等，对古树的绿化应选用观赏价值高的种类如紫藤、凌霄、美国凌霄、素方花、西番莲等。一般来说，立柱多处于污染严重、土壤条件差的地段，选用藤本植物时应注意其生长习性，选择那些适应性强、抗污染的种类会有利于形成良好的景观效果。

图 4-89 铁质栏杆绿化

图 4-90 高架公路立柱绿化

6. 阳台、窗台及室内绿化

阳台、窗台及室内绿化是城市及家庭绿化的重要内容。用藤本植物对阳台、窗台进行绿化时，常用绳索、木条、竹竿或金属线材料构成一定形式的网棚、支架，设置种植槽，选用缠绕或攀缘类藤本植物攀附其上形成绿屏或绿棚。这种绿化形式多选用枝叶纤细、体量较轻的植物材料，如茑萝、金银花、牵牛花、铁线莲、丝瓜、苦瓜、葫芦等。也可以不设花架，种植野蔷薇、藤本月季、叶子花、探春、常春藤、蔓长春花等藤本植物，让其悬垂于阳台或窗台之外，起到绿化、美化的效果（图 4-91）。

用藤本植物装饰室内也是较常采用的绿化手段，根据室内的环境特点多选用耐阴性强、体量较小的种类。可以盆栽放置地面，盆中预先设置立柱使植物攀附向上生长，常用的藤本植物有绿萝、茑萝、黄金葛、球兰等；也可用枝细叶小的匍匐型种类悬吊或置于几桌、高台之上，枝叶自然下垂，如常春藤、洋常春藤、吊兰、过路黄、金莲花、垂盆草、天门冬等都可使用。

图 4-91 窗台绿化

7. 山石、陡坡及裸露地面的绿化

用藤本植物攀附假山、石头上，能使山石生辉，更富自然情趣，常用的植物有地锦、五叶地锦、垂盆草、紫藤、凌霄、络石、薜荔、常春藤等。陡坡地段难于种植其他植物，因会造成水土流失。利用藤本植物的攀缘、匍匐生长习性，可以对陡坡进行绿化（图 4-92），形成绿色坡面，既有观赏价值，又能起到良好的固土护被作用，防止水土流失。经常使用的藤本植物有络石、地锦、五叶地锦、常春藤、虎耳草、山葡萄、薜荔、钻地风等。

藤本植物还是地被绿化的好材料，许多种类都可用作地被植物，覆盖裸露的地面，如常春藤、蔓长春花、地锦、络石、垂盆草、铁线莲、紫藤、悬钩子等。

图 4-92 陡坡绿化

三、藤本植物的选择

1. 缠绕类

此类藤本植物不具有特殊的攀缘器官，依靠自身的主茎缠绕于它物向上生长发育。如牵牛花、紫藤、猕猴桃、月光花、金银花、橙黄忍冬、铁线莲、木通、三叶木通、南蛇藤、红花菜豆、常春油麻藤、黎豆、鸡血藤、西番莲、何首乌、崖藤、吊葫芦、藤萝、金钱吊乌龟、瓜叶乌头、清风藤、五味子、荷包藤、马兜铃、海金沙、买麻藤、五爪金龙、探春等。

2. 卷须类

依靠卷须攀缘到其他物体上，如葡萄、扁担藤、炮仗花、蓬莱葛、甜果藤、龙须藤、云南羊蹄甲、珊瑚藤、香豌豆、观赏南瓜、山葡萄、小葫芦、丝瓜、苦瓜、罗汉果、绞股蓝、蛇瓜等。

3. 吸附类

依靠气生根或吸盘的吸附作用而攀缘的种类，如地锦、五叶地锦、崖豆藤、常春藤、洋常春藤、扶芳藤、钻地风、冠盖藤、常春卫矛、倒地铃、络石、球兰、凌霄、美国凌霄、花叶地锦、蜈蚣藤、麒麟叶、龟背竹、合果芋、琴叶喜林芋、硬骨凌霄、香果兰、石血、绿萝等。

4. 蔓生类

这类藤本植物没有特殊的攀缘器官，攀缘能力较弱，如野蔷薇、木香、红腺悬钩子、云实、雀梅藤、软枝黄蝉、天门冬、叶子花、藤金合欢、黄藤、地瓜藤、垂盆草、蛇莓等。

第五节　专类园植物景观

“植物专类园”是园林发展到现代社会产生的新名词，但突出某一植物为主题的园林或景观已有悠久的历史。诗经记载“桃之夭夭，灼灼其华”，展现了桃园胜景，是有关专类园最早的汉字记载，至北宋，洛阳的专类园已闻名于世，古埃及有葡萄、海枣等专类园圃，中世纪欧洲较大的寺院则多辟有草药园。

一、专类园植物景观功能

植物专类园既能丰富植物景观，强化园林主题，又有科学研究和科学普及功能，同时又是植物种质资源保存和生物多样性保护的重要基地，因此，发展和建设丰富多彩的植物专类园很有必要和意义。

二、专类园植物景观设计主题

（一）体现亲缘关系的植物专类园

将具有亲缘关系（如同种、同属、同科或亚科等）的植物作为专类园主题，配置丰富的其他植物，营造出自然美的园林。

中国古典园林中的植物专类园以这一类型居多，园主根据自己对植物的喜好或当时流行的园林植物来确定园内主要的观赏植物，如牡丹园、梅园、兰圃、菊圃、竹园等，国外也有因个人爱好而专门收集某类植物的专类园。

1. 同种植物的专类园

这一类型的植物专类园主题植物明确而单一，景观变化由该种植物的不同品种及变种来表现，从而达到形态、色彩上的丰富性，其他的植物、建筑、小品等都是为了突出主题植物而配置。

中国古典园林中，同种植物的植物专类园一般面积较小，主题植物在花期往往有较高的观赏价值，多为开花艳丽的传统名花，如梅园、菊圃、牡丹园、芍药园、荷园等，现在建设植物专类园时，虽然仍会选用传统花卉，但更多情况会选择其他植物，向游人展示不同于古典园林的植物景观，如描绘早春景色的樱花园，欣赏柳枝优美线条的柳园，品味秋季馨香的桂花园等。

国外有收集一种植物不同生态型的植物专类园，如美国加州一个树木园收集了美国黄松（*Pinus. ponderosa*）各种生态型作为专类园主题。

2. 同属植物的专类园

这类植物专类园的植物选择仍控制在亲缘关系比较近的范围内。适合这一类型植物专类园的植物大多有很发达的种属系统，一个属的多种植物都有较高的观赏性，并有相类似的外表性状、观赏特性等，在花期、果期上也达到了相对统一。

我国在建设这类专类园时，更多地利用乡土观花树种，比较常见的有丁香园、蔷薇（属）

园、绣线菊园、山茶（属）园、小檗园、鸢尾园等。国外在利用本土植物造园的同时，还大量引种栽培外来树种，特别是从中国引进植物资源，创造优美的园林景观，如英国爱丁堡皇家植物园中的杜鹃属植物的收集，达到47个种，其中41个种来自中国。

3. 同科（亚科）植物的专类园

同科（亚科）植物在亲缘关系上比上述两种要远，选用植物范围更大，有时，同科植物除了一些共同的科属特征外，在形态上常会存在比较大的差异，这能很好地丰富园林景观。种植同科植物的专类园往往是科普教育的良好场所，它所收集的同科植物不但种类多，且在类型、品种上占有优势，有许多还是人们在日常生活中无法见到的稀有种类，在满足人们观赏要求的同时，也为植物资源保护研究、引种驯化提供了材料和场地，比如苏铁园、蔷薇园、木兰园、竹类园等。

更大的类别，也就是指不同科的植物也可以形成专类园，如松柏园、松杉园、蕨类园等。杭州植物园观赏植物区则是以互相补充的两类植物形成专类园，如木兰山茶园、槭树杜鹃园、桂花紫薇园等，也是非常成功的例子。

总体来说，种植具有某种亲缘关系植物的植物专类园在展现植物观赏性的同时，另一重要作用就是进行种质资源保护，以及新品种开发，或研究植物亲缘关系，与植物园的功能比较接近，对生物多样性保护与植物科学发展有突出的价值。

（二）展示生境为主的植物专类园

展示生境为主的植物专类园主题不是某种植物，而是某一生境类型。用适合在同一生境下生长的植物造景，表现此生境的特有景观。

这一类型的植物专类园表现主体是植物，表现主题则是不同类型的生境，比如盐生植物园、湿生植物园、岩石园等。它除了能让人们观赏、了解到各种生境景观，还能通过对一些特殊生境进行改造、美化，使其既能保持原有特色，又能满足人类欣赏的要求，对环境保护也能起到积极作用。

如湿生植物园，就是创造一个局部高湿度小环境，用以改善周围水循环系统。又如盐生植物园则是利用盐生植物造景，它不但创造了滨海盐碱地区特殊景观，同时也减弱了海潮风对城市的侵袭。

各地植物园都不同程度地建有此类植物专类园区，但从生境类型上说，远不及自然界表现得丰富，再者，主题均衡性不够，如水生植物区出现频率高，而旱生、盐碱植物专类园则十分罕见。

目前，城乡环境都遭受着不同程度的污染，针对这一问题，出现了以环保植物为主题的植物专类园，作为保护生境的方法之一，如北京植物园南园、上海植物园、山东林校树木园、华南植物园、南宁树木园等都辟有环保植物园区。

（三）突出观赏特点的植物专类园

有相同观赏特点的植物并不一定具有亲缘关系，只要是符合植物专类园所确定的观赏主题，这些植物就可以配置在一起，它的观赏内容可以是树皮颜色，树叶颜色，树叶的形状、气味、声音等。专类园的主题植物没有主次之分，种类数量基本相等，其中不表现出特定观赏特点的植物作为该园之补充，数量只占少数，这是因为该类型植物专类园的主题植物种类已比较多，足能表现景观的丰富性。

这一类型植物专类园把植物的特殊观赏性集中展现在人们面前，以明确、生动的观赏内容吸引游人。如芳香植物园——收集具有芳香气味的植物，配植其他植物，形成一个以嗅觉欣赏为主要特色的植物专类园，这类植物专类园与展示叶形、树叶质感的专类园结合在一起，可以成为特殊的“盲人感官园”。再如色叶植物专类园——展现植物除了绿色之外的丰富色彩；盆景园则是用人工方法创造奇特优美的植物姿态，展现人工艺术和植物形态的植物专类园。其他还有观果、藤本、地被植物等专类园。

从已建成的该类型植物专类园来看，盆景园应用得最多，色叶园、芳香园和草花园应用也较广，这使得各地突出观赏特点的植物专类园主题相对比较单调。所以，在进行规划设计时，应尽量创新，利用植物各种观赏特性，营造富有特色的园林植物景观。

（四）注重经济价值的植物专类园

人类与植物的关系十分密切，衣食住行都离不开植物，植物作为原材料来源，直接影响到人类社会的发展。17世纪以前，植物园主要栽培药用植物，其目的不是观赏，而是进行医药教学和研究，发展成药用植物专类园后，其观赏功能逐渐得到了提高。可见，经济植物首先是满足人们的生存需求，其次才是满足人们的观赏需求。

经济植物除了药用植物外，还有纤维植物、鞣料植物、油脂植物、蜜源植物、香料植物、拷胶植物等，这些植物对人类文明的进步起着不可磨灭的作用。经济植物专类园与其他类型专类园一样，也应注重植物景观营造，并开放供人游览，但它有更为重要的作用。

现在的经济植物专类园大多存在于植物园中，比较注重研究经济植物的利用价值。但有些经济植物也具有较好的景观效果，而且又与人类生活密切相关，可以单独建园，如木材专类园，展示各类木材和用做木材的植物的原始形态，园艺植物专类园则展示各种观赏类果蔬，也可供游人进行园艺劳作。

三、植物专类园景观类型与设计

在作植物规划时，可根据气候带的不同，结合应用及四季景色来考虑。下面以苏雪痕等学者对华东地区植物专类园设计研究为例，认识植物专类园景观的设计形式与植物选择。

（一）春景园

1. 木兰、山茶园（花期2～3月份）

乔木：白玉兰、朱砂玉兰、广玉兰、厚朴、凹叶厚朴、木莲、红花木莲、杂种鹅掌楸、深山含笑、醉香含笑、乐昌含笑、山茶、红花油茶、厚皮香等。

灌木：紫玉兰、夜合、含笑、茶梅等。

草本植物：中国水仙、雪钟花、雪滴花等。

2. 杜鹃园（花期3～4月份）

乔木：赤松、黑松、马尾松、台湾松、湿地松等。

灌木：毛白杜鹃、锦绣杜鹃、映山红、满山红、羊踯躅、石岩杜鹃、杂种杜鹃、云锦杜鹃、马银花、马醉木等。

草本植物：中国水仙、雪钟花、雪滴花、紫花地丁、丛生福禄考等。

3. 碧桃、海棠园（花期3～4月份）

乔木：白碧桃、碧桃、红碧桃、绛桃、洒金碧桃、海棠花、海棠果、重瓣粉海棠、垂丝海棠、木瓜、樱花、樱桃、东京樱花、日本晚樱、石楠等。

灌木：贴梗海棠、日本贴梗海棠、木桃、迎春、连翘、金钟花、榆叶梅、珍珠花等。

草本植物：中国水仙、雪钟花、雪滴花、紫花地丁、丛生福禄考、诸葛菜、白头翁、香雪球、郁金香等。

4. 牡丹、芍药园（花期4～5月份）

乔木：刺槐、楸树、梓树、紫花泡桐、苦楝、暴马丁香、山楂等。

灌木：石榴、牡丹、丰花月季、玫瑰、丁香、白丁香、羽叶丁香、欧丁香、棣棠、猬实、锦带花、溲疏等。

藤本植物：紫藤、木香、野蔷薇、七姐妹等。

草本植物：芍药、喇叭水仙、橙黄水仙、红口水仙、三色堇、荷包牡丹、蓝钟花、点地梅、雏菊、金盏菊、紫罗兰、桂竹香、白三叶、红三叶等。

（二）夏景园

1. 鸢尾园（花期5～7月份）

乔木：合欢、毛刺槐、刺槐、南京椴、糯米椴、金枝槐等。

灌木：红瑞木、阴绣球、圆锥八仙花、金丝桃、金丝梅、绣球花、琼花、雪球荚蒾、蝴蝶荚蒾、小紫珠、胡枝子、凤尾兰、粉花绣线菊、石榴等。

藤本植物：金银花、蔷薇等。

草本植物：鸢尾、马蔺、德国鸢尾、花菖蒲、黄菖蒲、蝴蝶花、萱草、玉簪、常夏石、须苞石竹、费菜、白穗花、虞美人、阔叶麦冬等。

2. 水景园（花期6～8月份）

乔木：广玉兰、槐、栾树、复羽叶栾树等。

灌木：夹竹桃、醉鱼草、大叶醉鱼草、木芙蓉、金叶莸、栀子花、水栀子、金丝桃、金丝梅、红花继木等。

藤本植物：凌霄、美国凌霄等。

水生草本植物：荷花、睡莲、墨西哥睡莲、白睡莲、红睡莲、萍蓬草、芡实、黄菖蒲、千屈菜、水葱、花叶水葱、水烛、香蒲等。

陆地草本植物：半支莲、石竹、大花酢浆草、落新妇、野棉花、金针菜、土麦冬等。

耐水湿植物：夹竹桃、银芽柳、木芙蓉、芦竹、花叶芦竹、南迎春、池杉、落羽松、三角枫、苦楝、乌桕、重阳木、垂柳、大叶柳、白蜡、海棠花和枫杨等。

3. 紫薇、木槿园（花期7～9月份）

乔木：栾树、复羽叶栾树、紫薇等。

灌木：紫薇、木槿、海州常山、多花胡枝子、金叶莸、大花水桠木等。

藤本植物：何首乌、鱼花茑萝、羽叶茑萝、槭叶茑萝、牵牛等。

草本植物：垂盆草、半支莲、凤仙花、石蒜、忽地笑、换锦花、鹿葱、长筒石蒜、石碱花等。

（三）秋景园

1. 桂花、菊花园（花期9～10月份）

乔木：桂花。

灌木：糯米条、金叶莸、木本香薷、凤尾兰等。

藤本植物：山荞麦、何首乌等。

草本植物：菊花、荷兰菊、蛇目菊、大金鸡菊、大花金鸡菊、矮翠菊、波斯菊、硫华菊、野黄菊、孔雀草、一枝黄花、红叶三色苋、秋雪滴花、韭兰、乌头、打破碗碗花、秋牡丹等。

2. 秋色园（花期10～11月份）

乔木：枫香、乌桕、紫叶李、鸡爪槭、红枫、三角枫、秀丽槭、茶条槭、五角枫、橄榄槭、毛鸡爪槭、天目槭、银杏、无患子、苦楝、紫树、水杉、池杉、金钱松、柿树、丝棉木、珊瑚树、山里红、连香树、黄连木、野漆、肉花卫矛、四照花等。

藤本植物：蛇葡萄、花叶长春蔓等。

灌木：金叶女贞、紫叶小檗、紫叶桃、金叶山梅花、金叶接骨木、花叶红瑞木、金叶侧柏、菲白竹、红花继木、麦李、山麻杆、红瑞木、棣棠、石楠、火棘、紫珠、南天竺、枸骨等。

草本植物：长春花、大吴风草、葱兰、秋牡丹、红花酢浆草、假金丝马尾、紫鸭跖草、金叶过路黄等。

（四）冬景园（松、竹、梅园）

乔木：黑松、赤松、白皮松、梅花、孝顺竹、旱园竹、斑竹、黄金间碧玉竹、碧玉间黄金竹、白哺鸡竹、毛竹、花毛竹、龟甲竹、金竹、筠竹等。

灌木：阔叶箬竹、腊梅、榆叶梅、银芽柳、南天竺、菲白竹、菲黄竹、桂竹、紫竹等。

藤本植物：三叶木通、油麻藤等。

草本植物：美人蕉、羽衣甘蓝、吉祥草等。

（五）芳香园

乔木：刺槐、桂花、合欢、香樟、月桂、桂香柳、暴马丁香、柑橘、梅花、中华椴、华东椴、心叶椴等。

灌木：夜合、含笑、大花栀子、月季、丁香、莸（兰香草）、木本香薷、大叶醉鱼草、山苍子、狭叶山胡椒、竹叶椒、花椒、百里香等。

藤本植物：金银花、木香等。

草本植物：薄荷、留兰香、玉簪、地被菊等。

（六）药园

乔木：厚朴、凹叶厚朴、苦楝、杜仲、银杏、红豆杉、南方红豆杉、三尖杉、喜树、女贞、山茱萸、枫杨、枫香、香椿、桂花、野鸦椿、杨梅、梅、梓、楸、榆、木瓜、山桂、枇杷、槐、紫薇、愢木、柿树、枣树等。

灌木：粗榧、牡丹、小檗属、十大功劳属、枸杞、贴梗海棠、木姜子、木芙蓉、连翘、百里香、毛冬青、枸骨、南天竺、羊踯躅、玫瑰、枸橘、胡颓子、接骨木、紫珠、锦鸡儿、火棘、石楠、明开夜合、夹竹桃、迎春、金丝桃、结香等。

藤本植物：木通、五味子、雷公藤、昆明山海棠、绞股蓝、栝楼、何首乌、啤酒花、丝瓜等。

草本植物：麦冬、沿阶草、玉簪、菊花、垂盆草、血满草、鸢尾、马蔺、芍药、草芍药、长春花、酢浆草、沙参属植物、党参属植物、桔梗、败酱属植物、柴胡属、黄芩、乌头属、曼陀罗、淫羊藿属植物、薄荷、留兰香、水仙、野菊、杭菊、玉竹、黄精、万年青、荷花、菱、菖蒲、天南星、石蒜属植物等。

四、植物专类园景观设计实例——华南植物园改造总体规划

华南植物园建于1956年，位于广州市东北郊天河区的龙眼洞村辖内。它是中国最大的南亚热带植物园，是世界热带、亚热带植物种质资源宝库，也是广东省科研科普教学实习的重要基地和广州生态环境体系中不可缺少的“绿肺”，还是颇受国内外游客赞誉的“广州十佳旅游景点”之一。园区总面积293.72hm^2（$\frac{1}{15}hm^2=666.67m^2$），本案例为刘思跃高级工程师规划设计，仅涉及西片区内的部分区域，面积129.46hm^2。

1. 规划建设指导思想

以华南地区热带、亚热带植物类型为背景，以科学研究、科学生产、科学普及为基础，充分利用该区域丰富的热带、亚热带植物资源，构筑物种丰富、内容全面、主题明确、有典型热带、亚热带特征和鲜明地方特色的植物景观体系（图4-93）。

2. 表现主题

（1）以植物地理区和专类园区为主的群体林木景观　以不同植物的群体形态，从不同空间层次展现植物的群体美。

（2）以植物生态区为主的植物生态景观　展示不同自然生态环境条件下各类植物对不同生态因子的要求。

（3）以地域性植物群落为主的森林景观　展示有较高审美欣赏价值的热带、亚热带群落结构，如热带雨林景观、柠檬桉纯林景观等。

（4）以景观展示区为主的植物及园林艺术景观　通过整形植物的景观艺术、世界造园艺术、藤蔓植物的空间艺术、多彩多姿的城市绿化及造园植物、城市水景艺术、盆景艺术等，展示现代城市的植物及园林艺术景观。

（5）以植物分类区和科普教育区为主的植物科学景观　植物界由低到高的进化历程是自然界的普遍规律，通过艺术的手法向公众展示其中的科学意义，是植物园的主要任务。

（6）以疏林及缓坡草地为主的自然风情景观　利用该区的自然地形营造缓坡草地、疏林景观，再现异国的自然风情。

（7）以温室景观区为主的温室植物及自然景观　利用温室组合不同地域、不同生境、不同海拔、不同植被区系的植物，展示自然界植物种类的丰富与神奇。

（8）以经济植物为主的植物景观。

（9）以植物园水体为主的水域景观　4片相连水体景观构成，通过两岸植被、水上小桥、湖边亭榭、沿湖小品，展示植物园的自然景观。

（10）植物园环境艺术景观　植物园环境艺术景观主要用于烘托和支撑园区环境，通过广场、路桥的艺术设计及植物配置，环境小品的艺术设计，服务设施、休息亭、坐椅、花坛和小水池的艺术设计，标示牌、广播、灯饰、垃圾箱、装饰牌的艺术设计来体现。

图 4-93　植物专类园景观分区规划图

［引自：刘思跃．华南植物园总体规划．中国园林，2004，20（7）：25-28］

3. 植物专类园景观类型与设计

（1）藤蔓植物园　主要承担科研和藤蔓植物展示的双重作用。选用爬山虎、薜荔、扶芳藤、凌霄、络石、炮仗花、常春藤、紫藤等园林景观类藤蔓植物和其他野生藤蔓植物等。园中设有不同形状和长度、高矮各异的藤蔓架、小广场、水池和藤下休息椅、藤蔓亭等，供游客游憩。

（2）城市植物景观园　园区由亲水广场引导，澄湖广阔的水面为园区背景，主要景观有流水喷泉、落水雕塑、植物造型体、标本展示廊、落水沙滩、儿童戏水空间等；主要植物有观花类植物、观叶类植物、香花类植物、抗污染类植物、整型类植物、野生观赏植物；主要园林艺术区有南亚风情园、欧洲风情园；城市绿化示范区有家庭花园示范区、花坛花境示范区、小品示范区等。

（3）温室景观区　由温室建筑群和澄湖水面景观组成温室建筑群，分为研究繁殖区和展览区两大部分，由 7 个不同体量的建筑体组成。

（4）转基因品种园　此系新建园。园区分转基因品种研究区和转基因品种展示区两个部分，主要用于开展城市园林绿化植物、林业优良造林树种的转基因研究、转基因奇异花卉品种的研究及新品种的展示等。游客亦可在此领略到植物界高新技术所带来的奇异色彩。

（5）迁地保护园　为科学研究及成果展示基地。迁地保护植物主要针对热带、亚热带濒危、珍稀草本植物、花卉植物、灌木。从不同角度对濒危、珍稀植物进行观察和研究，探索解濒措施途径和恢复野生种群的可能性。园区设置花坛、跌水台、休息椅、观察廊等。

（6）岩生植物园　由小亭、溪流、石道和岩生植物组成。该园主要以景观展示为主，兼有旱生、岩生植物的研究。植物主要选择喜旱或耐旱、耐瘠薄、适宜在岩石缝隙中生长的植物；植株低矮、生长缓慢、生长期长、抗性强的多年生植物；在生长期中能保持低矮优美姿态的植物。规划收入岩生植物 1000～1500 种。

（7）植物进化园　是集植物分类、公众科普教育、青少年素质教育、园林景观为一体的综合性园区。园区以植物广场为起点、植物进化碑为终点，在长 330m，宽 240m 的空间中构筑植物演绎体系和植物分类进化体系，向公众展示植物界的进化过程、相关知识以及在整个植物演化研究中为此奋斗的中外科学家事迹。园区分为植物广场、蕨类植物区、苔藓地衣植物区、裸子植物区、被子植物区、进化大道 6 个部分。

(8) 跌水园　是由热带棕榈科植物和林下落水、跌水、小泉、流溪、咖啡屋等构成的热带植物风情园。园区主要展示一种闲逸的情调，是游客休闲聚集地，亦是其他景观区的过渡场所。

(9) 水生植物园　侧重于热带、亚热带水生植物的研究和展示。园区分沉水植物区、浮水植物区、漂浮植物区、沼生植物区，各区根据其特点，开展各具特色的水生植物研究、引种及驯化工作，培育适宜热带、亚热带地区的水生植物品种和园林水景植物。

(10) 姜园　规划在现有姜园基础上，建立以科学研究为主的植物专类园，总面积 $4.48hm^2$。园区分种质保存区和科普展示区，种质保存区根据姜目植物的生境，设阳生、阴生、半阴生、湿生等小区；科普展示区主要介绍具有观赏、食用等价值和可作为香料、染料等的姜目植物。

(11) 竹园　以科学研究为主的植物专类园，总面积 $4.26hm^2$，共分为展示区、保育区、繁殖区 3 个小区。

(12) 木兰园　以现有木兰园为基础，把该园建设成为世界级木兰科植物的保育中心和研究中心，展示木兰科作为最古老被子植物的花果形态及色、香、味、形俱全的高观赏性植物景观，使其成为世界上木兰科植物种类收集最为完整、种质基因最丰富的木兰园。

(13) 华南珍稀濒危植物迁地保护区　规划在现有园区的基础上，将面积扩展至 $10hm^2$，设置保育区和观赏展示区，使之保存华南特有珍稀濒危植物 90%以上的种类（每种保存不少于 10 株），使该园成为保存珍稀濒危种类最多（约 400 种）的华南珍稀濒危植物活体保存中心。

(14) 地带性植被园　以科学研究、观光游览为主的植物专类园。分地带性植被环境展示区、广州第一村古遗址区两个区。地带性植被环境展示区模拟植物自然演化规律的生态环境，营造热带、亚热带常绿阔叶林大自然原始植被群落，再现热带雨林特征。该园景观主体为热带雨林，主体森林分子由桃金娘科、番荔枝科、樟科、大戟科、无患子科、桑科、茜草科、豆科、山毛榉科等热带、亚热带科属组成。林木要求种类繁多，林分结构复杂，尽量少用外来景观树种。森林植被层设计为 5～7 层，板根、茎花现象普遍。

林内上层乔木主要设计为刺栲（具板状根）、厚壳桂、木荷、栲槠类、阿丁枫；中下层为木姜子、阴香、蒲桃、山龙眼、山竹子、水榕、假萍婆、柏拉木、罗伞树、大叶紫金牛、九节木等；林下散植巨型草本植物海芋、芭蕉和树蕨；林内种植藤本植物密花豆藤；附生植物为兰科、天南星科和蕨类；半附生植物与绞杀植物为榕属类。园内通道主要以木桥、栈道、吊桥为主，设高阁木质休息亭，游人不践踏林地。林内置小流量人工溪流。

(15) 季风常绿阔叶林区　以科学研究为主，规划建 4 个反映季风常绿阔叶林演化系列的植物群落类型：针叶林群落、针阔叶混交林群落、人工阔叶林群落和常绿阔叶林群落，利用此群落富集各物种。建园突出自然、生态和野趣。物种配置以模拟自然森林群落为原则，使其具有季风常绿阔叶林和热带、亚热带雨林景观。

(16) 自然风情园　该园地形为沟谷型缓坡，背景为季风常绿阔叶林区。地势平缓，沟谷流畅开阔，适宜营造以疏林草地为主的自然休闲风致园，为游客在欣赏植物景观的同时有一片放松、闲逸的自然空间。

(17) 高架植物亲和走廊　华南植物园植物丰富，但许多种类为高大乔木，游客很难观赏到这类植物的花、叶、果，人与植物的亲和力不强，不能引起游客的共鸣，起不到科普教育的作用。规划在植物园主要景观区建高架植物亲和走廊，为游客提供近距离观察高大植物的平台。

(18) 其他园区　其他园区有山茶园、果树园、经济植物展示园、豆科植物园、盆景园、树木园、百草园、引种苗圃区、管理区、学术中心等。

第六节　意境主题景观

意境是一种审美的精神效果，是情与景的融合。它表现的是言外之意，弦外之音，存在于主客观之间，既是主观的想象，也是客观的反映。自古以来，人们都喜欢用诗情画意来形容中国园林的美，诗情画意已成为园林意境的代名词。植物造景也不例外，目的在于抒发作者对造园目的与任务的认识和激发的思想感情。不仅要做到景美如画，同时还要求达到情从景生，要富有诗意，触境能生情，在有限的园林空间引入无限的意境美，做到景有穷而意无穷。植物意境主题塑造实质就是一种为大众服务的文化设计，是把设计者的主题取向、思想、审美与人文关爱用设计符号和语言通过景观形式表达出来。

随着社会的发展，文化需求已经成为当今人类生存生活的重要需求之一。从建筑到艺术品遗存的考察来看，都反映了这样一个基本认识：凡是倾注和体现了文化——不管是有意识的还是无意识的作品，都是经久不衰的设计作品。因此，文化是一切设计的灵魂。

好的植物造景既有美的形体，又有美的灵魂，具有“形”与“意”相结合的美妙意境。美的意境给人以艺术享受，能引人入胜，耐人寻味，意味无穷，并对人有所启示，具有深刻的感染力，使人们浮想联翩。

一、意境设计的基本内涵

意境设计的基本内涵是主题、思想、美与爱三个层次，在意境设计目的层次上是真、善、美的体现，而且三个层次完美结合的意境设计也就是真善美完美结合的设计，是产生一切完美或优秀设计的基础。

主题是意境设计的精髓，它是形式的语言与符号载体。从设计角度就是体现设计的功利性、目的性。在设计上是一种“真”的表现形式，在设计的形式上有“真”与“假”的对立。

思想它是形式的外延与内涵。即隐藏于设计形式之后的语言，这是设计者的思想。判别一件设计作品的优劣或者作品的寿命，其思想是主要要素。因而在认知领域是“善”的表现，在设计表现上有“善”与“恶”的分别。

美与爱是思想的升华，是设计作品与观众之间的桥梁。因为有美，因为有爱，才把设计者与民众联系起来，使设计作品更易被民众接受。“美与爱”的设计在感知上则是“美”的范畴，在设计手法上有对“美”与“丑”的表现区分。

考察现今遗存的设计作品，为什么设计者要强调设计材料的自然性？即使采用其他材料也要仿石、仿木、仿生、仿古，那是在文化层次上一种对“真”的追求；为什么设计的作品要贴近生活，体现民族特征、区域特征、时间特征，要让大多数人理解和熟识？使用设计的产品，能表明使用者的身份，满足其情趣，那是一种对“思想”的追求，一种思想上的认同感追求！一种“善”的表现。可见真与善的设计是意境设计的基础。

为什么设计者要在墙角设计一角绿草花坛？那是对生命的关爱；为什么设计者要保留城市中一段残墙？那是体现对历史的关爱；为什么设计者要把墙角的线条用花坛围绕成圆形或曲线？那是基于对美的追求。在意境设计中，美与爱是设计的两只翅膀，因为有这两只翅膀，艺术才会飞翔，设计的生命才能延续。所以美与爱的设计是意境设计的灵魂。

二、植物意境美的来源

1. 地域之美

我国的地域广大，不同的地域特征造就了千姿百态的地域景观。植物景观也属于地域景观的范畴，营造不同意境的植物空间是体现不同地域特征的方式之一。不同的地域，其植物的生长形态有着明显的差异，如北方城市多以雄伟、挺拔的针叶树创造地域之美，而江南水乡则以竹林、垂柳形成自然、朴实的意境。植物造景设计应以地域风格、地域文化、地域特色、地域历史作为意境创作的主旨，大量采用当地的乡土树种，突出当地的植物风格，以体现不同的地域特征。

2. 生态之美

不同的植物具有不同的景观特色，其干、叶、花、果的形状、大小、色泽、香味各不相同。一年中，春夏秋冬的四季气候变化，使植物产生了花开花落、叶展叶落等形态和色彩的变化，出现了周期性变化的风貌。在现代城市绿地设计中，植物生态美是创造植物空间意境美本质的源泉之一。

3. 主题之美

主题设计是指在城市绿地中创造出符合人们生活各方面需要的、多元化的、具有一定思想内涵的植物空间。以植物造景的形式来表现当代社会的主题，是一个庞大、复杂的综合过程，融合了行为学、文化学、历史学、心理学、风俗学、艺术、科技等众多学科的理论，并且相互交叉渗透。人们通过对植物空间的观赏，可以引发对当代社会某种现象的情感、意趣、联想、移情等心理活动。通过植物造景来表达时代主题、纪念主题、休闲主题、爱情主题、教育主题、音乐主题等不同的思想内涵，营造不同氛围的空间。

4. 情感之美

植物的情感语言是无声的语言，正是这种无声的语言沟通了人与景观的情感联系，唤起了人对城市的热情，因而成为城市设计中不可缺少的设计语言。在城市“点”空间植物造景设计中，可利用植物的不同特性和配置结构创造出具有不同情感的植物空间，营造热烈欢快、淡雅宁静、简洁明快、轻松悠闲、疏朗开敞的意境空间。因此，根据环境氛围的不同需求，营造“情感美”的植物空间，是现代植物造景设计发展的必然趋势。

三、我国传统植物造景意境的表达方式

我国园林植物造景由于受传统文化的影响，善于寓意造景，选用植物常与比拟、寓意联系在一起。如竹，因有“未出土时先有节，便凌云去也无心”的品格，被喻为有气节的君子。还常常利用植物的形态和季相变化，表达人们一定的思想感情和形容某一景境。如“夜雨芭蕉”表现的是宁静的气氛。有的植物，只从其名称上便可直接领会其含义，如吉祥草、如意兰。归纳起来植物造景中意境表达途径有如下几种。

1. 运用植物的特征、姿态、色彩给人的不同感受而产生比拟、联想

各种植物由于生长环境和抗御外界环境变化的能力不同，在人们的观念中留下了它们各自不同的性格特征，如松刚强、高洁，梅坚挺、孤高，竹刚直、清高，菊傲雪凌霜，兰超尘绝俗，荷清白无染。杭州的西泠印社，以松、竹、梅为主题，比拟文人雅士清高、孤洁的性格。

2. 从形式美升华到意境美

在相互的交往中，常用花木来表达感情。这种美感多由文化传统逐渐形成。自古以来，咏草颂花的诗词歌赋，以植物为题材的各类作品数不胜数。不同的植物，被赋予不同的情感含义，如忠实、永恒——紫罗兰，纯洁—百合花，和平——桃花，富贵——牡丹花，幸福——杏花，门徒众多——桃李等。

3. 按哲学观与文化传统去创造意境空间

中国古代强调“天人合一”，人类是自然中的一部分，因此追求返璞归真、向往自然。老庄哲学开其端，模仿自然山水营建园林成为一时风尚，形成了中国古代山水诗画与文人写意山水园林，在这类园林中极力模仿自然，贯穿了天人合一、顺从自然的哲学观。其立意多为清高隐逸、超世脱俗，反映了守土重农的意识。其中“三境界”观（生境、画境、意境）对植物造景的影响最大。反映在植物造景中则是要求仿照自然状态错落有致地组合成人工群落，与山石、水体等一同形成神似自然状态的环境，并要求园林建筑与环境协调。

4. 处理手法“深”、“幽”、“虚”

中国古园林以曲为美，中国古建筑也以富于曲线美的大屋顶凹曲面与西方建筑弯顶的曲线形成对比。中国许多传统艺术强调曲线，以“含蓄”为最高标准。“不着一字，尽得风流”是诗画追求的最高境界。在植物造景上，是以障、隔、藏、过渡、围合为主要手段，其次才是季相、色彩、质感。在单株植物的处理上，也是求曲，喜弯不喜直。在植物造景的立意上，以“含蓄”、“朦胧”为上，以“深”、“幽”、“虚”的手法创造具有这种美感的环境。

5. 诗词书画的点缀和发挥

在历代文学作品中，运用植物的特性，喻义刻画人物形象、描述故事情节、抒发感情。植物不但“人化”，而且还“神化”，如屈原在《橘颂》中借橘抒情，《红楼梦》中的“葬花词”、“桃花行”、“红梅诗”、“菊花题”等在意境上可谓深邃之作。直到现代，植物在文学作品中，仍是上佳的艺术形象，如茅盾的《白杨礼赞》、毛泽东的《卜算子·咏梅》。

有些植物造景的技巧，直接受益于咏景诗、山水画。景观环境注重意蕴的宏观把握，重格调、讲意境，睹物结思、缘物抒情，体现出较高的文化品味。如圆明园中的“武陵春色”则仿陶渊明《桃花源记》中的场景。观赏植物多欣赏其自然形态的情趣，无不从传统文化中吸取、借鉴。诗词、书画不但给造园者以重要的表现手段，而且还赋予他思想和形式。

6. 借名人题咏、轶闻趣事造景

由于名人题咏、轶闻趣事，使一些植物具有特定的含义，如天下第一香——兰花；人间第一香——茉莉；花中二姐妹——薄荷、留兰香；花中双绝——牡丹、芍药；园林三宝——树中银杏、花中牡丹、草中兰等。

7. 利用植物的谐音或艺术形象借物寓意

如用玉兰、海棠、桂花相配，示意“玉堂富贵”；用松鹤相配表“延年益寿”；用鹤望兰面向水石，示意“游子思乡”。

8. 将植物拟人化，以表达某种意义

如花王——牡丹；花后——月季；花中君子——荷花；凌波仙子——睡莲；岁寒三友——松、竹、梅（松持节操，竹刚直，梅抗强暴）；花中四君子——梅、兰、竹、菊等，这些拟人化的别称，表现了如人的地位、品行、气质等。

9. 表现人们求吉求美的生活情趣

如槐荫当庭——荫；移竹当窗——雅；栽梅绕屋——香。南方庭院喜在墙前植芭蕉、棕竹及观赏竹类，以求“粉墙作纸，植物作画”的效果。江南园林更有“无竹不美”之说。

四、植物景观意境构成手法

（一）对比、烘托手法

通过景观要素形象、体量、方向、开合、明暗、虚实、色彩和质感等方面的对比来加强意境。对比是渲染景观环境气氛的重要手法。开合的对比方能产生“庭院深深深几许”的境界，明暗的对比衬出环境之幽静。在空间程序安排上可采用欲扬先抑、欲高先低、欲大先小、以隐求显、以暗求明、以素求艳、以险求夷、以柔衬刚等手法来处理。

根据空间大环境主题的不同内容，用植物营造相应的氛围，展现与所在环境主题相协调的意境美，为烘托手法。即通过植物造景来强化环境主题，与其他造景要素共同形成意义深刻和主题突出的环境特征，如劲健、含蓄、洗练或典雅。

（二）象征手法

象征手法是利用艺术手段布局植物景观，通过人们的联想意识来表现比实际整体形象更广泛、更复杂的内容。象征寓意的植物造景，大都伴随着一定的主题目的而成为整个景点空间的核心。在古代，运用了象征手法的植物造景多以寓意历史典故、宗教和神话传说为主。随着时代的发展，运用现代象征寓意的植物造景主要坚持“以人为本”的原则，是一切植物景观的核心“意境”所在。

1. 以“有限”表“无限”

“与自然共存”已成为人们的共识，将自然与城市融为一体成为城市发展的目标之一。因此，在日益紧张的城市绿地中，应充分考虑植物造景的尺度问题，采用象征的手法，以“有限”表“无限”。例如，上海延中绿地湿地生态区的植物造景将大量的水杉规则地列植，形成一道宛如蜿蜒起伏的山峦的绿色屏障，以“有限”的水杉背景表现“无限”的自然山峦。

2. 以“静”表“动”

植物景观是一种静态的自然美，但是如果巧妙地运用象征的手法进行布局，给人以一种富于韵律的动感美就成为现代园林造景的焦点之一。具有韵律性的植物景观是指单体植物按一定特殊规律组合而成的整体性的植物空间。

3. 以“简”表“繁”

利用构成较为简单的植物景观，通过“重复”和“叠加”来形成一个面积较大、形式较为复杂的植物空间，是以“简”表“繁”的象征手法。利用相似或相近原理，将自然界的复杂事物用极为简单的植物景观来象征，利用植物的重复布置所形成的大尺度空间来象征原事物。例如，位于美国亚利桑那州凤凰城商业区内的植物造景，其创作灵感来源于弧状的孔雀羽毛，采用了象征手法，以花草与草坪组成孔雀羽毛的平面构图，并经过重复运用，形成了“孔雀开屏”的图案装饰效果。利用由植物组成的平面构图，是对植物形式美的一种新颖的运用方式，可形成具有装饰效果的构图，以表现美的意境。

（三）比拟、联想手法

意境的欣赏是物我交流的过程，因此景观的构设要做到能使人见景生情，因情联想，进而从有限中见无限，形成景观意境的艺术升华。在设计中通过具有认知、感知的植物空间来创造具有一定情感和主题的植物景观。植物的色、形、叶、香等物理属性在特定的场合经过艺术的种植都能散发出一定的情感语言，激发观赏者的联想，反映出场所的精神内容和性格。如松、竹、梅可代表坚强不屈、高风亮节、不畏风雪的精神。

（四）模拟手法

运用现代的造景方法，仿自然之物、形、象、理和神，对大自然进行重现。利用植物品种本身的自然、生态属性进行配植来创造植物的自然生态美，实现植物造景意境的营造。如上海世纪大道中的中段内八个专类园布置：柳园、水杉园、樱桃园、紫薇园、玉兰园、茶花园、紫荆园、栾树园。这些植物景观直接展现不同植物品种的自然特性，给观赏者带来直接的感官美——植物的自然生态美，无需观赏者去联想和进行思维的加工即可读出其韵味。

通过对所要表现对象的实体分析，用植物组合成模纹图案、雕塑及各种平、立面造型图案等模拟实体的外形来反映主题，为模拟手法。如大连市道路绿地的模纹图案，以模拟海波、浪花、海鸥为模纹母本，充分展现了海滨城市的特点。模拟手法带有一定的间接性，是对实体外在形象的模拟，非本质的挖掘，应用不好，会出现俗气的感觉。因此在模拟时，不应盲目照抄，应去粗取精，提取精华，使之栩栩如生。

（五）抽象手法

抽象手法是对事物特征的精华部分经过提炼、加工，并通过植物景观表达出来的艺术形式。它可以使较为深奥、复杂的事物变得更加形象、生动，易被人们理解。借取于哲学上的抽象，从许多具体事物中舍弃个别的非本质的属性，抽取共同的本质的属性，将物体的造型简化概括为简练的形式，成为具有象征意义的符号。如植物造景中运用大块空间、大块色彩的对比，达到简洁明快的抽象造型，引导游者联想，使人们获得意境美的感受。不能应用一些深奥难测和晦涩的抽象造型符号。

总之，通过对场地精神和地域特色的解读，正确合理地利用植物情感语言和表达手法，创造出符合现代空间环境和现代人们心理需要的高品质绿化景观，营造出符合现代精神文明的植物造景意境美是我们的责任。

第七节　植物空间景观

一、植物空间景观的类型

所谓空间感是指有地平面、垂直面以及顶平面单独或共同围合成的具有实在的或暗示性的范围围合，及人意识到自身与周围事物的相对位置的过程。利用植物的各种天然特征，如色彩、形姿、大小、质地、季相变化等，本身就可以构成各种各样的自然空间，再根据园林中各种功能的需要，与小品、山石、地形等的结合，更能够创造出丰富多变的植物空间类型。这里，就从形式和功能两个角度出发并结合实例对园林植物构成的空间作具体分类。植物空间构成的类型是多种多样的，为了更好地了解植物的空间构成功能，下面从空间构成要素和空间形态上对植物空间构成类型进行分析。

1. 开敞空间

园林植物形成的开敞空间是指在一定区域范围内，人的视线高于四周景物的植物空间，一般用低矮的灌木、地被植物、草本花卉、草坪可以形成开敞空间。在较大面积的开阔草坪上，除了低矮的植物以外，有几株高大乔木点植其中，并不阻碍人们的视线，也称得上开敞空间，但是，在庭院中，由于尺度较小，视距较短，四周的围墙和建筑高于视线，即使是疏林草地的配置形式也不能形成有效的开敞空间。

开敞空间在开放式绿地、城市公园等园林类型中非常多见，像草坪、开阔水面等，视线通透，视野辽阔，容易让人心胸开阔，心情舒畅，产生轻松自由的满足感。仅用低矮的灌木及地被植物作为空间的限定因素，形成的空间四周开敞、外向、无私密性，完全暴露在天空和阳光之下。该类空间主要界面是开敞的，无封闭感，限定空间要素对人的视线无任何遮挡作用（图 4-94）。

图 4-94　植物形成的开放空间

［引自：李端杰．植物空间构成与景物设计．规划师，2002，18（5）：83-86］

2. 半开敞空间

半开敞空间就是指在一定区域范围内，四周不全开敞，而是有部分视角用植物阻挡了人的视线。根据功能和设计需要，开敞的区域有大有小。从一个开敞空间到封闭空间的过渡就是半开敞空间。它也可以借助地形、山石、小品等园林要素与植物配置共同完成。半开敞空间的封闭面能够抑制人们的视线，从而引导空间的方向，达到“障景”的效果。

比如从公园的入口进入另一个区域，设计者常会采用先抑后扬的手法，在开敞的入口某一朝向用植物小品来阻挡人们的视线，使人们一眼难以穷尽，待人们绕过障景物，进入另一个区域就会豁然开朗。该空间与开放空间相类似，它的空间面或多面部分受到较高植物的封闭，限制了视线的通透。植物对人的行动和视线有较强的限定作用。这种空间与开放空间有相似的特性，不过开放程度小，其方向性朝向封闭较差的开敞面（图 4-95）。

图 4-95　植物形成的半开敞空间

［引自：李端杰．植物空间构成与景物设计．规划师，2002，18（5）：83-86］

3. 覆盖空间

覆盖空间通常位于树冠下与地面之间，通过植物树干的分枝点高低，浓密的树冠来形成空间感。高大的常绿乔木是形成覆盖空间的良好材料，此类植物不仅分枝点较高，树冠庞大，而且具有很好的遮阴效果，树干占据的空间较小，所以无论是一棵、几丛，还是一群成片，都能够为人们提供较大的活动空间和遮阴休息的区域，此外，攀缘植物利用花架、拱门、木廊等攀附生长，也能够构成有效的覆盖空间。这类空间只有一个水平要素限定，人的视线和行动不被限定，但有一定的隐蔽感、覆盖感（图 4-96）。

4. 封闭空间

封闭空间是指人处于的区域范围内，四周用植物材料封闭，这时人的视距缩短，视线受到制约，近景的感染力加强，景物历历在目容易产生亲切感和宁静感。小庭院的植物配置宜采用这种较封闭的空间造景手法，而在一般的绿地中，这样小尺度的空间私密性较强，适宜于年轻人私语或者人们独处和安静休憩。这类空间除具备覆盖空间的特点外，这类空间的垂直面也是封闭的，四周均被中小型植被所封闭，无方向性，具有极强的隐蔽性和隔离感，空间形象十分明朗（图4-97、图4-98）。

5. 垂直空间

用植物封闭垂直面，开敞顶平面，就形成了垂直空间。分枝点较低、树冠紧凑的中小乔木形成的树列、修剪整齐的高树篱都可以构成垂直空间。由于垂直空间两侧几乎完全封闭，视线的上部和前方较开敞，极易产生“夹景”效果，来突出轴线顶端的景观，狭长的垂直空间可以引导游人的行走路线，对空间端部的景物也起到了障丑显美、加深空间感的作用。纪念性园林中，园路两边常栽植松柏类植物，人在垂直的空间中走向目的地瞻仰纪念碑，就会产生庄严、肃穆的崇敬感。运用高而细的植物能构成一个具有方向性的、直立、朝天开敞的室外空间。这类空间只有上面是敞开的，令人翘首仰望将视线导向空中能给人以强烈的封闭感，人的行动和视线被限定在其内部（图4-99）。

图4-96　树冠形成的覆盖空间
[引自：李端杰．植物空间构成与景物设计．规划师，2002，18（5）：83-86]

图4-97　植物形成的封闭空间
[引自：李端杰．植物空间构成与景物设计．规划师，2002，18（5）：83-86]

图4-98　植物构成的私密性空间

图4-99　植物形成的垂直空间

二、植物景观空间特点

因植物的性质迥异于建筑物及其他人造物，故其界定出的空间个性，亦异于建筑物所界定的空间（图4-100）。植物界定空间时的特性概括为以下几点。

1. 软质性

由于植物具有生长、落叶、发芽的自然现象，并可经由人工加以修剪，故从植栽的枝叶扶

图 4-100 植物空间景观特征

疏，摇曳生姿之中，已然透露出生命的气息，故其所界定的空间，具有不同于人造物的软质特性。

2. 渗透性

植物对于音乐、光线及气流皆能轻易部分穿透，因而达到与相邻空间相互渗透的效果。

3. 变化性

以植物作为空间界定物，会因其成长而增加对该空间的封闭性，亦会因死亡或损伤而降低，因此，以植物作为空间界定物，并非长久而不变的。

4. 亲和性

植物所散发的空间气息是祥和的，以植物作为空间界定物，可借由视觉的穿透，而使生冷刚硬的人造物背景为之柔化。

5. 自然意象性

植物虽具建筑物界定空间的潜能，然因二者性质不同，其所界定的空间亦相异其趣。植物在空间界定上的建筑潜能包括树冠之于天花板绿篱之于墙面及草坪之于地板等。

此外，植物因其自然或人为的形态，而于空间的界定方式上，能清楚地表现出与建筑物划定空间相类似的潜能（图 4-101）。

图 4-101 植物空间界定形式

① 水平分割　一般植物以直立形态立于地面生长，而对水平空间有分割的效果。

② 垂直分割　植物因不同高度的层次，产生垂直分割的效果。

③ 天花板、墙面和地板的组合界定　组合不同高度的树种与植被，而呈现三度空间的界定。

④ 软硬组合　以软性的植物素材与建筑组合时，所界定出来的空间即具有软、硬质综合特性。

因此，进行植物景观设计时，可应用建筑物界定空间的原理，创造一个有机体的柔性空间，并利用其界定外部空间而围构具私密性的空间。

三、植物景观空间的构成

植物构成空间的三个要素是地面要素、立面要素和顶面要素。在室外环境中，三个要素以各种变化方式相互组合，形成各种不同的空间类型（图 4-102）。空间封闭程度是随围合植物品种、高矮大小、种植密度以及观赏者与周围植物的相对位置而变化的。

图 4-102　植物组合形成不同类型的空间

1. 植物作为园林中的墙体

在垂直面上，植物能通过几种方式影响着空间视觉感受。首先，树干如同直立于外部空间中的支柱，它们不仅仅是以实体，而且多以暗示的方式来限制着空间。其空间封闭程度随树干的大小、树干的种类、疏密程度以及种植形式的不同而不同，像自然界的森林，那么其空间围合感就越强。植物的叶丛是影响空间的第二个影响因素。叶丛的疏密度和分枝点的高低影响着空间的闭合感。阔叶和针叶越浓密、体积越大，其围合感越强烈。而落叶植物的封闭程度是动态的，随季节的变化而不同：在夏季，浓密树叶的树丛，能形成一个较封闭的空间，从而给人以内向的隔离感；而在冬季，同是一个空间，因植物落叶后，人们的视线就能延伸到所限定空间以外的地方。在冬天，落叶植物是靠枝条暗示着空间范围的，而常绿树在垂直面上却能形成周年相对稳定的空间封闭效果。

墙能够创造边界，像直线条的陈列一样笔直地存在着，给予人们一种方向感，同时它还能连接公园中不同的节点，或起到封闭空间的作用。墙的形式、位置及其使用的材料均是由设计意图决定的。公园的墙既可能是由木材、砖、石、瓦或金属等建筑材料构成的，也可能是由藤本植物、树木或灌木等园林植物组成的。

（1）树墙　为了使场地获得充足的阳光和空间。树墙通常倚靠墙面、栅栏或是建筑，由枝杈被修剪、培植成整齐造型的成行的树木组成。鉴于树墙占据较少的空间，以及为了多结果实这样的实践需求，还有审美方面的需要，造成树墙在冬季变成了雅致的格形装饰，这种似绘画一般的分枝样式非常美丽。今天，苹果、梨、杏、无花果、山楂、冬青树、枸子木、火棘、紫杉、荚蒾等植物都可以被修剪成树墙。

（2）绿篱　具有规则的几何形式或笔直的线形，它通常由藤本植物、花灌木、多年生的植物或树木所组成。绿篱可以作为雕塑或草本植物的背景，创造边缘效果或强调设计的轮廓线。绿篱的特征和状态取决于它所采用的植物材料，是落叶的还是常绿的，是开花的还是结果的，是经过修剪的，还是自然生长的，以及植物材料的高度和整体的形态。

（3）木栅树篱　木栅树篱是指被修剪成绿墙的种植紧密的树木或灌木，它创造了一种室外的建筑特色，圆柏属、黄杨属以及刺柏属的植物，常被用于形成木栅树篱。

（4）林缘线　所谓林缘线，是指树林或树丛、花木边缘上树冠垂直投影于地面的连接线（即太阳垂直照射时，地上影子的边缘线），是开放空间的自然边界，是植物空间划分的重要手段。空间的大小、景深、透视线的开辟、气氛的形成等大都依靠林缘线设计。

如在大空间中创造小空间，首先就是林缘线设计，一片树林中用相同或不同的树种独自围成一个小空间，就可以形成如建筑物中的“套间”般的封闭空间，当游人进入空间时，产生“别有洞天”之感。也可以仅仅在四五株乔木之旁，密植花灌木（植株较高的）来形成荫蔽的小空间。如果乔木选用的是落叶树，那么到了冬天，这个荫蔽的小空间就不存在了。

林缘线还可将面积相等，形状相仿的地段与周围环境、功能、立意要求结合起来，创造不同形式与情趣的植物空间。

2. 植物作为园林中的地面

在地平面上，植物以不同的高度和不同种类的地被植物或矮灌木来暗示空间的范围。在此情形中，植物虽不是以垂直面上的实体来构成空间，但它确实在较低的水平面上筑起了一道范围（图 4-103）。一片草坪和一片地被植物之间的交接处，虽不具有实体的视线屏障，但其领域性则是显现的，它暗示着空间范围的不同。

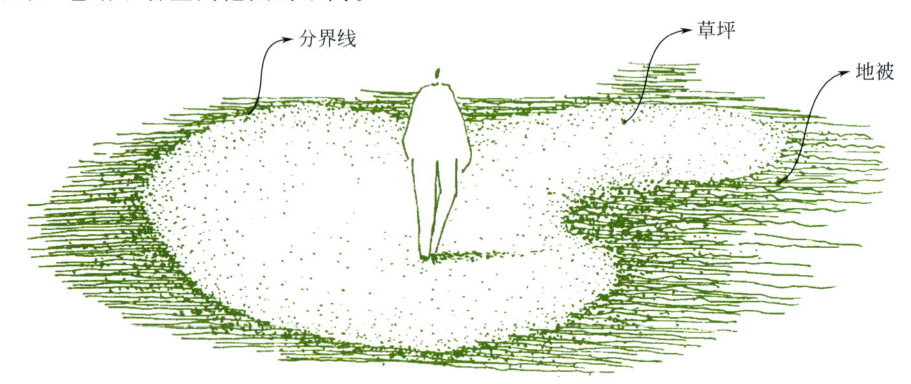

图 4-103　植物形成的地面空间范围

如果我们把园林空间看成是一栋建筑的话，我们就可以把地平面作为出发点来加以考虑。路面的质地、规格以及它与其他园林元素的关系形成了重要的视觉信息。植物作为公园地面的形式如下。

（1）模纹花坛　它是由相同高度的矮生园林植物形成的，在样式上像地毯一样，具有复杂的图案和相近的表面质地。它的设计纹样变化多样，既可以是规则的几何形式，也可能是抽象的图案，甚至是题字。模纹花坛在园林景观中的主要作用是它可以成为这一景区的焦点。

（2）草坪　它是指被草覆盖的地面。草坪形成的地平面与其他园林元素之间既可以相互补充，也可以形成鲜明的对比。草坪可以有正方形、矩形、圆形或不规则形等多种形式。草坪还可以形成小路，提供过渡空间或是展示空间地形。草坪为排球、棒球、草坪网球、室外地滚球等活动提供了娱乐场地。

（3）地被植物　由低矮的地被植物如藤蔓、铺地柏类等单一的植物形成地被表面。地面不具备硬地铺装的功能，但风格正式整洁，形成其他植物或构筑物的中性背景。地被植物、草坪和草原可以一起应用，它们的质感对比和色彩的微妙变化可以为地面增加变化，增加空间的层次。

（4）花台　它是面积较小而明显高出地面的花木种植台座。通常花台地由石头和混凝土等材料组成，具有石头、砖块、草皮、细砾石、地被植物等形式的表面。在园林中使用花台，可以使房屋或建筑物的几何造型延伸入自然景观之中，使建筑与场地联系在一起，创造了花园与建筑的协调统一。

（5）缀花草地　原指为满足割草或放牧等需要而形成的长满茂密的草的区域。在园林景观中，它通常由开敞起伏的草、野花和野生的牧草所组成。它的作用是在公园与野外之间提供一个过渡场地，为孤植植物提供展示空间，创造大空间的感受。

3. 植物作为园林中的顶盖

植物同样能限制、改变一个空间的顶平面。植物的枝叶犹如室内空间的天花板，并影响着垂直面上的尺度。当然其间也存在着许多可变因素，例如季节、枝叶密度、树种类型以及树木本身的种植方式。当树木树冠相互覆盖、遮蔽阳光时，其顶平面的封闭感最强烈。

单株的或成丛的树木创造了一个荫蔽的空间，当凉亭、棚架或绿廊覆盖上藤本植物的时候，就形成了园林中绿色的天棚，为游人创造了有阴凉和避风作用的空间环境。

（1）棚架　棚架是指由缠绕在格子或其他建筑构筑物上的树木、灌木和藤本植物形成的可供遮阳纳凉的简易设施。棚架具有多种功能，首先它具有提示入口空间的作用，其次它能够通过提供休息空间的方式，来改变游人的游览速度，最后，它还具有从一个空间向另一个空间过渡的功能。

（2）小树林　小树林是指人工种植的或自然生长的树丛，它通常是由同一种类的植物，规则地或不规则地组合在一起。小树林既是相对封闭的围合空间，也是地面和天空之间的连接部分。在古代，小树林经常被认为是神秘或充满智慧的地方。

（3）藤架　它是意大利词汇，意思是指藤架、凉亭，或缠满枝叶的密墙。藤架既可能是房屋延伸出来的建筑部分，也可能是公园中像围栏一样以墙围合，能够为游人提供休息或赏景空间的建筑部分，它是一种能为展示藤本植物、雕塑或进行露天餐饮提供完美场地的建筑结构。

（4）林荫路　林荫路是公园、停车场、街道中由树木、修剪过的绿篱所界定的步行通道。其中树木的种植间距、体量以及植物品种的选择影响了游人的心理感受，通过设计人行通道上的标示、交叉口以及各个空间的连接形式，能够调节整个游览节奏，达到控制游人动态游览过程的目的。人行通道所选择的植物材料通常能够形成一种障景，作为这一景区的框架或边界（图4-104）。但要注意的是，人行通道的长度应与大树或灌木的体量相协调。

图 4-104　林荫路景观

四、园林植物景观空间处理

园林植物除了可以营造各具特色的空间景观外，还可以与各种空间形态相结合，构成相互联系的空间序列，产生多种多样的整体效果。在空间序列中，运用植物造景适当地引导和阻隔人们的视线，放大或缩小人们对空间的感受，往往就能够产生变幻多姿的空间景观效果。广州兰圃是较好的运用植物构造园林空间的例子，其面积虽小，但植物景观丰富，上有古木参天，下有小乔木、灌木及草本地被，中层还有附生植物和藤木，园内基本上是以植物来分隔和组织空间的，使人在游览时犹如身临山野，显得幽深而宁静。据赵爱华等的研究，在园林中，植物景观空间处理常用手法表现在以下几个方面。

1. 空间分隔

陈从周曾说过：“园林与建筑物之空间，隔则深，畅则浅，斯理甚明”。利用植物材料分隔园林空间，是园林中常用的手法之一。在自然式园林中，利用植物分隔空间可不受任何几何图形的约束，具有较大的随意性。若干个大小不同的空间可通过成丛、成片的乔灌木相互隔离，使空间层次深邃，意味无穷。

绿篱在分隔空间中的应用最为广泛和常见，不同形式、高度的绿篱可以达到多样的空间分隔效果。在园林中，植物除了独立的成为空间分隔手段之外，亦常与地形、建筑、水体等要素相结合，在空间构图中有着非常广泛的应用（图 4-105）。

图 4-105　绿篱对空间的分隔

2. 空间穿插、流通

要创造出园林中富于变化的空间感，除了运用分隔的手段使空间呈现多样化之外，空间的相互穿插与流通也很重要。相邻空间之间呈半敞半合、半掩半映的状态，以及空间的连续和流通等，都会使空间的整体富有层次感和深度感（图 4-106）。

3. 空间对比

园林之中通过空间的开合收放、明暗虚实等的对比，常能产生多变而感人的艺术效果，使空间富有吸引力。如颐和园中的苏州河，河道随万寿山后山山脚曲折蜿蜒，时窄时宽，两岸古树参人，夹岸的植物使得整个河道空间时收时放，交替向前，景观效果由于空间的开合对比而显得更为强烈。植物亦能形成空间明暗的对比，如林木森森的空间显得阴暗，而一片开阔的草坪则显得明亮，二者由于对比而使各自的空间特征得到了加强（图 4-107）。

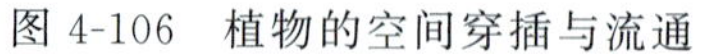

图 4-106　植物的空间穿插与流通

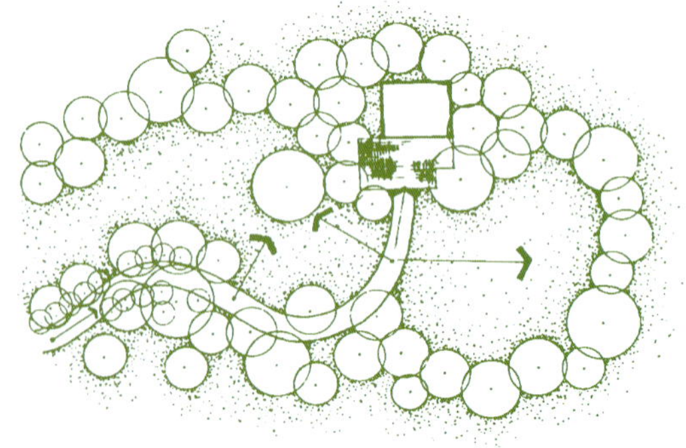

图 4-107　植物的空间对比

4. 空间深度表现

“景贵乎深，不曲不深”，说明幽深的园林空间常具有极强的感染力，而曲折则往往是达到幽深的手段之一。运用园林植物能够营造出园林空间的曲折与深度感，如一条小路曲曲折折地穿行于竹林之中，能使本来并不宽敞的空间显得具有深度感。另外，合理地运用植物的色彩、形体等，亦能产生空间上的深度感，例如运用空气透视的原理，配植时使远处的植物色彩淡些，近处的植物色彩浓些，就会带来比真实空间更为强烈的深度感。

第八节　季相景观

一年中春夏秋冬的四季气候变化，产生了花开花落、叶展叶落等形态和色彩的变化，使植物出现了周期性的不同相貌，就称为季相。凡是一处经过细致设计的园林，都应考虑到植物的季相，不论是公园、私家园林，甚或一般环境中的园林，也不论其面积的大小，配置植物时，都要具有“季相景观”的意念。或单株，或数株，或成丛、成林，或装饰地面及空间的边缘，这是中国园林植物景观形成的一个特色。

季相景观的形成，一方面在于植物种类的选择（其中包括该种植物的地区生物学特性）；一方面在于其配置方法，尤其是那些比较丰富多样的优美季相。如何能保持其明显的季相交替，又不至于偏枯偏荣（偏荣主要是指那些虽有季相，但过于单调而言），这是设计中尤其需要注意的。

一、植物季相景观设计方法

城郊或大的风景名胜区内一般的植物季相为一季特色景观，而城市公园是游人经常利用的文化休闲场所，总希望在同一个景区或同一个植物空间内都能欣赏到春夏秋冬各季的植物美，以增加不同时间游览的情趣。

1. 以不同花期的花木分层配置

以杭州地区为例。如以杜鹃（花期四月中旬至五月初）、紫薇（盛花期六月上旬至六月下旬）、金丝桃（花期六月初至七月初）、菠萝花（花期八月下旬至九月中旬）与红叶李、鸡爪槭等分层配置在一起，可延长花期达半年之久。分层配置时，要注意将花期长的栽得宽些、厚些，或者其中要有1～2层为全年连续不断开花形成较为稳定的花期品种（如月季）使花色景观较为持久。也可以采用花色相同而花期不同的花木，连续分层配置的方法，使整个开花季节形成同一花色逐层移动的景观，以延长花期。

如果将花期相同而花色不同的花木分层配置在一起，则可使同一个时间里的色彩变化丰富。但这种配置方法多应用于花的盛季或节假日，以烘托气氛。

2. 以不同花期的花木混栽

注意将花期长的、花色美的花木多栽一些，使一片花丛在开花时此起彼伏，以延长花期。如以石榴、紫薇、夹竹桃混栽，花期可延长达五个月。

又如梅花的花期很短，盛花期不到两周，需要将其他花期较长或在其他季节开花的花木与之混栽，如春季开花的杜鹃、夏季开花的紫薇等，使之在三季均有花可赏；初冬季节则以草花、宿根花卉（如各色菊花）散植于梅花丛中，均可克服其偏枯现象。

3. 以草本花卉补充木本花卉的不足

宿根花卉品种繁多，花色丰富，花期不相同，是克服偏枯现象的好办法。比如樱花，盛花时十分诱人，可惜花期仅一周左右。如果采用草本加本木的植物配置方法，则可基本上克服偏枯现象。

特别是加强宿根花卉和球根花卉的运用。宿根花卉和球根花卉有别于树木，其栽培可在圃地进行，迁地移栽应用，可在短时间内增强季相效果。在南方可选用孔雀草、飞燕草、福禄考、黄蜀葵、龙胆、羽衣甘蓝、百日草、蛇目菊、大花金鸡菊、孔雀草、万寿菊、金盏菊、地肤草、鸡冠花、一串红、万寿菊、鸢尾、金莲花、铃兰、乌头、剪秋罗、美女樱、美人蕉、矮牵牛、三色堇等。其配置设计可考虑以下方案。

第一层：孔雀草，高0.5m，宽1m。第二层：万寿菊，高0.5～1m，宽1～1.2m。第三层：地肤草，高0.8～1m，宽0.3～0.4m。第四层：樱花，高1.5～2m，宽5m（与桂花夹种）。第五层：紫楠，高10m（与银杏、枫香夹种）。以上五种植物分层配置，其长度可根据具体环境确定，一般以二三十米较为壮观。当樱花谢落时，有万寿菊在其前面遮挡，万寿菊在6～8月开黄花，此时有一行行的绿色地肤草作背景。作为主景的樱花，数量多，厚度大，并有常绿的桂花和它错落栽植，背景采用常绿的紫楠，其中又夹种银杏、枫香可点缀秋色，从而获得三季有花色和叶色、冬季常青的景观。

4. 增强骨架树种的观赏效果

由于树木在树形、树姿、叶色、花色、花期、果色、果期、枝色、皮色等方面千差万别，决定了它们除了生态功能不同外，其季节感、景观效果也有着相当大的差异，除春花树种、夏花夏果树种外，秋果秋色叶树种、常年色叶植物、冬姿冬枝树种是观赏价值较高，增强季节感最强的种类，可选做局部景观的骨架树种。

早春彩色叶植物：花叶鹅掌楸、红叶臭椿、红叶石楠等。

秋色叶树种：三角枫、鸡爪槭、挪威枫、忍冬属、黄栌、枫香、北美枫香、盐肤木、火炬树、乌桕、重阳木、臭辣树、丝棉木、卫矛、山麻杆、金钱松、无患子、池杉、青桐、黄山栾、连香树、黄连木、四照花、银杏、沼生栎等。

色叶期长，冬姿优美树种：有些植物色叶期长，是组成城市绿化模纹、装点城市的重要材料。有的植物其树枝、树干则独具观赏特性，如金叶女贞、红花继木、红叶小檗、紫叶李、紫叶桃、金叶接骨木、金叶红瑞木、紫叶黄栌、红叶石楠、红枫、金枝槐、金丝柳、棣棠、红瑞木、洒金柏等。

5. 丰富植物多样性

在植物季相景观营造和配置中，应注意结合耐阴植物、攀缘植物、地被植物、彩叶植物、竹类植物，以增加物种的多样性。

二、植物季相景观类型与设计

（一）春季

要利用各种植物不同的开花期和叶色期，精心搭配，使总的花期延长，以弥补偏枯时间过长的缺憾。如华东地区春花景观植物设计，花期可长达4～5个月。

可布置梅花园（花期1～2月份）、木兰、山茶园（花期2～3月份）、杜鹃园（花期3～4月份）、碧桃、海棠园（花期3～4月份）、牡丹、芍药园（花期4～5月份）等。

（二）夏季

夏季的植物季相主要是叶子的绿色，但叶片的绿色度有深浅的不同，在色调上也有明暗、偏色之异。而这种色度和色调的不同是随着四季的气候而变化的。叶色配置时需注意以下几点。

1. 植物生长习性

如垂柳初发叶时为黄绿色，逐渐变为淡绿色，夏秋季则为浓绿色。栾树、香樟、臭椿、三角枫等，随着季节的变换，叶色由浅渐深，又由深而浅，有时在发叶或换叶时呈红色。而悬铃木、加拿大杨、麻栎等，则在落叶时变成金黄色。而且，同一树种由于土质、温度、湿度等不同，其叶色也有差异，例如栀子花的叶色在正常生长时呈暗绿色，但在缺铁的土壤中生长，则呈黄绿色。

2. 叶色与环境的关系

树叶绿色程度与光线的关系也很大，树叶受光充分时，感觉色浅，反之，感觉色深。光泽亮的叶片，其绿色感较光泽弱者深，如茶花与桂花的叶片为同一绿色度，但感觉前者较后者深。这是因为见光部分有反射作用，在亮光的对比下，加强了暗色部分的对比，所以显得暗。而无光泽的叶片对比不强烈，则显得浅。总之，植物生长的外环境，对叶片的绿色度都可能有影响，但不同树种本身的绿色叶片原有色度则是基本的、稳定的。

3. 强调对比

叶色配置以色度差别大者相配为好。如有用银杏与桧柏相配，叶色对比明显。但将柳与香樟相配，虽然叶色相近，但树形迥异，效果亦好。如将柳树与银杏相配，其叶色度相近，但柳树枝叶疏朗、银杏枝叶紧密，因而感觉后者体量较重，色较深。这是因为叶子紧密，在光照之下，显得阴影多，加强了色度感。又如铺地柏与五针松的叶色度虽然相近似，但前者的树姿是由地面向上伸展，后者的树姿则是枝叶低垂，呈水平开展。这种姿态的差异，可使游人对叶色的欣赏转向对姿态的欣赏。故在叶色配置时，除一般原则外，还要考虑到植物的这些特殊性。

4. 分层配置

以不同色度级的叶色与花色，进行不同高度的乔、灌木逐层配置，可形成色彩丰富的层次。以对比色或色度级差大的植物进行色彩分层配置时，要注意到无花时或叶色未变时的色彩。一般的花灌木开花期仅7～14天，绝大部分时间为绿叶期和落叶期。又如羽毛枫的变化更为特别，在杭州地区，三四月为红色，入夏变为绿色，入秋又变为红色，配置时要仔细考虑这些复杂的色彩变化。同时要注意高度的变化，一般是由低到高，相邻层次有一定的高差。由于透视的关系，前几层高差宜小，后几层高差宜大，使各层色彩明显。

5. 结合观花植物使用

夏季季相除了叶色之外，有些花色也是十分艳丽夺目的，如岭南的凤凰木，五月花开时红艳如火。从3月份至6月份在我国南北方逐渐开花的藤本植物紫藤，是常见的夏季季相植物，它的栽植方式多样，不仅可攀于架上、缘附山岩，还可滨临水旁、直栽地上甚或修剪整形如乔木庇荫，花为总状花序，紫色或白色，品种多，花序长可达20余厘米，生长迅速，寿命长，适应性强，并有一定的抗有害气体功能，是十分理想的夏季季相优良树种。丰花月季，花繁而持久，适应性强，是易于普及的一种夏季季相树种。栾树是少有的初夏开花的大乔木，主要以其金黄色苞片布满树枝，再加上其干枝潇洒，盛花时，极为壮美，入秋叶色又变为金黄色，是夏秋两季的优良树种。

夏季还可布置鸢尾园（花期5～7月份）、紫薇、木槿园（花期7～9月份）、月季园、水景园等专类植物景观。

三、秋季

秋季因风景园林季相优美而受游人向往，赏红叶是我国民间的一种传统习俗，也是人们享受大自然的特殊审美情趣。古往今来，无论男女老少，到了秋季，都喜欢去赏红叶。如北京的香山每年都主办红叶节，人们不仅欣赏红叶，还要吟咏红叶，故留下了不少脍炙人口的红叶名篇。除了秋色叶之外，秋色果也是赏秋的对象。秋色景观设计应注意以下几点。

1. 树种选择

园林秋色景观的形成，首要的是选择树种。比如香山红叶之所以生长得红艳如血染，是由于香山一带的地形、土壤和环境都适合于黄栌的生长，如果将黄栌栽在城市公园里，则不及香山的红叶美。故在选种栽植时必须了解不同色叶木的生态习性与环境条件，创造一定的小气候环境，才能达到预期的效果。如果树种选择不当，或气候不相宜，则红叶可能不红，故在引种外来树种时尤宜注意。

高大乔木或小乔木姿态优美的色叶木如枫香、银杏、红枫等均可以孤植，但灌木状的黄栌、火炬树等一般只宜成林、成丛栽植，才能形成“气候”，集中表现色彩的美。但亦有个别的将一二株黄栌孤植于一片绿林之中，产生了“万绿丛中一片红”的效果。

2. 安排好背景，加强衬托

处理好秋色植物背景，才能突出色叶木的色。火炬树的树形枝丫散乱，但叶色叶形均美，若以绿林为背景，或以天空为背景，对于近赏都会起到良好效果。如果不是密密的绿林，而是一般凌乱的树木，效果会差一些。

除了背景之外，还要有其周围环境或树木的衬托。搭配时应考虑立面层次与物种选用的多样性。

3. 组景形式应多样化

至于色叶木的配置，远赏者如风景区多成林栽植成红叶山、红叶林，而在一般城市园林中既可成林，也可成丛，或栽植于路旁形成红叶径，或孤植于入口、道路转角、大草坪上。还可构建如桂花园、菊花园、秋色园等专类园。

四、冬季

冬季的园林植物景观，除了常绿之外，落叶树则以其枝干姿态观形为主，但也有观花、观果者。如凌寒而开的梅花、腊梅花以及初冬的金银木果实、火棘果等，尽管这些冬景树木或不如春、秋景诸多植物的形色那样丰满、艳丽，但它们所表现的神态，却往往给人们以更为难能可贵的、深层的刺激与诱惑，而引发出无限的诗情画意，以致使历代描写冬景植物的诗篇都难以全计。“一花香十里，更值满枝开，承恩不在貌，谁敢斗春来”，是诗人由衷地发出了对腊梅花芬芳而勇敢的赞叹！

第九节　整形植物景观

一、绿雕

以某些叶片萌发力强的植物，进行人工特定的栽培与管理，如摘心、牵引、缠绕、压附、编织等整枝技术，或直接将这些植物修剪成各种形象的艺术创作活动，称为绿色的造型艺术或“绿雕”(图 4-108、图 4-109)。

图 4-108　植物绿雕

图 4-109　紫薇盘扎造型

(一) 绿雕设计形式

1. 树雕

树雕即指树木的造型修剪，有单株的树形修剪，也有带状的或群落的修剪。树雕是指将单株树木修剪成各种造型（多数为几何图形）的一种树艺，也可以根据不同的需要，将这种修剪的单株树木，组合成整齐的行道树或其他自然式的植物群落，体现一种人为的风格。

2. 平雕

一般是指在园林地面上进行低矮的植物造型，如草坪上的纹样装饰，以及具有实用功能的招牌文字、标语、标徽和其他的图案等。

3. 立雕

立雕是指园林中一切竖向的植物造型，这是常见的较为典型的绿雕形式。最多的是各种动物的造型，也有建筑物局部的造型如绿门、绿墙；还有其他器物的造型如球状、筒状乃至生活中的糖葫芦串等，单体的造型比较简单、直观。但是，如果加以组合就可创作也具有一定主题的立雕了，如“狮子抢绣球”以及人物的主题绿雕——“唐僧取经”等。

早在20世纪的70年代，河南淮阳有一位老园艺师王先生在当地的一个公园内利用原有的一片柏树林，建成了一个绿色雕塑园，其中有“动物”、“建筑物”及其他器物，甚至“飞机、坦克”等，有数十上百件的绿雕，只可惜由于是“就林而塑”，雕塑布局的密度太大，显得拥挤、凌乱，未能理想的表现出绿雕的美。而新加坡的一个小小的动物绿雕园，虽然也很局促，但由于是经过设计组合，精细的养护管理，并有一定范围的环境相衬托，就能使游人感受到一种真正“动物园”的乐趣。

此外还有建筑物及其他器物小品等，门类繁多，皆可用作绿雕艺术的题材。

总之，绿色造型艺术的题材广泛，既有体现人工美的内容；也有反映自然美的题材，由单一的造型，进而发展到综合性的主题；植物材料也较丰富，为城市环境增添一种绿色艺术景观；其造价也甚低廉，以“绿墙”计，比砖墙造价便宜25%～30%，但其他的造型绿雕就比较费工，养护管理也比较频繁，更主要的是这种造型艺术，并不与我国传统园林的固有审美情趣吻合，故这种植物景观，除绿篱以外，发展比较缓慢。而在私人园林中，有的屋主对此有特殊爱好故颇为注意。

（二）树木造型的形式

1. 规整式

将树木修剪成球形、伞形、方形、螺旋体、圆锥体等规整的几何形体。多用于规则式园林，给人以整齐的感觉。适于这类造型的树木要求枝叶茂密、萌芽力强、耐修剪或易于编扎，如圆柏、红豆杉、黄杨、枳、五角枫、紫薇等。

2. 篱垣式

通过修剪或编扎等手段使列植的树木形成高矮、形状不同的篱垣。常见的绿篱、树墙均属此类。树篱在园林中常植于建筑、草坪、喷泉、雕塑等的周围，起分隔景区或背景的作用。塑造这类造型一般选用枝叶茂密、耐修剪、生长偏慢的树种，如大叶黄杨、瓜子黄杨、小叶女贞、金叶女贞等。

3. 仿建筑、鸟兽式

即将树木外形修剪或绑缚、盘扎成亭、台、楼、阁等建筑形式或各种鸟兽姿态。适于规整式造型的树种，一般也适于本类造型（图4-110、图4-111）。

4. 桩景式

是应用缩微手法，典型再现古木奇树神韵的园林艺术品。多用于露地园林重要景点或花台。大型树桩盆景即属此类。适于这类造型的树种要求树干低矮、苍劲拙朴，如石榴、银杏、罗汉松、金橘、梅、贴梗海棠等。

（三）绿雕造型手法

盆景艺术是我国独特的园林艺术之一，园林植物盆景造型以木本植物为主体，经艺术处理（修剪、攀扎）和精心培养，在盆中典型地再现大自然孤树或丛林神貌的艺术品。用盆景的手法来进行园林景观的创作，让园林景观也从盆景造型艺术中获取更为丰富的内容，体现植物造景的作用，提升植物造景内涵，展现愉悦的生活空间。例如近年来大型树木桩景在园林中的利用就是很好的实例。

图 4-110　绿雕——马

图 4-111　绿雕——亭

1. 紧缩法

自然生长的树木大多枝叶零散，花果烯疏，欣赏价值欠佳。因此，园林花木的管理均应采取株型紧缩的办法，除选用枝繁叶茂、树冠紧凑的树种外，还必须加以精心的整形修剪，尤其是花篱和绿球的造型，修剪更应精细。使其枝密叶挤，见叶不见枝。

2. 模拟法

在花坛或绿篱的绿化基础上，模拟动物形态或自然景象，使花坛和绿篱美上加美，好似锦上添花。如在大型的花坛当中用竹木、铁丝扎成各式模具，用藤本花卉攀缘其上，构成"雄狮怒吼"、"生龙活虎"、"万马齐鸣"等场面。或在平静的绿篱上修剪成"浮光跃金"、"波涛汹涌"、"伏地长龙"、"蟠龙出洞"等气势蓬勃的景象。

3. 形象法

林荫车道的隧道造型是形象法的一个范例。先在人行道的外缘栽上一行矗立的松柏、白桦、水杉等直立性树种，成林后再在人行道与车道之间再各栽一行枝丫伸展的法国梧桐、香樟等，逐年加以整枝修剪，使两旁的树枝伸向车道当中，构成拱桥式的绿色隧道，使行车、行人如入隧道当中，别具一番情趣。

4. 组合法

将连续数月开花的月季、月月桂和月月竹配置一处。通常将盘状丛生的月月竹种植在当中，月月桂、月季花分轮环抱，修剪成篱状圆环，则每年 4～10 月，每月都可看到美丽的鲜花，闻到阵阵扑鼻的清香，月月竹中栽棵高大的青檀，当早春落叶树披上绿袍和常绿树更换新装之际，青檀的枝丫却仍在春光中沉睡，呈现一派秋冬景色。

5. 独特法

高矗云天的龙柏、匍匐横生的地柏、枝丫扭曲的龙爪柳和龙爪槐、树叶皱折如绸的银杏、树干白如霜雪的白桦、一树成林的榕树，以及奇形怪色的方竹、罗汉竹、紫竹、泪竹等都是园林绿化的独特材料，各具独特风采，若使各安其所，便可增添自然造型的园林景色。若能仿照深山老林的自然景象，在林木中进行人工艺术造型，增减些"和合树"、"连理枝"、

"藤缠树"，以及"天桥"、"自搭桥"等在一般园林看不到的景物，则可更引起人们的雅趣。把平凡的自然景物点缀得富有诗情画意，使人们获得园林美的艺术享受。

（四）绿雕造型程序

1. 立意构思，艺术设计

植物造型是园林艺术创作活动，在动手创作以前先要确定创作竟图，也就是创作的动机和

目的，创作立意要真、深、洁、新。所谓“真”，即内容要真实，感情要真挚，自然而不做作。所谓“深”，就是内容有深意，意境要深远，使人看了能受到感染，引起激情。所谓“洁”，就是简洁、明朗、不烦琐。所谓“新”，就是新颖、多样、不落俗套。然后根据树才、花草的具体情况进行构思，做到有诗情画意，有高低层次，有抑扬顿挫、起承转合，反映出较高的艺术水平。最后动手设计，设计时要注意，艺术是表现生活的，但又不是简单的再现生活，它应该是源于生活而高于生活的，好的艺术作品可使人精神愉悦，奋发向上，所以，设计要有时代感，要有艺术性，要符合园林植物造型艺术的要求。

2. 施工放线，确定位置

如何按照施工图在绿地中准确地标出植物的栽植位置，是许多造型工程都会遇到的问题。常用方法有以下几种。

(1) 关键点法　适于灌木造型放线，依图纸比例对造型定位。找出图形转角处、凸起处、凹陷处几个关键点，将绳子或皮尺放在关键点上，对照造型，移动皮尺或绳子，使其与图纸轮廓一致，最后洒线。

(2) 样板法　对面积较小且数量较多的灌木造型，事先用塑料薄膜剪成样板，现场放样一次成型。

(3) 缚绳法　对位于一条直线上且株距等分的植物进行放线（如行道树），可在一条长绳上标出株距，然后以株距的标点为中心，以树坑半径为尺寸，在长绳上绑缚塑料薄膜或扎上铁丝作为标记，放线时拉开长绳，即可标出树坑位置。

其他造型，如果欲把已经栽植的树木修整成螺旋状、圆球状或几何形，也需要按照设计图用皮尺在树体上放线，然后施工。

3. 实施造型，修剪盘扎

五色草等各种造型花坛与现代色块造型，按照放线后确定的具体位置精心种植，然后修剪造型即可。树木造型则根据设计图纸选用适宜的方法实施造型。树木造型的技术措施主要有以下几种，可单用一种或综合应用多种措施。

(1) 修剪　在树木造型中应用最多的是通过剪截树干与枝叶，增加修剪后树木的整体观赏效果。

(2) 盘扎　根据造型需要，将枝条进行绑缚牵引使其弯曲改向的措施。在桩景式造型中常用，多在树木生长季节进行。

(3) 编扎　根据造型需要，将一株、几株或数十株树长在一起的枝条交互编扎而形成预想形状的措施。

4. 绿雕造型注意事项

在创造绿色造型艺术品时，应特别注意以下几点。

(1) 必须选择耐修剪，易萌发，抗病虫害及抗污能力强，又较耐阴的树种　造型时还应考虑各种树木的生长发育规律。生长快速、再生力强的树种，整形修剪可稍重；而生长缓慢、再生力弱的种类修剪宜轻。

(2) 因材施艺　不同种类树木的自然株形与观赏特性各异，造型的方式也应不同。

(3) 勤于养护管理　因为绿雕是精雕细刻的艺术品，故必须勤加修剪、养护，否则，达不到审美的要求，“画虎不成反类犬”也就没有景观的意义了，甚至变成一个不三不四，不伦不类的绿色“杂货铺”，反而有碍观瞻。

(4) 要注意色彩的搭配　特别是背景的色彩，一般以非绿色的建筑物或天空为背景的效果较好；如果仍以绿色植物为背景的话，则一定要注意绿色的对比，否则也就显示不出绿雕的美。或者以色彩丰富的花盆与之配合成景，以增加色彩的相互补托。

(5) 一定要注意与环境的关系　绿雕不宜于设置在那些与之不协调的气氛与情调中；而在已设置的绿雕周围，应保持一定的观赏空间，并要考虑到角度与视距的合适程度。

二、花雕

以草本花卉为主，结合某些萌发力强的低矮灌木，进行特定图案或形象塑造活动，近似立体花坛的造型。

（一）花雕设计形式

1. 花卉（木）本身的雕塑及其他饰物雕塑

在以往的菊花展览中，常可见到绑扎成各种形状，在上面敷泥栽植菊花而形成“菊塔”、“菊船”、“菊桥”等的花卉造型，还有水仙花塔、单株立雕和群雕。更有船型、车型及多种其他器物形（如中国的鼎、钟等）的造型艺术，也给设计者以启示（图 4-112、图 4-113、图 4-114）。

图 4-112　红绿苋构建的“绿亭”

图 4-113　菊花悬崖式造型

图 4-114　仙客来花柱造型

2. 动物、人物花雕

这是一种常见的花雕形式。如龙是中国的象征，龙的形象出现于雕塑、建筑装饰之处甚多，园林环境中则以龙的绿雕、花雕形式最普遍，在每年的花展中，常有该年的生肖动物造型作为标志，这是一种民俗的造型艺术，也是一种民俗文化的表征，更是一种传统的文化潮流，尽管其在色彩、造型上似乎不太“高雅”，但它还是能引起多数人美的享受（图 4-115、图 4-116）。

3. 柱式花雕

在直立的柱上栽花，或以蔓性植物沿柱缠绕向上生长开花的柱子称为花柱，这种花艺景观自 1999 年昆明园艺世博会以来，各地相互效尤，甚至发展到“花柱成林”的壮观景致。但是，由于这种花柱，尤其是高大的花柱，在植材选择、栽培养护上都很费工夫，因而就出现了“一劳永逸”的假大花柱，其花形花色可随意设计，灵活方便（图 4-117）。

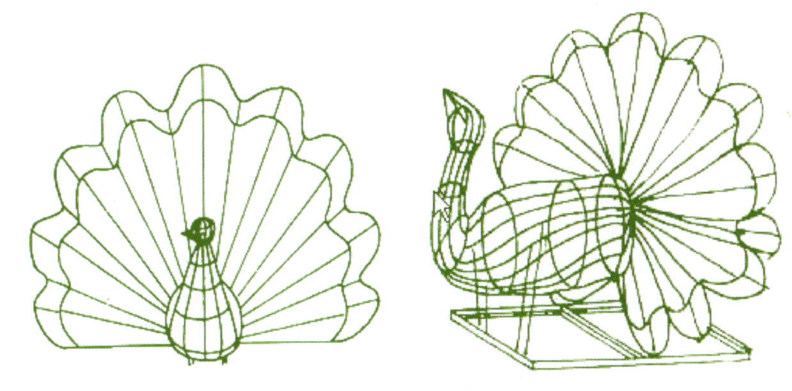

图 4-115　孔雀造型骨架设计

图 4-116　孔雀造型

图 4-117　柱式花雕

与此相类似的是立架为门廊，以小盆栽花卉置于架上成为一扇接一扇，扇扇花色不同的门廊，也颇具情趣。

此外，还有在立柱上悬吊悬崖菊、草花；或立竹篱缠绕蔓性植物而成的“花屏”等，形式多样，不一而足。还有一种立花成环形的花艺造型，多数选用菊花，可表现一种“抛物线”的动感，远望犹如天上的彩虹。

4. 球状花雕

物状花雕，门类繁多，日新月异，极富创意，足以反映我国园林工作者的才思与智慧。最耀眼，也最精细的是球状造型花雕，因为在球体上可以设置地图以示地球，也是一种结合科普教育的园林“教具”，寓教育于游乐之中的一种好形式。有的球雕立于水中，倍增景观；有的可以缓缓地转动，可以从不同的角度细细欣赏，有的则有示意经纬线的架，而有的则在花被、地被、水面上立球柱或球柱群，从形与色两方面增加花卉景物的对比，而这多数是用的假花；但也有在球面挖栽植孔栽真花的，假花的远观效果不及真花“精神”。

（二）花雕艺术造型手法与制作实例

一是常用五色苋等观叶植物作为表现字体及纹样的材料，栽种在15cm×40cm×70cm的扁平塑料箱内。完成整体图样的设计后，每箱依照设计图案中所涉及的部分扦插植物材料，各箱拼组在一起则构成总体图样。之后，把塑料箱依图案固定在竖起（可垂直，也可为斜面）的钢木架上，形成立面景观。

二是以盛花花坛的材料为主，表现字体或色彩，多为盆栽或直接种植在架子内。架子为阶式一面观为主，架子呈圆台或棱台样阶式可作四面观。也有用钢架或砖及木板制成架子，然后花盆依图案设计摆放其上，或栽植于种植槽式阶梯架内，形成立面景观。

花雕制作步骤如下。

1. 方案的创意设计

创意设计根据某种动物被赋予人文精神和特征，进行挖掘和引申，并与现实的环境相协调，这样的创意才有立足之本。如深圳市野生动物园2002年（马年）设计了“一马当先，马到成功”造型。马，是善于奔跑而且可以负重的动物，龙马精神是中华民族自古以来所崇尚的奋斗不止、自强不息的进取、向上的民族精神。“一马当先，马到成功”的创意，体现了向着更高目标一往无前的精神，同时鼓舞着人们奋发向上的士气和勇气。

2. 施工图设计

运用写实和装饰相结合的手法，根据动物的形象特征或以写实为主，或以装饰为主，设计各种动物的造型，尽力体现其特征并表达创意。如“一马当先，马到成功”造型，运用写实手法设计造型，取骏马跨越障碍四蹄离地时的瞬间形态，以强烈的动感表现出一往无前的气概。整个雕塑造型长8.2m，净高4.4m，宽1.8m。

3. 施工制作

在学习和吸收前人和同行的成果的基础上，使用了一些新材料、新方法，根据造型的用途、位置、所处的环境及在景观中的作用，对不同要求的造型采取具体的处理方法。

（1）造型骨架材料

① 金属材料　直径6寸［1寸＝3.33厘米（cm）］的钢管；50mm×50mm的角钢；直径8mm的钢筋；直径6.5mm的钢筋；8号铁线；细孔钢丝网。

② 造型表面的植物材料　选用再生力强、耐修剪的植物材料。如红草，绿草小苗（500g袋装），筋杜鹃（种植3年以上）。还有多种藤本植物以及盆栽花卉都可以作为立体艺术造型的材料。

③ 种植土　透水性良好的砂壤土，配以一定比例的椰糠、腐熟的有机肥，如蘑菇肥或花生枯肥，并拌和均匀。

④ 配件和配景的制作材料　泡沫塑料；美工颜料、油漆；制作玻璃钢的材料如树脂、双飞粉、甲乙酮、盐酸及颜料。

（2）机械设备　电焊机、氧焊机、切割机、起重机等。

（3）骨架制作技术要求

① 首先用直径6寸的钢管或一定杆径的竹竿将造型的主轴（纵轴或横轴）焊制或绑扎出来，就好雕塑动物的脊椎，然后以主轴为中心，用50×50的角钢或竹竿以相互垂直的方向，每隔一定距离垂直焊在或绑在主轴，形成一个立体的受力支架，为下一步造型作准备。

② 确定动物造型各部分的比例和尺寸后。即用直径8mm的钢筋或竹条作为线条，将整个造型的正立面、侧立面的形体模样焊接或绑扎出来，就好比绘画中用粗线条勾勒大致外形一样，这一步是参考设计图纸来确定的，因此设计的比例、尺寸是否合理很重要；当然，由于是立体造型，平面的设计不可能一步到位，为了达到视觉上的协调或突出某一部分，必须在现场不断观察、参照、比较，必要时要将比例和尺寸作适当调整。

③ 用直径 6.5mm 的钢筋或细竹条以纵横交错的方式将造型的头部、腹部、臀部、四肢、蹄子、尾部的立体形状焊制或绑扎出来，好比素描中，用细微的线条绘制动物的各部位形态。造型像不像、特点是否突出，此步是关键。要做好它。有赖于设计人员的空间想象力和审美水平。

④ 在用红、绿草处理表面的钢筋骨架的造型中，为了减轻整个造型的空间因装满种植土的重量，自造型的表面向内部退进 8～10cm 的位置再焊制一个同比例的造型轮廓，为种植红绿草留出最小的空间。这里有两种情况：对于花纹简单的造型，比如兔、蛇的造型，则直接将袋装的红绿草一袋一袋紧靠地放入其间。这样一来可以减轻工人的劳动。二来方便更换衰老和有病虫害的小苗及造型用完后的拆卸和搬迁。而对于虎、龙这几种花纹复杂的造型，则只能先将种植土放入后再用细孔钢丝网裹好，形成一个稳定的种植面，然后用铁钎在细孔钢丝网上穿个小孔，再种入红、绿草，以形成它们各自斑斓的花纹。

在焊制或绑扎的过程中，设计人员要不断与施工工人交流，控制细部处理的关键点。由于是立体的造型，为了达到各个角度均适合观赏，设计人员还要不断地观察、对比各部分的比例是否协调，发现问题及时修改、当然其主要的观赏面是处理的重点。

(4) 骨架的吊装和固定　钢筋造型骨架制作完工后，必须用起重机将其吊到合适的位置、高度，在确定好了朝向和姿态后，立即用钢管和角钢焊牢固定，绝不允许有晃动和偏斜。因为整个造型在种植完红绿草后将重达 12～20t，如果受力不平衡，后果很严重。

用竹竿和竹片材料制作的骨架则必须根据用于造型的植物（如杜鹃）的大小、姿态、朝向、长势等情况进行固定，用角铁和钢管将骨架主轴固定即可，因为附着在造型的杜鹃枝条有很强的韧性。

(5) 表面植物的种植（绑扎）和初次修剪　根据施工设计图，用具有对比关系的袋装红绿草，然后装入或种植在造型上预留的 8～10cm 空间中，将动物造型的花纹和皮毛“制作”出来，这一环节看似简单，但在处理动物的花纹和头部形态时要特别注意，如虎的头部的“王”字花纹和躯干部的花纹就必须一棵棵地用红草安插，而蛇身的深色椭圆斑纹也必须先用红草围合出来；龙身上的鱼鳞片花纹则需要用红草逐一勾勒出来。在此过程中要不断观察、对比，调整方向和宽度，以达到最佳观赏效果。兔、马、羊的表面一般无花纹设计，以单纯的红色或绿色为主。

在装填造型下部的草时还要用细孔钢丝网加密钢筋骨架的外表面空隙，以防种植土因淋水时掉落。而通过细孔钢丝网种植的红绿草因有钢丝网固定不会脱落。对于杜鹃枝条的绑扎需要开动脑筋，要根据枝条的形态、粗细及长度进行锯、切、弯、扭等处理后再绑扎，使枝叶很顺利地沿骨架生长。经过一段时间的养护，枝叶会覆盖表面。

第一次修剪是重要的一环，必须是手法精湛、经验丰富的修剪工人担当此重任。因为种植完草的造型还是一个毛坯，好似刚出模的雕塑，还必须再进一步地做细部的打磨和修改完善。在设计人员指导下，通过修剪工的一层层地精心修剪将动物造型的各部分轮廓剪出来，特别在处理头部时，动物的面部的凹凸，眼、鼻、嘴部的形态和比例是整个修剪的关键，必要时，还需增如草的密度。筋杜鹃长势快，枝条的初次修剪要注意方向，同时将不必要的芽抹掉。

(6) 配件制作　最能表达动物表情特征的眼、嘴、耳朵、角、蹄子、尾部等部分作为造型的配件不宜用植物来刻画的，常用美工制作的材料和方法进行处理。如老虎的虎视眈眈的眼和血盆大嘴，兔子圆睁的大眼、直竖的大兔耳，蛇夸张的双眼和长舌，马的鬃毛、长尾、四蹄等均用泡沫塑料削出形态，贴上辅材，涂上颜料、油漆而成。有的情况下因尺寸、形态处理、受力等原因并为了减少因日晒雨淋导致褪色，而使用玻璃钢材料，如龙的嘴部、牙、龙须、龙角、背部、鹰爪以及动感的尾部等均由钢筋焊出了骨架或外形，在其上制作玻璃钢表面而成的。为保证长时间色彩鲜艳，在玻璃钢材料中添加了专门的颜料。如优美弯曲的羊角、蛇的长舌也是玻璃钢材料完成的。

(7) 配景的制作　为了创造所要表现的意境，常用美工材料制作的配景来烘托造型，如为表现“猛虎下山”的气势，在虎的下部用数十立方米泡沫塑料切割出山石的形状，在表面绘以石头的颜色，以假乱真。为烘托“龙腾四海”、“一马当先”的飞腾动感气势，在造型的下部配以用泡沫塑料制作的中国传统的祥云图案，生动自然。

4. 日常养护管理

对于红绿草造型，每天早、晚各淋水一次，雨天除外。在春夏季生长旺季，每 15 天用一定比例尿素和复合肥溶液或叶面肥喷施肥一次，而在秋冬季生长缓慢期，每 10 天喷施一次。对于筋杜鹃造型，日常养护比较简单，视天气情况淋水。每隔 2 个月在其根部周围施复合肥即可。

在生长旺季，每隔 7～8 天修剪一次，生长缓慢季节，每隔 12～15 天修剪一次。以保持动物造型轮廓的分明，同时去除老草或老枝条，利于发新枝和叶。

由于植物材料的特性，导致它们在表现动物造型的细部表情、形态特征等方面存在许多局限性，也正由于这种原因，在进行植物艺术造型的创意、设计和工制作时不求穷形尽相，但求神似即可，这是植物造型独特的艺术价值和魅力所在！

[本章小结]

本章介绍了树木景观、花卉景观、藤本植物景观、草坪与地被植物景观、藤本植物景观、专类园植物景观、植物空间景观、意境主题景观、季相景观和整形植物景观九类植物景观的基本功能、特点及应用环境，重点讲述了各类景观的设计形式与方法，以及各类景观的植物选择。

树木景观按组合方式介绍了孤植、对植、丛植、群植、林植、篱植及列植等形式。孤植是乔木的独立栽植类型，多作为园林绿地的主景树、遮阴树、目标树，主要表现单株树的形体美，或兼有色彩美，可以独立成为景物供观赏用。对植是在中轴线两侧栽植互相呼应的园林植物形式。对植可为两三株树木或两个树丛、树群，一般作配景或夹景，动势向轴线集中，烘托主景。丛植至十几株乔木或灌木做不规则近距离组合种植形式，其树冠线彼此密接而形成一整体。在园林中可作为主景、配景、障景、诱导等使用，还兼有分隔空间与遮阳作用。群植是将二三十株以上至数百株的乔木、灌木混植成群的组合形式。树群由于株数较多，占地较大，在园林中可作背景用，在自然风景区中亦可作主景，两组树群相邻时又可起到诱景、框景的作用。树群所体现的主要是群体美，可作规则或自然式配植。林植是成片、成块地大量栽植乔、灌木构成林地或森林景观的组合形式，是将森林学、造林学的概念和技术措施按照园林的要求引入于自然风景区和城市绿化建设中的配植方式。风景林的作用是保护和改善环境大气候，维持环境生态平衡；满足人们休息、游览与审美要求；适应对外开放和发展旅游事业的需要；生产某些林副产品。在园林中可充当主景或背景，起着空间联系、隔离或填充作用。此种配置方式多用于风景区、森林公园、疗养院、大型公园的安静区及卫生防护林等。篱植即绿篱、绿墙，是耐修剪的灌木或小乔木以近距离的株行距密植，呈紧密结构的规则种植形式。篱植具有范围与围护、分隔空间和屏障视线、作为规则式园林的区划线、作为花境、喷泉、雕像的背景、美化挡土墙或景墙、作色带等作用。列植是乔木或灌木植物按一定的株距成行种植，甚至是多行排列形式。列植形成的景观比较整齐、单纯，气势庞大，韵律感强。列植在园林中可发挥联系、隔离、屏蔽等作用，可形成夹景或障景。

园林花卉景观主要介绍了花坛、花境、花台、花池、花箱、花钵、花丛、花群等组景形式。花坛是指在具有一定的几何形状的植床内种植各种不同观花、观叶或观景的园林植物，配植成各种富有鲜艳色彩或华丽纹样的花卉应用形式。在园林构图中，花坛常作主景或配景，具有美化环境、组织交通和渲染气氛的功能。花境是模拟自然界林地边缘地带多种野生花卉交错生长状态，运用艺术手法提炼、设计成的以多年生花卉为主呈带状布置的一种花卉应用形式。可在小环境中充分利用边角、条带等地段，营造出较大的空间氛围，是林缘、墙基、草坪边缘、路边坡地、挡土墙等的装饰；还可起到分隔空间和引导游览路线的作用。花台是四周用砖石围砌的高出地面 40～100cm 的小型台座中填土栽植灌木类花卉或点缀山石、配置花草的布置形式，按照造型特点可分为规则式和自然式两类。花台距地面较高，缩短了与人的距离，便于人们观赏植物的姿态、花色，闻其花香，并领略花台本身的造型之美。花池是指在边缘用砖石围护起来的种植床内，灵活自然地种植观赏植物的配置形式。花箱或花钵是借用花池的原理，将花卉布置在特制的小型容器中的组景形式，它们装饰性强，布置灵活，在局部地段作主景或点景作用。

草坪景观是指有一定设计、建造结构和使用目的的人工建植的多年生草本植物形成的坪状草地。是由草的枝条系统、根系和土壤最上屋（约 10cm）构成的整体，有独特的生态价值和审美价值。地被植物是指株丛紧密、低矮，用以覆盖园林地面防止杂草孳生的植物。草坪植物实际属地被植物，但因其特殊重要的地位，所以专门另列为一类。地被植物主要为一些多年生低矮的草本植物以及一些适应性较强的低矮、匍匐型的灌木和藤本植物。它们比草坪更为灵活，在不良土壤、树荫浓密、树根暴露的地方，可以代替草坪。

藤本植物景观多为篱、垣及棚架绿化、墙面绿化、立柱绿化、山石陡坡及裸露地面的绿化形式，植物材料丰富、设计形式多样，可做园林一景，构筑或分隔空间，装饰或覆盖墙体等。藤本植物具有独特的攀缘或匍匐生长习性，既能扩大绿化面积，又具有良好的固土护坡、降低小环境温度的作用。

专类园植物景观是园林发展到现代社会产生的新名词，既能丰富植物景观、强化园林主题，又有科学研究和科学普及功能，同时又是植物种质资源保存和生物多样性保护的重要形式。

意境主题景观表现的是言外之意，弦外之音，是一种审美的精神效果，是情与景的融合。植物意境主题塑造实质就是一种为大众服务的文化设计，是把设计者的主题取向、思想、审美与人文关爱用设计符号和语言通过景观形式表达出来。美的意境给人以艺术享受，能引人入胜，耐人寻味，意味无穷，并对人有所启示，具有深刻和感染力，使人们浮想联翩。意境设计的基本内涵是主题、思想、美与爱三个层次，在意境设计目的层次上是真、善、美的体现，而且三个层次完美结合的意境设计也就是真善美完美结合的设计，是产生一切完美或优秀设计的基础。主题是意境设计的精髓，它是形式的语言，符号的载体。

植物空间景观于空间的界定方式上，能清楚地表现出与建筑物划定空间相类似的潜能，类似树冠之于天花板，绿篱之于墙面及草坪之于地板等。利用植物的各种天然特征，如色彩、形姿、大小、质地、季相变化等，可以构成各种各样的自然空间，再根据园林中各种功能的需要，与小品、山石、地形等的结合，更能够创造出丰富多变的开敞空间、半开敞空间、覆盖空间、封闭空间、垂直空间等植物空间类型。植物界定空间时的特性概括为软质性、渗透性、变化性、亲和性、自然意象性。植物虽具建筑物界定空间的潜能，然因二者性质不同，其所界定的空间亦相异其趣。

季相景观是指某地域环境植物在一年中随春夏秋冬的四季气候变化，产生花开花落、叶展叶落等形态和色彩的变化，使植物出现了周期性的不同相貌。季相景观的形成，一方面在于植物种类的选择（其中包括该种植物的地区生物学特性）；另一方面在于其配置方法。可采取以不同花期的花木分层配置；以不同花期的花木混栽；增强骨架树种的观赏效果和丰富植物多样性等配置方法创造丰富多样的优美季相。

整形植物景观是指以植物为主要造景材料，辅以其他设施，经过人为的加工、修剪或引导，构成某种观赏图案的景观。整形植物景观分为植物雕塑景观与图案造型景观。植物雕塑景观造型的形式有规整式、篱垣式、仿建筑或鸟兽式、桩景式，常用塑造手法有紧缩法、模拟法、形象法、组合法等。图案造型景观以草本花卉为主，结合某些萌发力强的低矮灌木，进行特定图案或形象塑造活动，近似立体花坛的造型。整形植物景观装饰性强，常作局部空间的主景。

园林植物造景形式千变万化，在不同地区、不同场合，由于不同目的及要求，可以有多种多样的组合与种植方式，但基本构成形式或植物景观的基本构成词汇相同。因此，对其性质的认识和理解，是植物造景的基础，对基本词汇的灵活应用，是植物造景的基本能力要求。

思考题

1. 正确表述花坛；花境；模纹花坛；盛花花坛；树木的丛植、群植、林植；草坪与地被植物；垂直绿化；意境；季相；整形植物景观等词语含义。

2. 简述花坛的功能与植物选择要求。

3. 简述地被植物的类型及植物选择标准。

4. 简述攀缘植物的类型、垂直绿化的特点。

5. 阐述地被植物的配置原则和方式。
6. 完整阐述园林树木配置的配植原则。
7. 运用花坛设计的基本原则进行花坛设计。
8. 举例分析树丛配置的基本形式和要求。
9. 简述草坪景观设计方法。
10. 简述意境主题景观设计方法。

实训一　树丛设计

一、实训目标

重点掌握园林树木丛植的基本规律和配置艺术。

二、材料与用具

测量仪器、绘图工具等。

三、方法与步骤

1. 进行实地考察，对确定的区域范围或对象进行有针对性的调查。
2. 对设计对象进行实地调查、测量并进行计算。
3. 根据树丛设计原则和要求进行设计。
4. 绘制设计图，编写设计说明书。

四、实训要求

1. 正确采用丛植构图基本方法。
2. 树种选择正确，造景方法正确，配置符合规律。
3. 整体色彩搭配科学，体现季相变化。
4. 艺术效果好、合理。

五、作业

1. 设计平面图。
2. 立面图或效果图。
3. 设计说明书一份。

实训二　观赏树群设计

一、实训目标

了解树群设计特点、基本要求和树群分类，掌握树群设计方法及构图艺术特点。

二、材料与用具

测量仪器、绘图工具等。

三、方法与步骤

1. 调查教师给定的某绿地中的需设计树群的所在区域环境及功能要求。
2. 了解该树群所在地的自然条件及植物的生长状况。
3. 策划设计方案，选择配置的植物种类。
4. 绘制植物配置图，写出植物名录。

四、实训要求

1. 要求植物配置与树群性质、功能相协调。
2. 植物选择适宜当地室外生存条件。
3. 立意明确，风格独特。
4. 图纸绘制规范。

五、作业

1. 树群设计图纸一套。
2. 设计说明书一份。

实训三　独立花坛设计

一、实训目标

了解花坛设计特点、基本要求和花坛形式，掌握花坛设计方法及花坛植物应用特点。

二、材料与用具

测量仪器、绘图工具等。

三、方法与步骤

1. 调查教师给定的某绿地中的需设计的花坛所在区域环境性质。
2. 了解该花坛所在地的自然条件及花坛植物的生长与使用状况。
3. 策划设计方案，选择配置的植物种类。
4. 完成平面图、立面图与效果图。
5. 绘制施工图，并做出植物统计表。

四、实训要求

1. 要求植物配置与花坛性质、功能相协调。
2. 植物选择适宜当地室外生存条件。
3. 立意明确，风格独特。
4. 图纸绘制规范。
5. 花坛的位置和形式：花坛的设置主要根据当地的环境，因地制宜地设置。
6. 花坛的高度应在人们的视平线以下，使人们能够看清花坛的内部和全貌。
7. 花坛的色彩相互配合协调。

五、作业

1. 花坛设计图纸一套。
2. 设计说明书一份。

实训四　花境设计

一、实训目标

了解花境设计特点、基本要求和花境分类，掌握花境设计方法及植物配置形式。

二、材料与用具

测量仪器、绘图工具等。

三、方法与步骤

1. 对花境布置区域环境特点进行有针对性的调查。
2. 对设计对象进行分析，测量并进行计算。
3. 选择配置形式和植物种类。
4. 绘制花境平面图、立面图、效果草图。

四、实训要求

1. 整体构图必须严整，还要注意一年中的四季变化。
2. 植物选择适宜当地室外生存条件。
3. 立意明确，风格独特。
4. 图纸绘制规范。
5. 图面内容完整，构图合理，清洁美观。

五、作业

1. 单面观或双面观花镜设计图纸一套。
2. 设计说明书一份。
3. 做出植物统计表。

第五章　园林植物造景设计基本程序

[学习目标]

1. 了解园林植物景观设计基本程序，掌握每一程序的基本要求与工作方法。

2. 能够综合运用所学的园林植物造景知识，进行园林植物造景规划方案构思和相关图纸的绘制。

进行一个项目的植物造景，必须按照合理的程序进行。植物造景，是从植物总体规划开始到具体植物场景设计施工的一个完整、有序的过程。不同的设计阶段的工作重点不同，前一个阶段是后一个阶段的基础，因此各个阶段之间需要有良好的衔接。植物造景总体规划是与园林设计总体规划内容同时进行的，彼此之间相互联系。

在正式的植物景观设计之前，首先要根据不同场所的性质进行相应的考虑。要分析绿地规模、空间尺度、设计立意等问题，明确植物在空间组织、造景、改善基地条件等方面应起的作用，使园林设计能够表现优美的植物景观效果，或者对广场、建筑物、小品等起到装饰、衬托作用，改善环境，并且利于人们活动与游憩。

第一节　与委托方接触阶段

无论怎样的设计项目，设计者都应该尽可能的掌握项目的相关信息，并根据具体的要求对项目进行分析。一般在接到工程项目之后，首先应和委托方（甲方）进行了解和沟通，弄清委托方（甲方）的主要意图，并阐明设计者的基本思路，估算设计费用并讨论合约签订等事宜。

一、了解委托方（甲方）对项目的要求

通过与委托方（甲方）交流，了解委托方（甲方）对于植物景观的具体要求、喜好、预期的效果以及工期、造价等相关内容。

二、获取图纸资料

委托方（甲方）应向设计者提供基地的测绘图、规划图、现状树木分布位置图及地下管线图等图纸，设计者根据图纸确定以后植物可能的栽植空间及栽植方式，根据具体的情况和要求进行植物景观的规划设计。

三、获取基地其他信息

自然状况：地形、地质、水文、气象等方面的资料。

植物状况：此地区的乡土植物种类、群落组成及引种植物情况等。

人文历史资料调查：当地风俗习惯、历史传说故事、居民人口及民族构成等。

总之，设计者在接到项目后要多方收集资料，尽量详细、深入地了解项目的相关内容，以求全面地掌握可能影响植物生长的各个因子，从而指导设计者选择合适的植物进行植物景观的创造。

第二节　研究分析阶段

一、基地调查与测绘

1. 现场踏查

不管什么项目，设计者都要亲自到现场进行实地踏查。一者是在现场核对所收集到的资料，并通过实测对欠缺的资料进行补充。二者设计者可以进行实地的艺术构思，确定植物景观大致轮廓或造景形式，通过视线分析，确定周围景观对该地段的影响（图 5-1），“佳者收之，俗者屏之”。现场进行调查的基本内容如下。

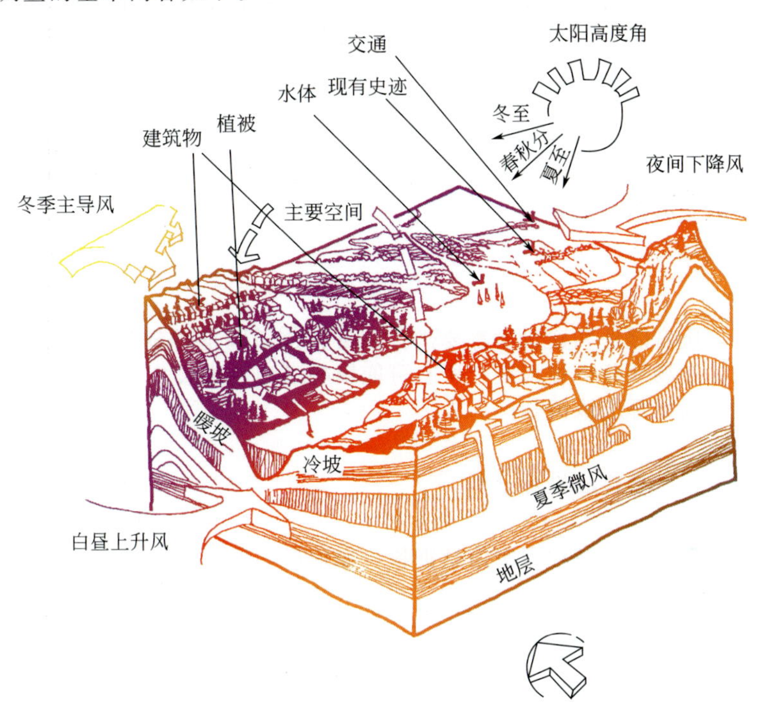

图 5-1　基地的影响因素

[引自：王晓俊. 风景园林设计（增订本）. 南京：江苏科学技术出版社，2004]

（1）自然条件　地形地势、风向、温度、植被、土壤、雨量、光照、水分等。

（2）人工设施　现有道路、建筑、构筑物、各种管线等。

（3）环境条件　周围的设施、道路交通、污染源、人员活动等。

（4）视觉质量　现有的设施、环境景观、视域、可能的主要观赏点等。

（5）人文环境　含栽植场地使用者的职业、性别、宗教等个人资料，相关法令、土地权属、场地范围、预算、植物市场，其他与目标相关特殊项目的调查等。

2. 现场测绘

如果委托方（甲方）无法提供准确的基地测绘图，或现有资料不完整或与现状有出入的则应到现场重新勘测或补测，并根据实测结果绘制基地现状图。基地现状图中应包含基地中现存的所有元素，如植物、建筑、构筑物、道路、铺装等。

通过实地勘测或查询当地资料，作出实地的平面图、地形图或剖面图、略图等。基本图需用简明易读的绘图技巧绘制，不宜太复杂、细致，保持图面的完整性及各部分图的图面连续性。详细的平面图，大面积测量，比例尺以（1∶3000）～（1∶5000）（等高线 5～20m）为宜，小面积基地以（1∶600）～（1∶1000）（等高线 1～5m）为宜，细部的花草等配植以（1∶50）～（1∶200）（等高线 0.5～1m）为宜。

二、基地现状分析

现状分析是设计的基础与依据，特别是对于与基地环境因素密切相关的植物，基地的现状分析更是关系到植物的选择、植物的生长、植物景观的创造、功能的发挥等一系列问题。一个好的设计分析从某种程度上决定了以后设计的成功与否。现状分析的基本任务是明确植物造景设计的目标，确定在园林设计过程中需要解决的问题。

（一）现状分析的内容

现状分析包括自然环境（地形、土壤、光照、植被等）分析、环境条件分析、景观定位分析、服务对象分析、经济技术指标分析等。由此可见，现状分析的内容比较复杂，要想获得准确的分析结果，一般要多专业配合，按专业分项进行，这样对基地的分析整理会得出不同的图名或标题，如地形调查分析；水体调查分析；土壤调查分析；植被调查分析；气象资料调查分析；基地范围、交通及人工设施调查分析；视线及有关的视觉调查分析等。一个优秀的设计师能够启发顾客的思路，从而使他们能够提供尽可能多的相关信息。在可能的情况下，人群需求的综合分析应该包括他们现在和将来的所有计划。

分析要以自然、人文条件之间的相互关系为基准，加上业主意见，综合研究后决定设计的形式以及设计原则和造型的组合等。

（二）现状分析的方法

1. 系统分析法

在场地分析中，所有园址和建筑物都要进行测量并连同园址特征的优缺点一起记录到纸上。测量必须非常精确。在场地分析过程中，所有可能影响场地的地役权，建筑缓冲带以及其他有关法律、法规所包含的因素都应该清楚。

2. 实验分析

实验分析主要是对土壤样品进行分析。

3. 图像分析

在绿化设计中，常常需要各种图像信息资料，如地形，地貌图，实地景物照片和录像，甚至遥感航测图、卫星照片等。根据这些资料也可获取现状用地信息，如地形、地貌特点、空间环境、现状景物等。能获取比现场踏勘更完整、更准确的信息，同时还可从整体上分析把握设计方案的脉搏。

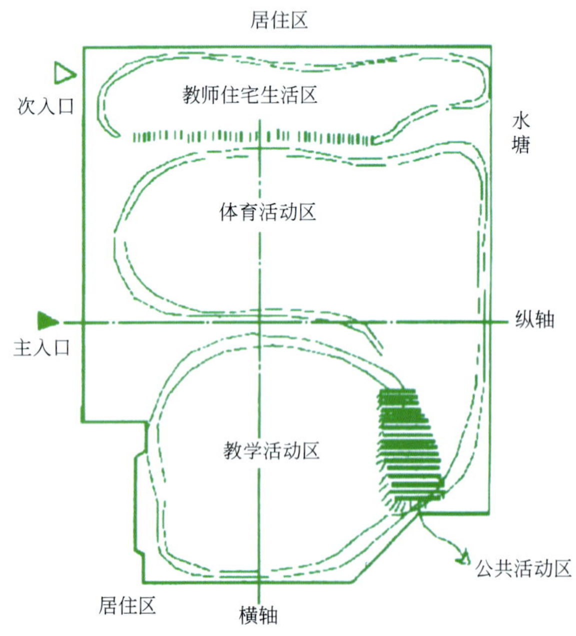

图 5-2　功能分析示意图
（引自：蒋中秋，姚时章. 城市绿化设计. 重庆：重庆大学出版社，2000）

4. 简图分析

用简明易读的绘图技巧绘制场地功能分析示意图、设计条件分析图，是设计师常用的手法，可以对基地有更深入的认识理解。以某小学绿化为例，从功能分区分析示意图（图 5-2）中，可以看出小学大体功能结构布局和周边环境条件，得出小学功能分区是合理的，布局符合用地现状条件。纵轴是学校的主景观轴和交通主流线，横轴则控制着整个学校的布局。教学区与体育运动区的重合部分是公用的区域，生活区与教学区设不同的出入口，减少了相互间的干扰。

从设计条件分析图（图 5-3）中，可以看出学校校园的主要功能布局和绿化设计的重点部位，从各功能分区的要求基本确定各自的绿化设计方向，从而为设计方案的构思形成打下了良好的基础。例如现状低洼地正好用作运动场和游泳池，这种设计是功能与用地的有机结合。教工住宅的南面是一块狭长的集中空地，可重点绿化作花园用；东北角上为死角，宜作绿地考虑；学校外围除围墙外，还应考虑线状遮挡植物；主轴线为重点绿化地段，宜作立体设计；入口小块集中空地因紧邻出入口而显得极为重要，应精心设计；教学区操场以功能为主，绿化则突出花坛、疏林草地等陪衬景物。

当基地面积较小或性质较单一时可将它们合画在同一张图上。较大规模的基地是分项调查的，因此基地分析也应分项进行，最后再综合。如生态因子叠图法（图 5-4），首先将调查结果分别绘制在基地底图上，一张底图上只作一个单项内容（如地形、水体、土壤、植被等），然后将诸项内容叠加到一张基地综合分析图上，标明关键内容。

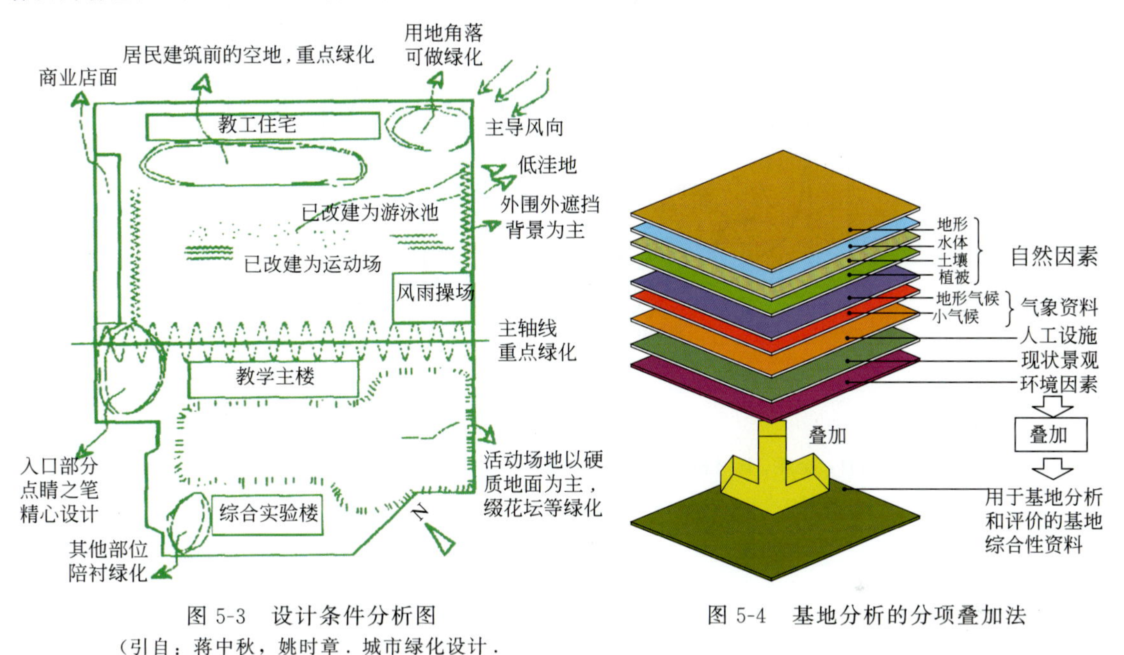

图 5-3　设计条件分析图
（引自：蒋中秋，姚时章．城市绿化设计．重庆：重庆大学出版社，2000）

图 5-4　基地分析的分项叠加法

（三）现状分析图

现状分析图主要是将收集到的资料以及在现场调查得到的资料利用特殊的符号标注在基地底图上，并对其进行综合分析和评价。本实例将现状分析的内容放在同一张图纸中，这种做法比较直观，但图纸中表述的内容较多，所以适合于现状条件不是太复杂的情况，如图 5-5 所示。图中包括了主导风向、光照、水分、主要设施、噪声、视线质量以及外围环境等分析内容，通过图纸可以全面了解基地的现状。现状分析的目的是为了更好地指导设计，所以不仅仅要有分析的内容，还要有分析的结论（图 5-6）。

第三节　设计构想阶段

面对繁多的植物种类，怎样选择、组合、布置，达到从每个可能的观赏角度均有良好效果，实现植物景观功能，设计师需要面对许多的抉择。因此，在设计构想环节，许多人认为是只可意会，很难言传。但科学、完整的植栽设计活动，可以使设计师全面地考虑问题，避免许多误区的产生。

一般的植物造景设计思路遵循从具体到抽象，采用提炼、简化、精选、比较等方法进行。从整体到局部，在总体控制下，由大到小、由粗到细，逐步深入。从平面到立面，主要力量应放在总平面图研究上。从功能到景观，做到功能合理、艺术和谐。通过设计构思完成植物景观功能定位、景观类型、种植方式、栽植位置、植物种类与规格的确定。在植栽重要程度的基础上，确定植栽所占面积大小和空间尺度。

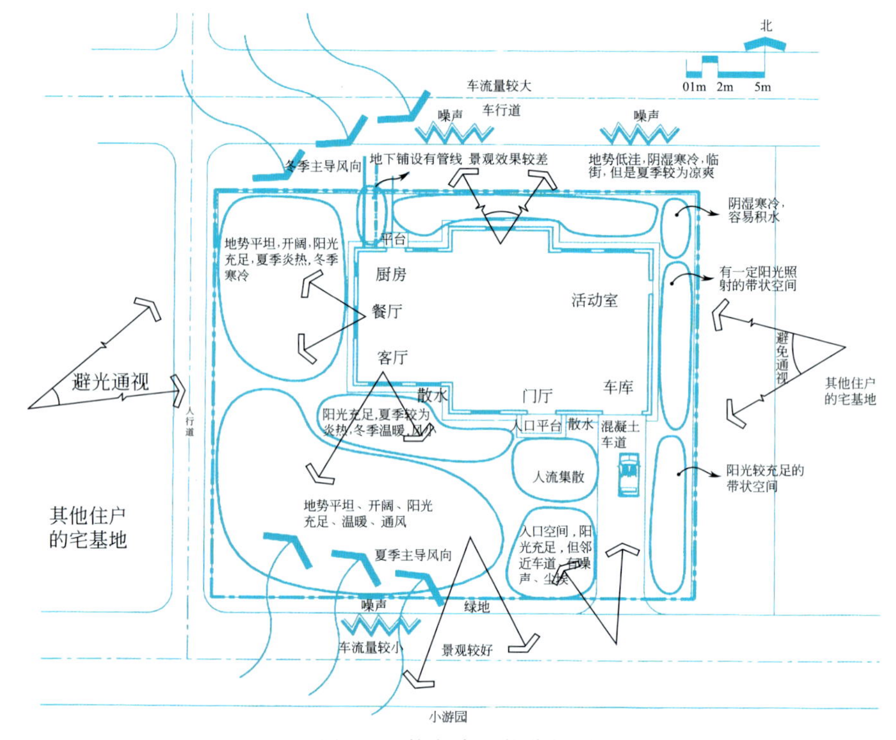

图 5-5 某庭院现状分析图

（引自：金煜．园林植物景观设计．沈阳：辽宁科学技术出版社，2008）

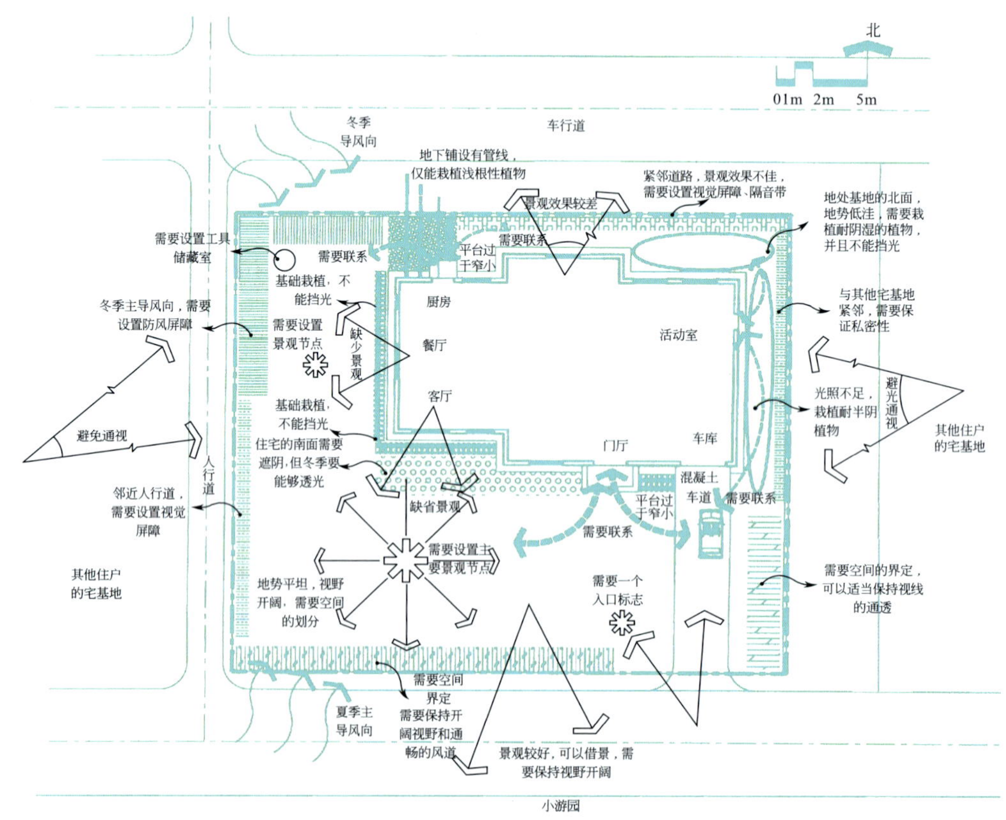

图 5-6 某庭院设计条件分析图

一、确定设计主题或风格

确定植栽设计的主题或风格即立意的过程，遵循意境主题景观和植物空间景观的塑造原则。主题可以考虑活泼愉快，或庄严肃穆，或宁静伤感。植栽的风格，可以考虑为自然式、规则式或自由式；或者确定主题园，例如草本植物园、药用植物园、芳香园等。植物空间立意应根据特殊环境形成相应主题。园林植物四时景色丰富，清代《花镜·自序》描写春日“海棠红媚”、夏日“榴花烘天”、秋时“霞升枫柏”、冬至“蜡瓣舒香……檐前碧草……窗外松筠”，可谓园林景色，借花木而四季不绝。所以在高地或高台宜形成秋景，应登高秋望或秋高气爽之意，植物以秋色叶落叶乔木为主，以红黄寓秋实；在洼地或湿地形成夏景，植物以高大浓荫的落叶和常绿乔、灌木为主，来营造浓荫、繁茂的夏季景观，如果蓄养蛙、蝉或飞鸟、鸣禽，可以形成“蛙声悠扬”或“蝉噌林愈静”的意境，在城市中形成田园风光；在地形多变处，可以形成春景，遍植各类开花灌木，花开时节姹紫嫣红，凸显生机勃勃，山花烂漫的春意。

二、功能分析，明确造景设计目标

1. 功能分析

设计工作的语言主要是通过图纸来表达。设计师的分析也是通过图纸完成的。合理功能分析是设计构思阶段的核心任务。先把前阶段现状调研分析的结论和建议均反映在图中，并研究设计的各种可能性。这样做的目的，是在设计所要求的主要功能和空间之间求得最合理、最理想的关系。进一步分析意义，是它有效地帮助设计创作工作，保证使用上的合理性，消除可能产生于功能与空间等各方面的矛盾。

合理功能分析是以抽象图解方式合理组合各种功能和空间确定相互间的关系，它就是设计师通常所说的“气泡图”或“方框图”。在这一步骤中，只有简单的图形、符号和文字，而没有实际意义的方案，是一种概念性初步设计（图 5-7、图 5-8、图 5-9）。

在分析图中，设计师应考虑下述一些问题。

（1）项目的主要功能分析　如何划分主要功能与次要辅助功能，其空间要求如何？是封闭还是开敞？

（2）各种功能、空间之间的关系分析　什么样的功能？空间联系紧密或是分隔、分离？

（3）人流、车流的流向、流线分析　什么地方人流集中？人流来向？什么地方车流量大或需设置停车场？人车流如何避免相互干扰？如何分散？

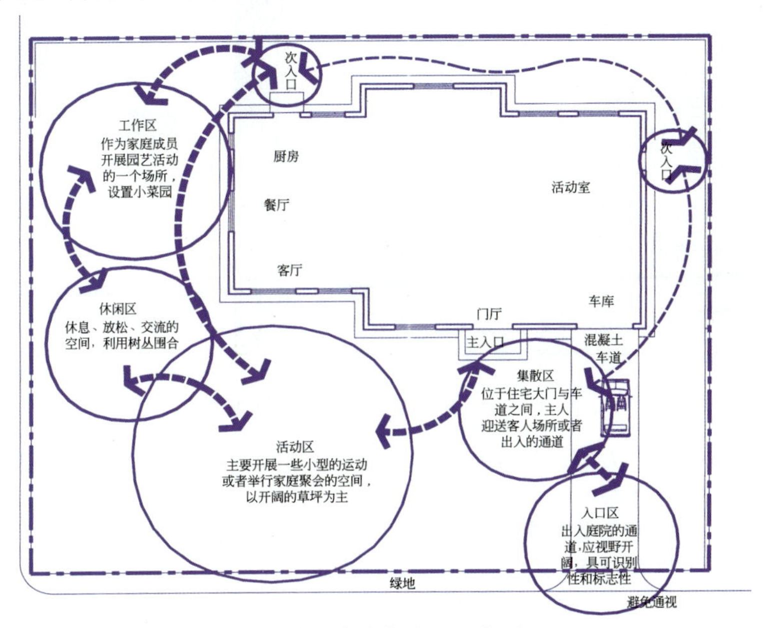

图 5-7　某庭院功能分区示意图

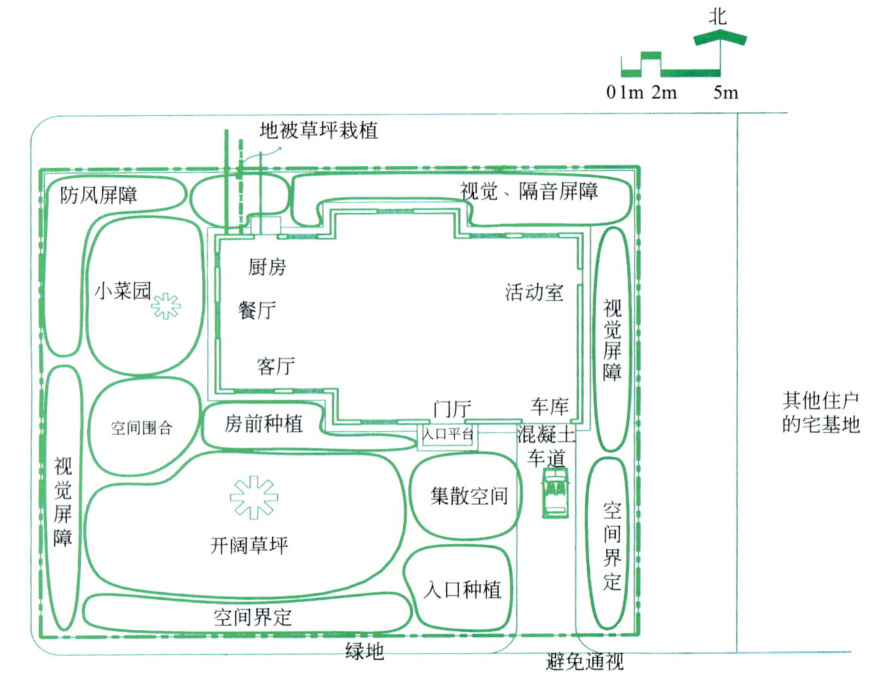

图 5-8 某庭院设计植物功能分区图

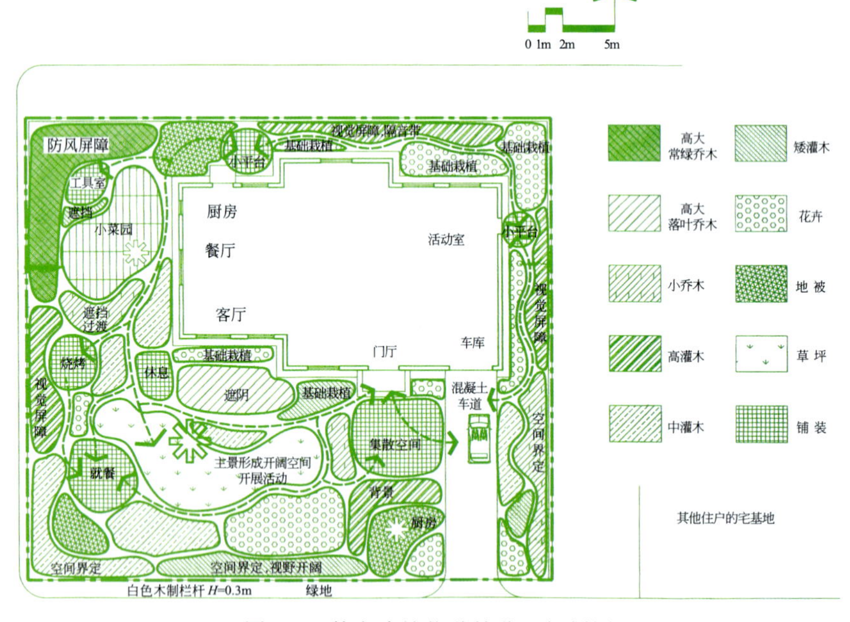

图 5-9 某庭院植物种植分区规划图

(4) 景观视线分析　人们如何方便使用？空间联系如何紧凑合理？景观视线如何组织才有可能达到良好效果或最佳效果？

(5) 主题表现　根据主要功能确定设计主题是什么？如何烘托主题？

合理功能分析可以在草图上绘制多幅，进行比较，不受实际地形限制，一般应表示出：主要功能和其他功能的关系；空间开、合需求；主要景观及视域空间分析；人、车流线分析，客源来向，主要交通流线；绿化主体树种的选定与分布。

合理功能分析的各种可能的配置都应加以研究，除较简单、明显的问题外，设计师应不拘一格地尝试多种组合（图 5-10、图 5-11）。

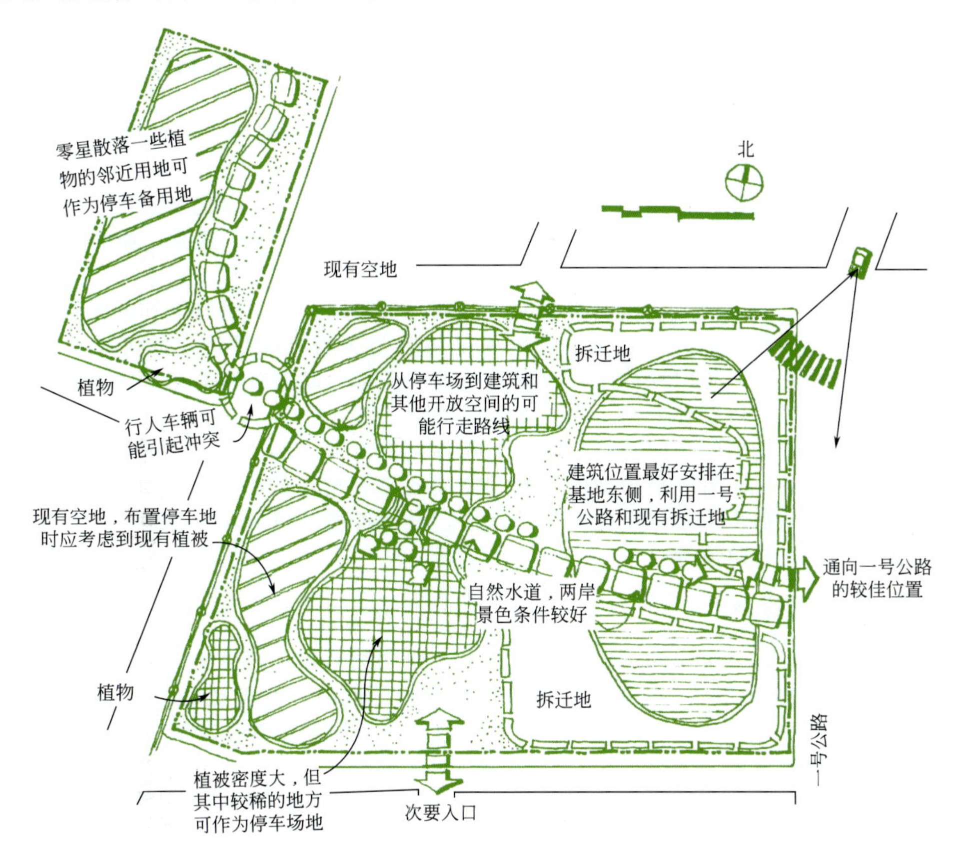

图 5-10　某基地现状条件及分析

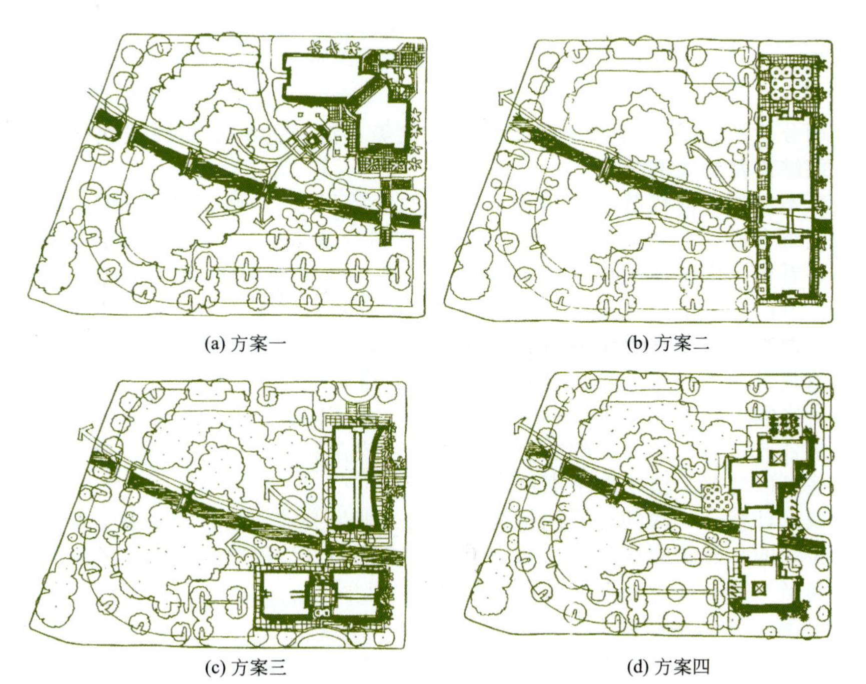

图 5-11　根据基地条件做的四个不同方案

在合理功能分析的基础上，结合实际地形和功能需求，进一步地做出适合基地的功能布局分析。在这一环节，要注意按比例和客观存在来构思。

2. 造景设计目标确定

在基地分析的基础上，了解植栽在整体景观设计中的功能作用，从而得出设计要解决的问题，亦即造景设计目标。可能为下列目标之一或组合。

(1) 考虑配合场地景观的机能需求，发挥植栽的功能　例如利用植栽的隔离作用，减轻强风、噪声及不良视景的影响。

(2) 改变场地的微气候　选用适合场地生态条件，且具有美化、绿化及实用价值的植栽。

(3) 塑造场地景观独特的植栽意象　利用植物不同的树形、色彩、质地，配合场地景观作适当的配置，以建立场地的特殊风格。

(4) 提高场地及其周围地区环境的视觉品质　利用植栽细密的质感与柔和的线条，缓和建筑物及硬质铺面所造成的心理上的压迫感。同时考虑植栽是否需要满足特定的美学要求，例如需要开朗热烈，宁静私密，还是肃穆端庄。考虑季节性的变化，以创造四季花木扶疏的美的景观意象。人的注意观赏路线、角度和方向也需要在此时确定。

(5) 利用植栽塑造场地的空间意象　配合景观设施的设置，利用植栽组成不同形式的空间，以提供多样性的视觉景观。可以对植栽的序列和空间效果有初步的构思，例如采用渐进式序列，还是间隔式序列。空间初步形态也于此时浮出水面，设计者可以初步确定使用哪些植栽形式，例如棚架、花廊、树丛、林荫道等。

三、植物景观构图设计

所谓“构图”即组合、布局的意思。园林植物造景构图，不但要考虑平面，更要考虑空间、时间等因素，要遵循构图规律。在保持各自的园林特色的同时，更要兼顾到每个植物材料的形态、色彩、风韵、芳香等特色，考虑到内容与形式的统一，使观赏者在寓情于景、触景生情的同时，达到情景交融的园林审美效果。

植物景观构图设计，应在植物景观功能分区的基础上，考虑各功能区内植物景观的组成类型、种植形式、大小、高度及形态。

1. 植物组合与布局

根据植物种植分区规划图选择植物景观类型，应用树木、花卉、草坪、藤本与地被植物进行合理组合，构成层次丰富、类型多样的景观空间。常见组景模式如图 5-12、图 5-13、图 5-14 所示。

2. 立面设计

通过立面图分析植物高度组合是否能够形成优美、流畅的林冠线和层次变化，还可以判断这种组合是否能够满足功能需要。

用大小长短不一的方框代替单体植物成熟时的大致尺寸。画出哪里用树，哪里用高、低灌木，将这些方框组合成一个和谐的立面（图 5-15）。研究表明，人的观赏角度和距离决定人眼所能组合在一起、看作一个整体的单个物体的数目是六个，人所处的距离也使人能观赏到的横向距离发生变化，所以，一个立面里所包括的植物方框不超过六个，当然，大型的植栽设计立面可以由若干个小立面组成。通常小型的植栽设计，例如植栽小品或小型的花坛，只需一个立面组合即可；大型的植栽设计则一般需要三个到五六个组合合并。

组合与组合之间可以是在立面上拉开的关系，也可以在立面上互相遮挡，在平面上呈前后关系。低矮的组合放在前面，高些的灌木或树木组合放在后面。植物方框或立面组合之间可能会互相遮挡，这些可以理解为植物在平面深度上的变化。

一般的植栽设计组合，两到三层的植物深度就可满足要求。通常需做几个立面进行研究。最重要的是确定植栽的总外轮廓线。精心设计的外轮廓线能保证整个设计与基地的比例正确，搭配完整，总体和谐（图 5-16、图 5-17）。

3. 形状、色彩、质地的搭配

完成立面空间的设计后，可以考虑进行形状、色彩、质地的比较和搭配，它们是获得变化的重要手段（图 5-18）。

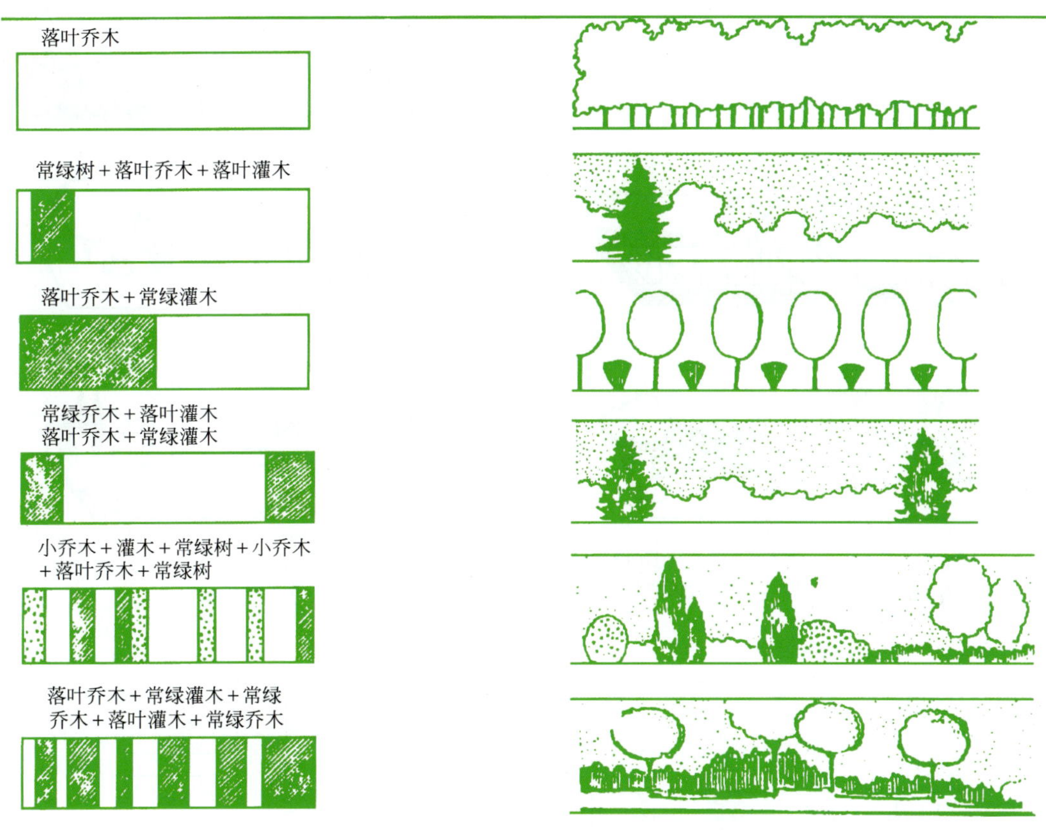

图 5-12　植物组景模式一

（引自：陈祺，周永学．植物景观工程图解与施工．北京：化学工业出版社，2008）

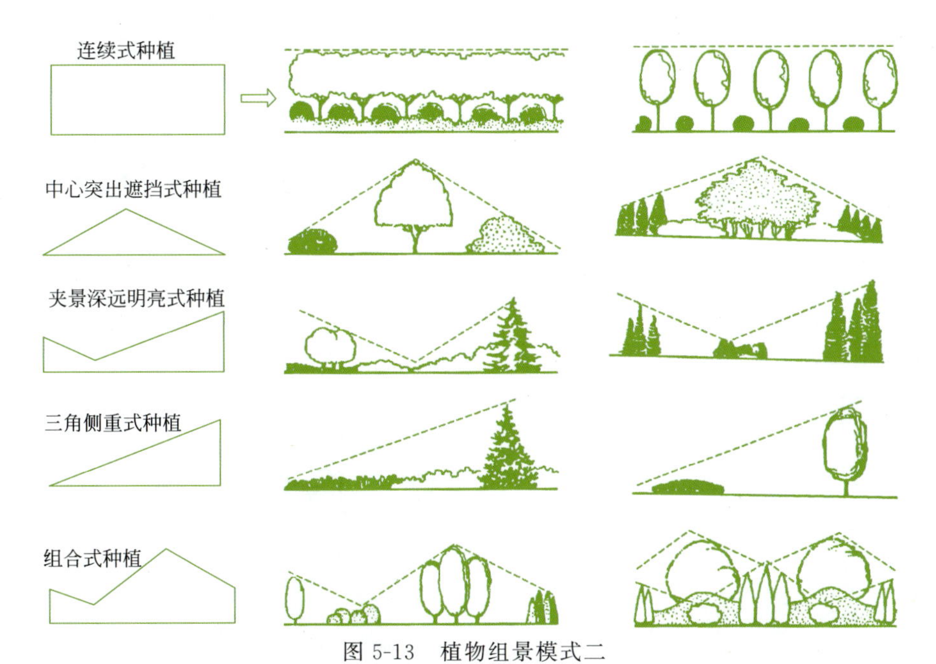

图 5-13　植物组景模式二

（引自：陈祺，周永学．植物景观工程图解与施工．北京：化学工业出版社，2008）

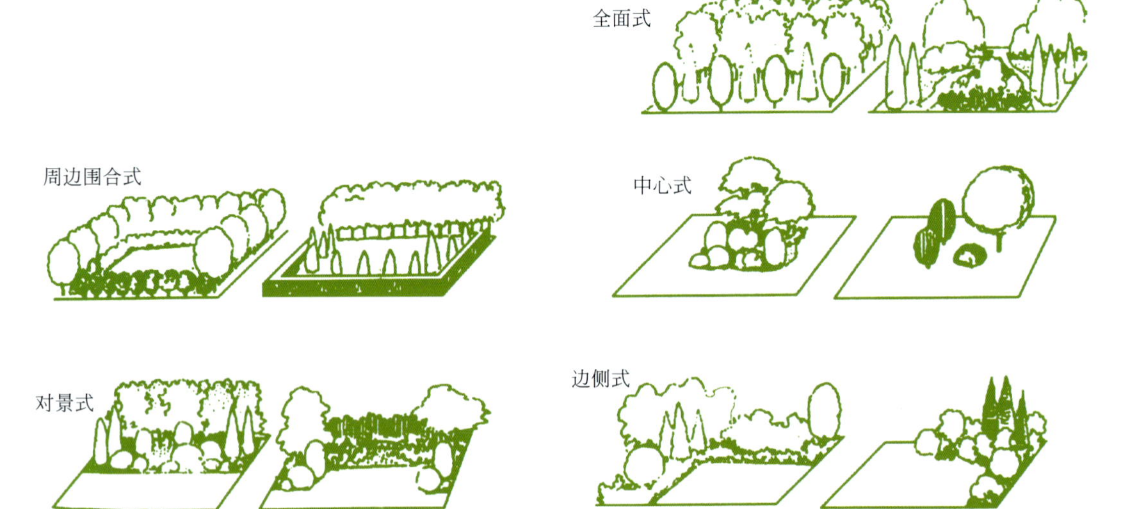

图 5-14　植物组景模式三
(引自：陈祺，周永学．植物景观工程图解与施工．北京：化学工业出版社，2008)

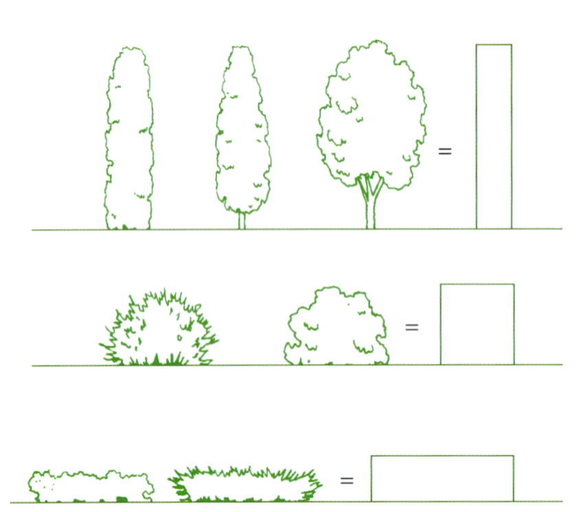

图 5-15　用几何形状代替植物的立面形状
(引自：陈英瑾，赵仲贵．西方现代景观植栽设计．北京：中国建筑工业出版社，2006)

图 5-16　从立面构成到平面布置
(引自：陈英瑾，赵仲贵．西方现代景观植栽设计．北京：中国建筑工业出版社，2006)

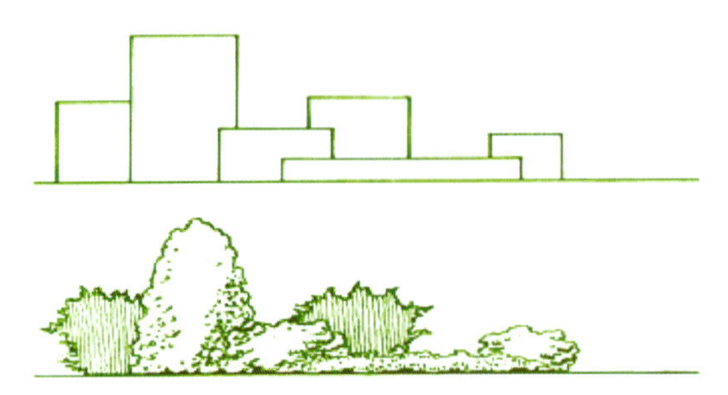

图 5-17　抽象的立面组合演化为不同的植物组景形式示意图

(a) 形状、大小、质感、色彩的对比是配置中获得变化的重要手段

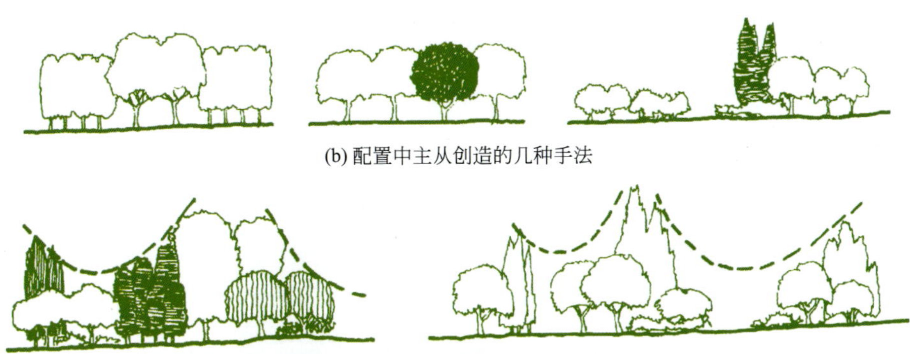

(b) 配置中主从创造的几种手法

(c) 配置中应注意整体构图的平衡

图 5-18 植物组景的基本方法

[引自：王晓俊．风景园林设计（增订本）．南京：江苏科学技术出版社，2004]

(1) 形状 用真正的植物轮廓（如金字塔形、花瓶形、铺展形等）代替原来抽象的方框。高的方框可以用乔木或针叶木的形状代替，低的方框则用高矮比例不一的灌木或草本植物形状代替。植物具有多种多样的形状，以乔木而言，反映在起始立面上可能是一个简单的瘦长方形，但是落实到具体的植物形状上，就有圆形、下垂、椭圆形、花瓶形、竖直形、圆柱形、金字塔形等变化。加上灌木和草本的各种形状，以及常青植物和落叶植物之间的互换，形状的研究可以产生很多种变化。形状立面完成时，要满足重复、变异、强调等设计原则。

(2) 色彩 园林景观色彩设计不管追求的是怎样的风格，从开始到结束都要贯彻对比和调和的设计原则，要满足人眼视觉平衡的要求。色彩对人具有较大的影响力，需要用彩笔在立面上做各种对比试验。色彩与园林意境的创造、空间构图以及空间艺术表现力等有着密切的关系。现代城市园林中以色彩为主体的景点也很多。在广场或公路绿化中，多用彩色矮篱组成各种图案，即所谓“城市色块”。另外还有以各种不同秋色叶类植物群植在一起展现秋季的绚丽色彩，如北京香山植物园的“绚秋园”。植物色彩的设计在园林景观色彩设计中显得相当重要，应用时应考虑以下几点。

① 整体性 在园林景观中，植物与一般其他景观要素一起出现的，即和建筑、小品、铺装、水体等景观元素一起出现，此时植物有处于支配地位或是次要地位两种情况。另外一种情况就是植物大面积或小面积作为单独观赏对象出现。这里，主要分析的是当植物处于支配地位和作为单独观赏对象时的配色处理，但不管任何情况，植物色彩设计都不能单独进行，要从整体色彩效果出发。

② 绿色基调 不管任何季节，植物都不会少得了绿色，在植物色彩中它是绝对的主角。虽然由于季节和光线的原因，植物的绿色也会有深浅、明暗、浓淡的变化，但这些绿色也只是存在着一些明度和色相上的微差，当作为一个整体而出现时，是一种因为微差的存在而产生的调和

效果。所以布置植物材料尤其是大面积时，要以绿色为基调。当布置花坛时，绿色的叶由于明度较低而会作为“底”出现，彩度和明度较高的花朵作为“图”而跳了出来，这时，绿色的基调效果会有所减弱。

③ 点缀色　如不是为了特殊的效果，其他色彩一般作为点缀色而出现，点缀的方式有以下几种：成片涂抹，即把各种植物当作颜料一样在绿色的背景上挥洒，这种情况一般会用花卉或花灌木作为色彩的载体；以少胜多，即在绿色基调上的合适部位适当的点缀些对比色，这时，也可以将建筑、小品的色彩加进来，从明度上划分层次，营造空间效果。

④ 背景效果　背景色对植物的色彩配置有重要的作用。远山、蓝天、大面积的水面均可以像天幕一样充当植物色彩的背景，这三种背景色都属于灰色系，当配置植物作为前景时明度较高的色调比较合适，但前景和背景之间应该有适当中明度或低明度的色彩过渡。还要考虑色彩空气透视的效果，园林景观中的一些垂直景物，如墙面、绿篱、栏杆等也会充当植物的背景。这时，要根据背景的色彩特性，来配置植物色彩，如当背景是暖色调时，如在砖红色的墙根或屋角布置时，作为前景的植物色彩应是冷色调的；当背景是暖色调时，前景应为冷色调；绿色背景主要是利用观叶植物，选择枝叶紧密，叶色浓暗，终年常绿的树木为背景效果最好。绿色的背景，前面可以放置一些明亮色（白色、粉红色、黄色）的花坛，或开红色花的灌木，总之要是补色或是邻补色（图 5-19）。

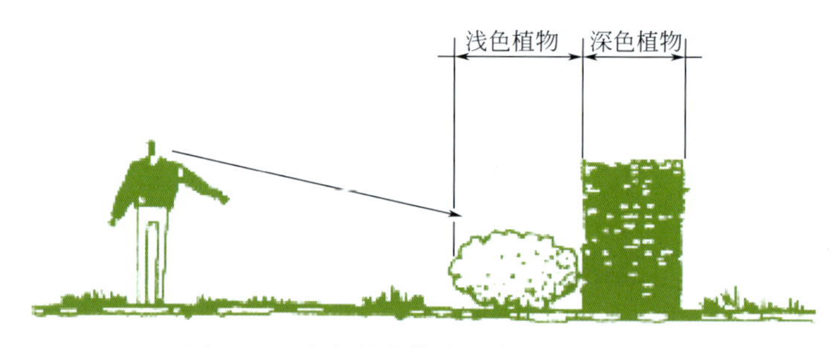

图 5-19　浅色植物作为深色植物的前景

图 5-20　中色植物作为深色、浅色植物的中介

⑤ 色彩的调和　当色彩设计进行到一定程度时，如果发现色彩过于单调或是对比过强，可以加入其他颜色使色彩趋向丰富和柔和。可以在色彩构图中加入无彩色、白色、灰色、黑色等，都能取得较好的调和效果（图 5-20）。如果加入有彩色时，则应选择色相接近，但能通过明度或彩度加以区分的色彩；或是明度、彩度接近，但能通过色相区分的色彩。取得色彩调和的方法是多样的，还需要设计者多观察，通过实践多进行总结，才能使色彩组合更丰富、更完善。

园林景观中经常会划分出不同的空间，空间和空间之间又需要有过渡，在做色彩设计时，也要把属于不同空间的色彩联系起来，使园林景观局部和局部之间取得色彩效果上的对比和调和。在园林景观布置形式方面，利用点、线、面、体来表现景物的动静、强弱、刚柔等姿态，使景物产生节奏感，与这些技法相对应，可以营造不同色彩的空间，使它们在色相、明度、彩度上有所区分，串联成具有节奏和韵律的色彩空间，如从一个红调空间—绿调空间—黄调空间—紫调空间—蓝调空间—橙调空间；从白调空间—灰调空间—艳调空间等。

（3）质地　如前所述，一般把植物质地分为粗质地、中质地和细质地三种。在植物方框中写上“粗”、“中”或“细”，或者用不同的填充方式在立面上比较效果，都是可行的方式。质地的分布有助于把植栽分化成必要的小组合，并且达到变异、强调等原则。在三种质地中，最引人注目的是粗质地。许多设计师喜爱在植栽组合的重点部分或边缘部分放置粗质地的植物，作为整个序列的高潮强调部分或结束。粗质地植物也经常位于植栽的后部，作为前部中质地和细质地植物的背景。粗质地植物不宜过多，一般一棵粗质地植物要用几棵中细质地的植物来平衡调和。

四、选择植物，详细设计

该环节属于园林植物种植设计的细部设计阶段，是利用植物材料使种植方案的构思具体化，包括详细的种植造景平面、植物的种类和数量、种植间距等。由于生长习性的差异，植物对光线、温度、水分和土壤等环境因子的要求不同，抵抗劣境的能力不同，因此在详细设计中应针对基地特定的土壤、小气候条件和植物选择过程进一步确定其形状、色彩、质感、季相变化、生长速度、生长习性、造景效果相匹配的植物种类。

（一）植物品种选择

通过前阶段的分析，对植物的大小、形状、质地、色彩都已经有了大致的概念，可以以此作为条件之一选择植物。此外，还要考虑以下因素。

1. 基地条件

（1）对不同的立地光照条件应分别选择喜阴、半耐阴、喜阳等植物种类。

（2）多风的地区应选择深根性、生长快速的植物种类。

（3）在地形有利的地方或四周有遮挡并且小气候温和的地方可以种些稍不耐寒的种类，否则应选用在该地区最寒冷的气温条件下也能正常生长的植物种类。

（4）受空气污染的基地还应注意根据不同类型的污染，选用相应的抗污染种类。

（5）对不同 pH 值的土壤应选用相应的植物种类。

（6）低凹的湿地、水岸旁应选种一些耐水湿的植物。

2. 基地功能

（1）遮阳　宜选树冠开展、枝叶茂密、分枝点高的树种。

（2）防风　一般植物或多或少皆具防风效果，但于特殊恶劣环境下，则无法成长，因此，宜选特殊的防风树种。

① 一般防风　宜选分枝低、枝干密的植物。

② 海岸防风　除一般防风树种的条件外，尚需深根系的树种。

③ 海岸砂地防风　除应选海岸防风树种外，在海滨砂地，尚需加植定砂植物。

（3）控制雨蚀　在雨量多且雨蚀强的地方宜选枝叶密、浅根性及须根多的常绿树种及具水土保持作用的蔓藤花卉或草本花卉。

（4）隔离　为达到营造私密空间、屏障不良视线或控制动线的目的，宜按设计所需隔离的高度及密度，选用具有刺、枝干多或枝条较硬等特性的植物。

（5）防强光　于砂地、人工铺面及近水面易反光之处，宜选质感重的浓绿遮阳树种。

（6）防空气污染　在空气污染严重的地区，宜视污染的性质，选择适当的抗污染植物。

（二）植物配置设计要点

1. 植物种类处理

保存现有植被；选择的每一种植物应符合预期功能；树木是基础。

2. 实用功能应用

种植中层树充当低空屏障，既可挡风，又可增添视觉趣味；用灌丛作为补充的低层保护和屏障；把藤蔓植物作为网状物和帘幕；在底层地面上种植地被植物，以保持水土，界定道路和利用区，以及在需要的地带布置草皮；在地面物体或建筑易造成影响的地方封闭式布置树丛或压缩树距；隐藏停车场、仓库及其他服务设施；弥补地形形态；利用植物构成空间。

3. 艺术处理

用冠荫树统一场地；选择作为主题基调树种的类型应当是中等速生的，而且无需太多管理就能长势良好的本土树种；利用辅调树种来补充基调种植，以及在较小尺度内构筑场地空间；恰当地利用补充树种来划分或区分出具有独一无二的景观特质的区域；用基调树木强化大片种植中的“突出点”；布置树丛提供景致以及扩大开放空间；利用逐渐形成的空间序列来围绕和连接不同的场地功能区；避免杂乱多样的基础种植；避免多种植物类型的分散。

4. 道路布置

利用树木来覆盖交通线路；对交通道路的结点给予重视；在道路的交叉口要保持视线的通畅；对任何街坊区和活动中心，都应创造一个富有吸引力的道路入口；扩展路边种植；用树木强化小径或大道的走向效果；给小路及自行车道阴凉和情趣。

5. 生态环境设计

在所有景观种植中都要考虑气候控制；设置植物屏障来遮挡不雅景致，消除强光，降低噪声；沿洼地和水道布置植被；外来物种应被限制在经过良好改善的区域中。

（三）植物详细设计方法

详细设计阶段应该从植物的形状、色彩、质感、季相变化、生长速度、生长习性等多个方面进行综合分析，以满足设计方案中各种要求。对照设计意向书，结合现状分析、空间功能分区、初步设计阶段的工作成果，进行设计方案的修改和调整，最后作出种植设计平面图（图 5-21）。详细设计应注意以下几点。

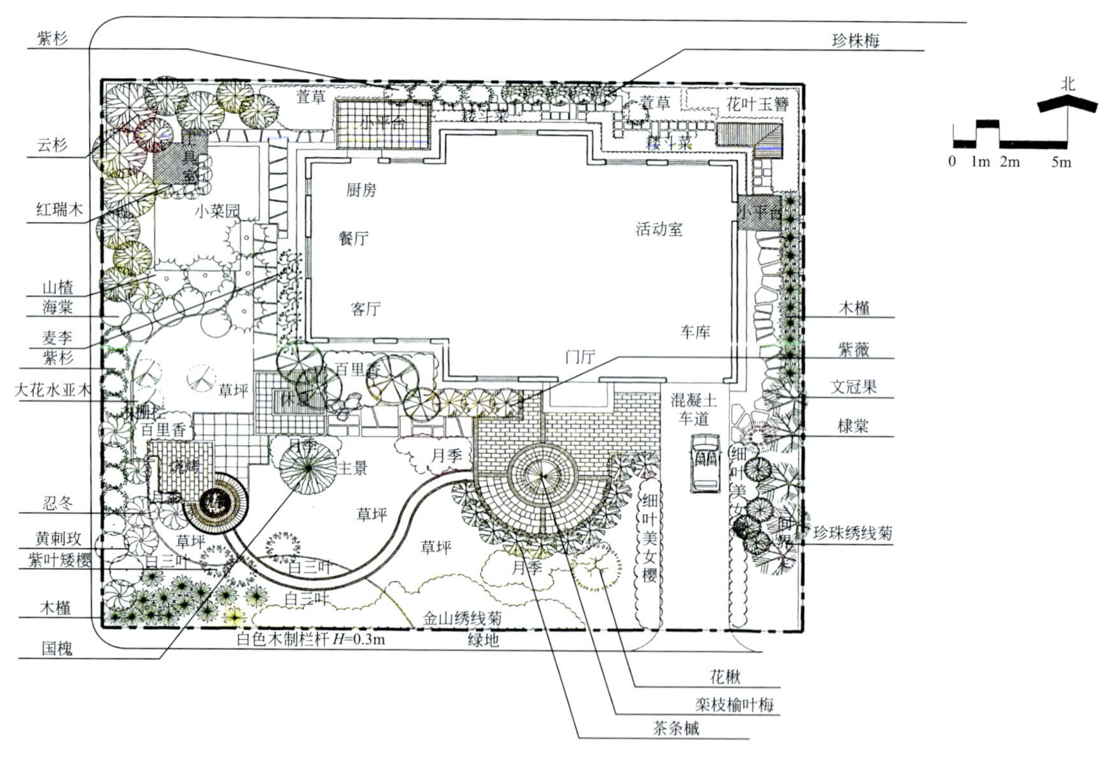

图 5-21　某庭院植物配置平面图

1. 植物成熟度

在群体中的单体植物，其成熟程度应在 75%～100%。设计者是根据植物的成熟外观进行设计，而不是局限于眼前的幼苗大小，以及最终成熟后的外貌，以便将单体植物正确地植于群体之中。

2. 密度

在群体中布置单体植物时，应使它们之间有轻微的重叠。单体植物冠径的相互重叠基本上为各植物冠径的 1/4～1/3。

3. 植物大小之间搭配

应首先确立大中乔木的位置，这是因为它们的配置将会对设计的整体结构和外观产生最大的影响。一旦较大乔木被定植后，小乔木和灌木才能得以安排，以完善和增强乔木形成的结构和空间特性。较矮小的植物就是在较大植物所构成的结构中展现出更具人格化的细腻装饰。由于大乔木极易超出设计范围和压制其他较小因素。因此，在小的庭院中应慎重地使用大乔木。大乔木在景观中还被用来提供阴凉，故在种植时应在空间或建筑物的西南、西面或西北面。

4. 植物的品种搭配

在设计布局中应认真研究植物和植物搭配，在选用落叶植物时，首先考虑其所具有的可变因素。在使用针叶常绿植物，必须在不同的地方群植、避免分散。这是因为它在冬天凝重而醒目，太过于分散，务必导致整个布局的混乱感。在一个布局中，落叶植物和针叶常绿植物的使用，应保持一定比例平衡关系，针叶植物所占的比例应小于落叶植物。最好的方式就是将两种植物有效地组合起来，从而在视觉上相互补充。

5. 选择植物种类或确定其名称

在选取和布置各种植物时，应有一种普通种类的植物，以其数量而占支配地位，从而进一步确保布局的统一性。按通常的设计原则，用于种植支配的植物种类，其总数应加以严格控制，以免量多为患。

6. 局部调整

设计者在完成群体和单体布局后，还应该考虑到设计的某些部分是需要变更的。从平面构图角度分析植物种植方式是否适合；从景观构成角度分析所选植物是否满足观赏的需要，植物与其他构景元素是否协调，这些方面最好结合立面图或者效果图来分析。在布局中可以采用群植或孤植形式配置植物，但必须与初步设计中选取的植物大小、形态、色彩以及质地等相吻合，同时还应考虑阳光、风及各区域的土壤条件等因素，核对每一区域的现状条件与所选植物的生态特性是否匹配，是否做到了“适地适树”。最后，进行图面的修改和调整，完成植物种植设计详图，并填写植物表，编写设计说明。

第四节　设计表达阶段

一、设计图表达

设计表达的基本语言是图纸，完整的园景细部设计图纸应包括地形图、分区图、平面配置图、断面图、立面图、施工图、剖面图、鸟瞰图等。细部设计包括：种植设计、园景设施设计等。种植设计完成后要表现在图纸中。种植设计图是种植施工的依据，包括种植设计表现图、种植平面图、详图以及必要的施工图解和说明。由于季相变化，植物的生长等因素很难在设计平面中表示出来，因此，为了相对准确地表达设计意图，还应对这些变动内容进行说明。

1. 种植设计表现图

种植设计表现图不讲求尺寸、位置的精确，而重在艺术地表现设计意图，以求达到造景的效果与美感。如平面效果图、立面效果图、透视效果图、鸟瞰图等（图 5-22～图 5-25）。

2. 种植平面图

设计表现图可以适当表现，但种植平面图因施工的需要应简洁、清楚、准确、规范，不必加任何表现。种植平面图应包括植物的平面位置或范围、详尽的尺寸、种植的数量和种类、艺术的规格、详细的种植方法、种植坛和台的详图、管理和栽后养护期限等图纸与文字内容。种植平面图应表明每种植物的具体位置和种植区域。

树木的位置可用树木平面图的圆心点或过圆心的短“十”字线表示，在图面上的空白处用引线标明植物个体或群体的种类，也可只用数字或代号简略标注。同一种树木群植或丛植可用细线将其中心线连接起来统一标注。随图应附所用植物名录，此名录中应包括与图中一致的编号或代号、普通名称、拉丁学名、数量、尺寸及备注。

很多低矮的植物常常成丛栽植，因此在种植平面图中应明确标出种植坛或花坛中的灌木、多年生草花或一二年生草花的位置和形状，坛内不同的种类用不同的线条轮廓来加以区分。在组成复杂的种植群体内还应明确划分每种类群的轮廓、形状，并标注上数量代号，覆上大小合适的格网等，灌木的名录内容和树木相似，但需加上种植间距或单位面积内的株树。

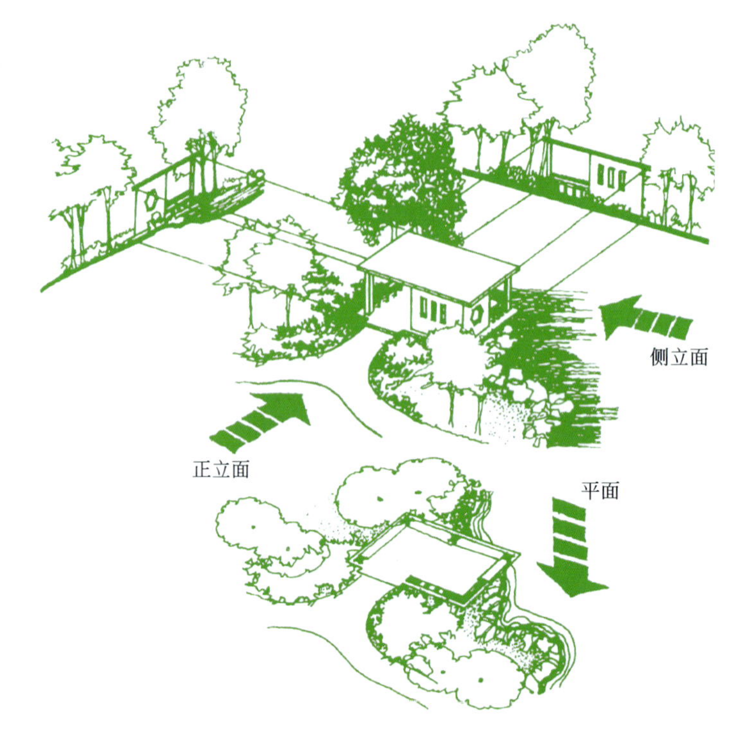

图 5-22 园景的平面、立面图
[引自：王晓俊．风景园林设计（增订本）．南京：江苏科学技术出版社，2004]

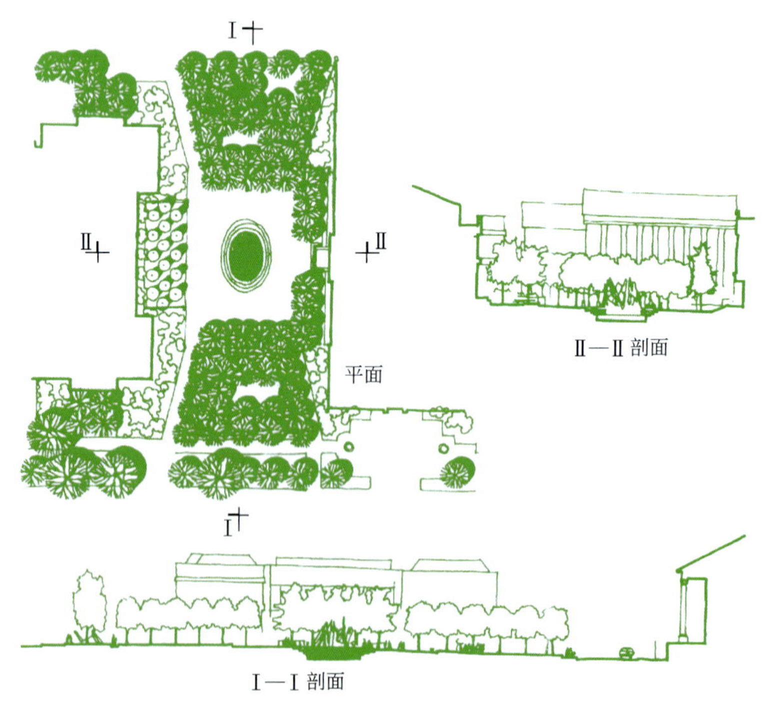

图 5-23 园景的平面和剖面图

图 5-24　园景立面表现图

图 5-25　植物造景透视效果图

草花的种植名录应包括编号、俗名、学名、数量、高度、栽植高度及花色、花期等。

种植设计图常用比例如下。

林地 1∶500。

树木种植平面图　1∶100～1∶200。

灌木、地被物　1∶50～1∶100。

复杂的种植平面及详图≥1∶50。

种植图的比例应根据其复杂程度而定，较简单的可选小比例，较复杂的可选大比例，面积过大的种植宜分区作种植平面图，详图不标比例时应以所标注的尺寸为准。在较复杂的种植平面图中，最好根据参照点或参照线作网格，网格的大小应以能相对准确地表示种植的内容为准（图5-26～图5-28）。

图 5-26 某场地植物种植设计表现图

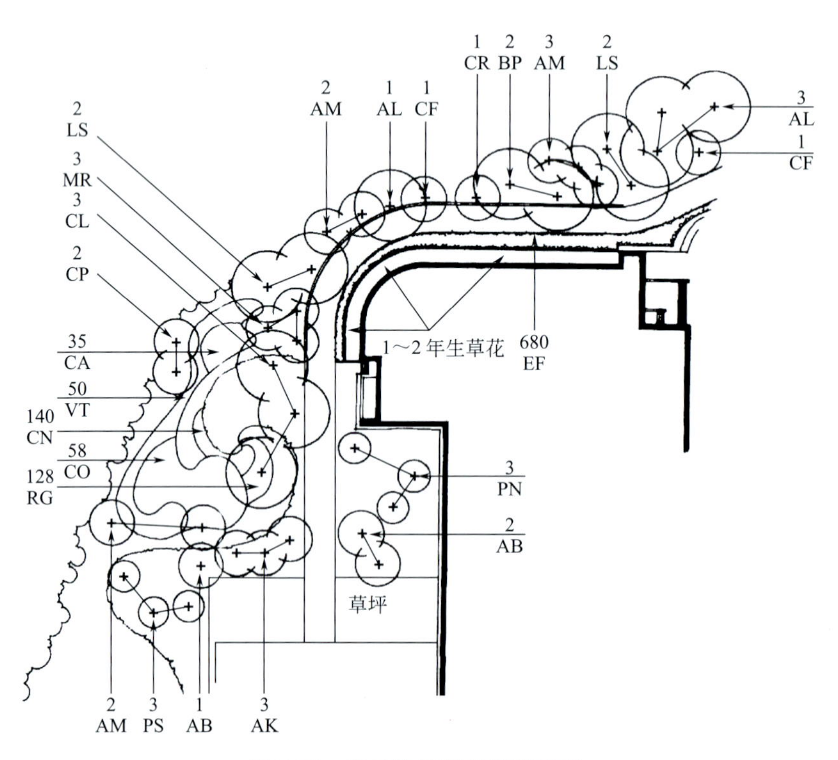

图 5-27 某场地植物种植平面图

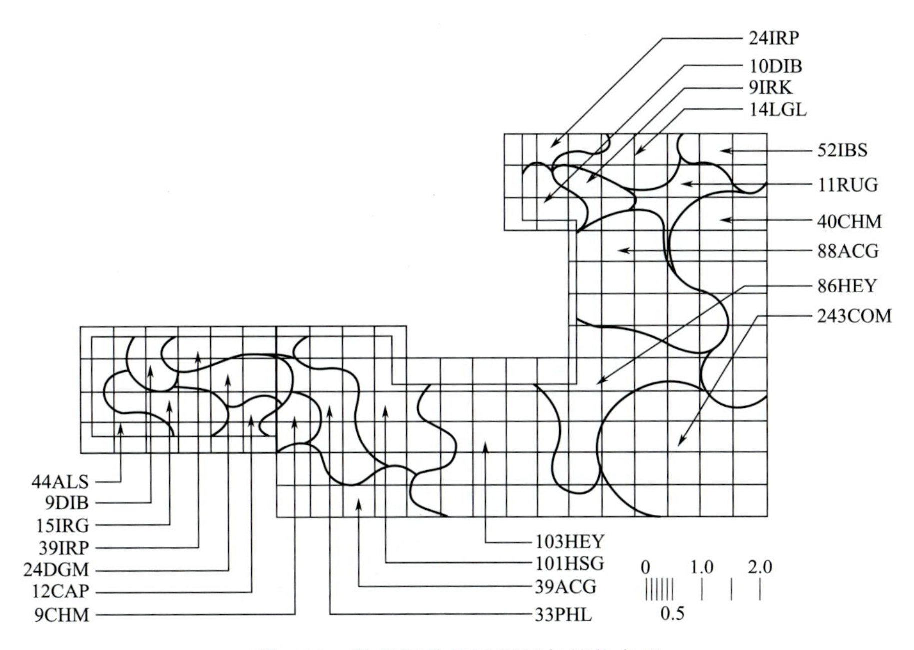

图 5-28 某花坛种植平面图与植物名录

花坛主要花卉植物配置名录见表 5-1。

表 5-1 花坛主要花卉植物配置名录

代　号	种名	数量	花期	花色	株距/mm	植株高度/mm
ACG	蓍草	127	7～8	黄	200	900
ALS	庭荠	44	5	黄	150	300
CAP	桃叶风铃草	12	7～8	白	200～250	600
CHM	大滨菊	49	7～8	白	300	400～700
COM	铃兰	243	4～5	白	150	200～300
DIB	荷苞牡丹	19	5～6	粉红	250	500
DGM	多榔菊	24	4～5	黄	200	370
HEY	萱草	189	7～8	橘红	450	700
HSG	玉簪	101	8	白	150	450
IBS	常青屈曲花	52	5	白	150	300
IRG	德国鸢尾	15	5～6	蓝	300	600～900
IRK	鸢尾	9	6～7	白	250	900
IRP	银苞鸢尾	63	4～5	白	150	300～350

3. 种植详图

种植平面图中的某些细部的尺寸、材料和做法需要详图表示。如不同胸径的树木需带不同大小的土球，根据土球大小决定种植穴尺寸、回填土的厚度、支撑固定框的做法和树木的整形修剪及造型方法等。用贫瘠土壤作回填土时需适当加些肥料，当基地上保留树木的周围需挖土方时应考虑设置挡土墙。在铺装地上或树坛中种植树木时需要作详细的平面或剖面以表示树池或树坛的尺寸、材料、构造和排水（图 5-29、图 5-30、图 5-31）。

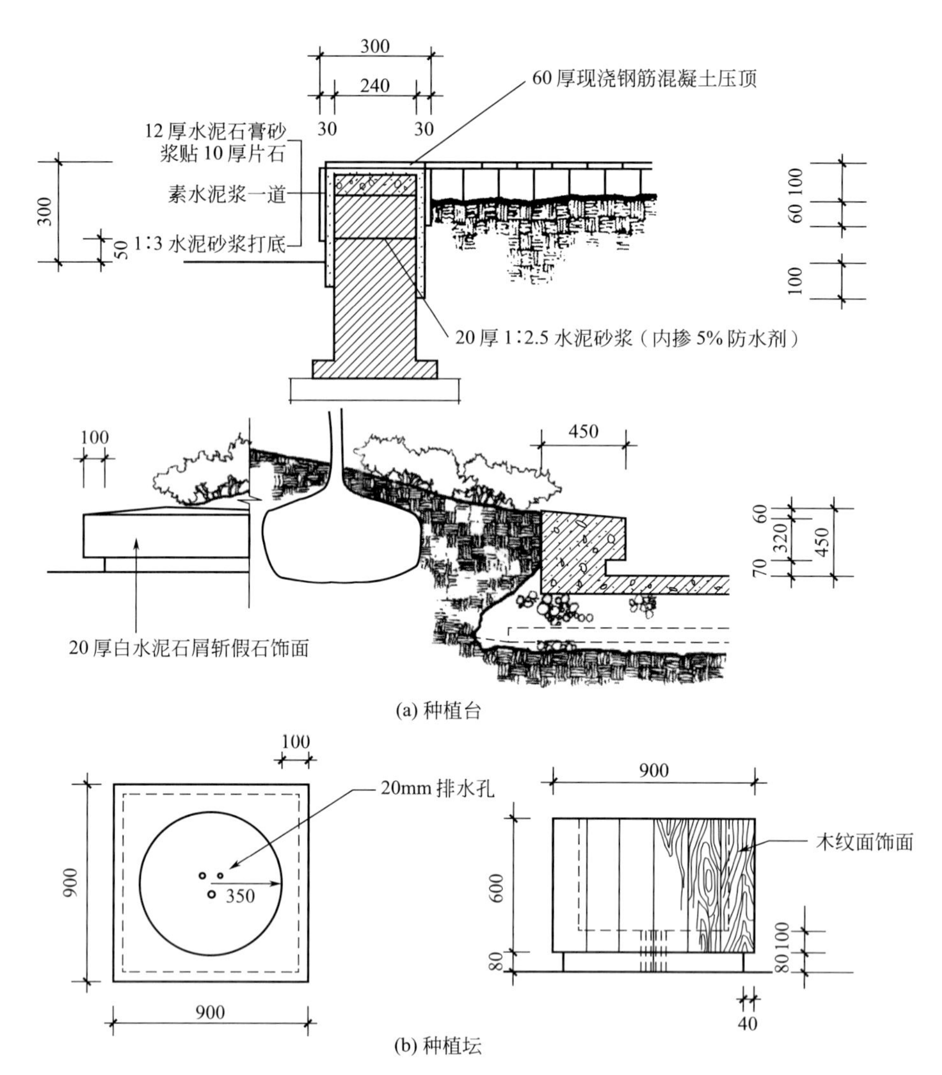

(a) 种植台

(b) 种植坛

图 5-29　种植台与种植坛详图

［引自：王晓俊．风景园林设计（增订本）．南京：江苏科学技术出版社，2004］

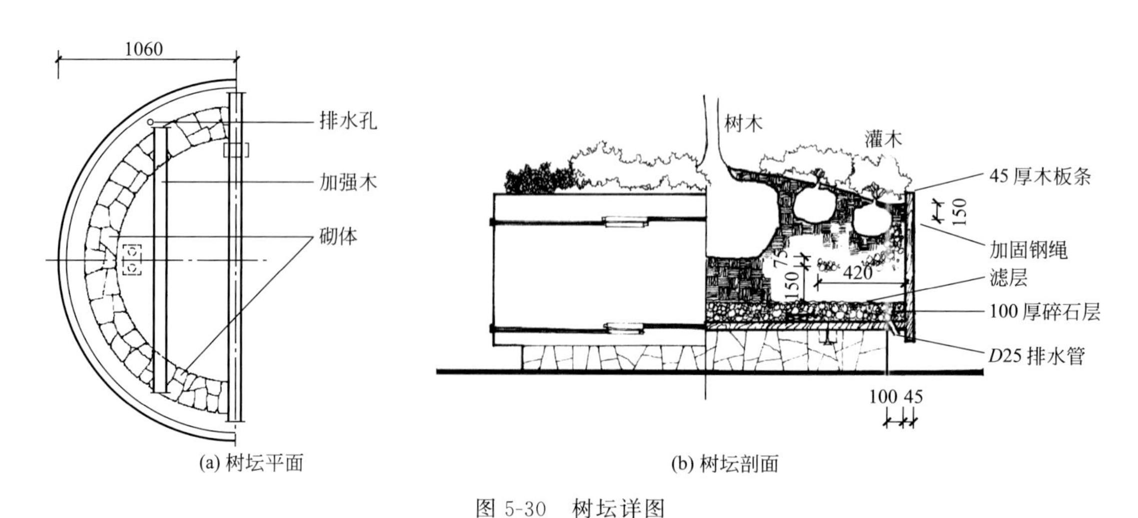

(a) 树坛平面

(b) 树坛剖面

图 5-30　树坛详图

二、植物景观施工

通过植物景观施工过程，把设计图纸转化为现实环境，最终获得景观的彻底表达。

（一）施工现场准备

施工前，应调查施工现场的地形与地质情况，向有关部门了解地上物的处理要求及地下管线分布情况，以免施工时发生事故。

1. 清理障碍物

施工前将现场内妨碍施工的一切障碍物如垃圾堆、建筑废墟、违章建筑、砖瓦石块等清除干净。对现场原有的树木尽量保留，对非清除不可的也要慎重考虑。

2. 场地整理

在施工现场根据设计图纸要求，划分出绿化区与其他用地的界限，整理出预定的地形，主要使其与四周道路、广场的标高合理衔接。根据周围水系的环境，合理规划地形，或平坦或起伏，使绿地排水通畅。如有土方工程，应先挖后填。如果用机械平整土地，则事先应了解是否有地下管线，以免机械施工时造成管线的损坏。对需要植树造林的地方要注意土层的夯实程度与土壤结构层次的处理，如有必要，适当增加客土以利植物生长。低洼处要合理安排排水系统。现场整理后将土面加以平整。

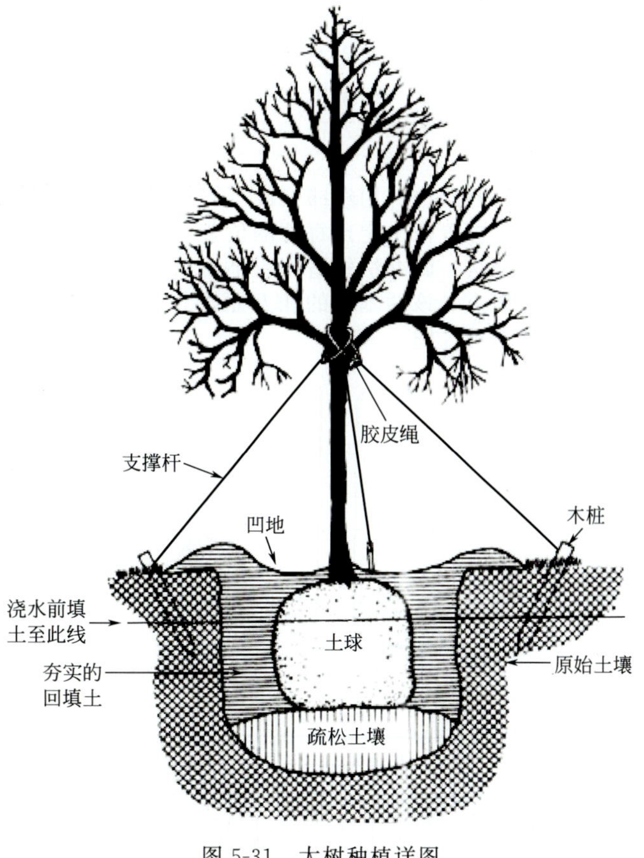

图 5-31　大树种植详图

3. 水源、水系设置

绿化离不开水，尤其是初期养护阶段。水源源头位置要确定，给水管道安装位置、给水构筑、喷灌设备位置、排水系统位置、排水构筑物有关位置、电源系统都要明确定位，安置适当。

（二）定点放线

定点放线即是在现场测出苗木栽植位置和株行距。由于栽植方式各不相同，定点放线的方法也有很多种，常用的有以下三种。

1. 规整式树木的定点放线

规则整齐、行列明确的树木种植要求位置准确，尤其是行位必须准确无误。对于成片规整式种植的树木，可用仪器和皮尺定点放线，定点的方法是以绿地的边界、园路广场和小建筑物等的平面位置作为依据，量出每株树木的位置，钉上木桩，上写明树种名称［图 5-32(a)、(b)］。一般的行道树行位按设计的横断面所规定的位置放线，有固定路牙的道路以路牙内侧为基准，无路牙则以路面中心线为基准。用钢尺或皮尺测准行位，然后按设计图规定的株距，每 10m 左右钉一行位框。长距离路面，首位用量尺确定行位，中间可用测杆标定。定好行位，用皮尺或测绳定出株位，株位中心由白灰作标记。定点时如遇电杆、管道、涵洞、变压器等障碍物应躲开。

2. 自然式丛林的定点放线

自然式丛林的定点放线比较复杂，关键是寻找定位点。最好是用精确手段测出绿地周围的范围，道路、建筑设施等的具体方位，再定栽植点的位置。

丛林式种植设计图有两种类型：一是在图纸上详细表明每个种植点的具体方位；一是在图纸上景标明种植位置范围，而种植点则由种植者自行处理。

丛林式种植定点放线主要有以下几种方法。

（1）坐标定点法　根据植物造景的疏密度，先按一定的比例在设计图及现场分别打好方格，在图上用尺量出树木在某方格的纵横坐标尺寸，再按此位置用皮尺量在现场相应的方格内［图5-32(c)、(d)］。

（2）仪器测放法　用经纬仪或小平板仪依据地上原有基点或建筑物、道路将树群或孤植树依照设计图上的位置依次定出每株的位置。

（3）交会法　此办法较适用于小面积绿化。找出设计图上与施工现场完全符合的建筑基点，然后量准植树点与该两基点的相互距离，分别于各点用皮尺在地面上画弧交出种植点位，并撒白灰作标志即可［图5-32(e)］。

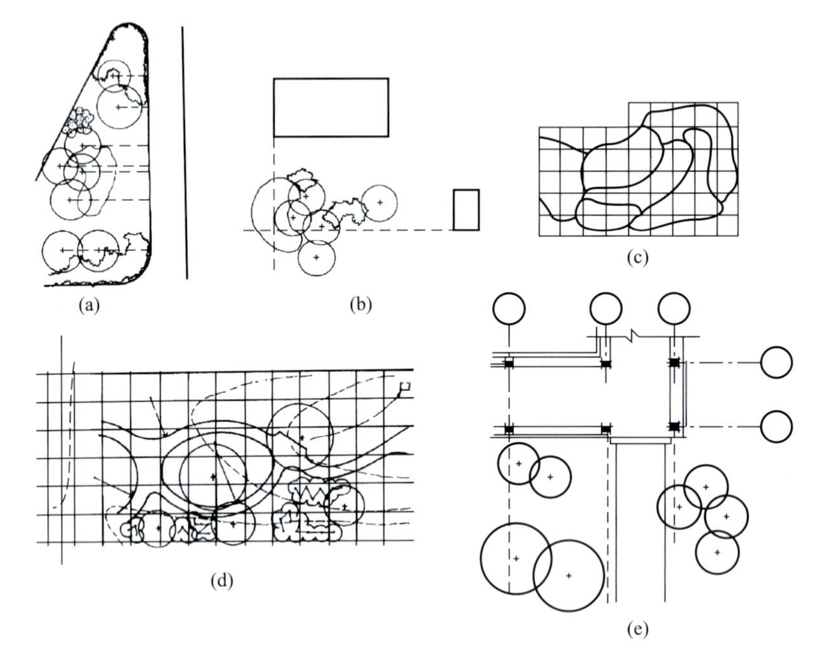

图5-32　定点放线方法示意图

（三）苗木准备

苗木的选择，除了根据设计提出对规格和树形的要求外，要注意选择长势健旺、无病虫害、无机械损伤、树形端正、根须发达的苗木；而且应该是在育苗期内经过翻栽，根系集中在树蔸的苗木。苗木选定后，要挂牌或在根基部位划出明显标记，以免挖错。起苗时间和栽植时间最好能紧密配合，做到随起随栽。

（四）挖种植穴

挖种植穴与植物的生长有着密切的关系。挖种植穴时以定点标志为圆心，先在地面上用白灰作圆形或方形轮廓，然后沿此线垂直挖到规定深度。切记要上下口垂直一致，挖出的坑土要上下层分开，回填时，原上层表土因富含有机质而应先回填到底部，原底层土可回填到表层。种植穴的大小依土球规格及根系情况而定。带土球的应比土球大16～20cm，栽裸根苗的穴应保证根系充分舒展，穴的深度一般比土球高度稍深些，穴的形状一般为圆形。栽植绿篱时应挖沟，而非单坑。花卉的栽培比较简单，可播种、移栽，或直接把花盆埋于土中，但对细节要求却很严格，如种子的覆土厚度、土壤的颗粒大小、施肥、灌水等。

（五）栽植

不同的植物规格不同，栽植要求也不同。栽植前，苗木必须经过修剪，其主要目的是减少水分的散发，保证树势平衡以确保树木成活。修剪时其修剪量依不同树种要求而有所不同，一般对常绿针叶树及用于植篱的灌木不多剪，仅剪去枯病枝、受伤枝即可。对于较大的落叶乔木，尤其是长势较强的树木，如杨、柳可进行强修剪，树冠可剪去1/2以上。栽植时首先必须保证植物的根系舒展，使其充分与土壤接触，为防止树木被风吹倒可立支架进行绑缚固定。

（六）灌水

根据所植不同植物的生长习性进行合理的灌水。树木类一般在栽植时要进行充分灌水，至少要连灌3次以上方能保证成活。草本花卉视情况而定，有的是先灌水后栽（或播种），有的是先栽后灌水，一般一周后及时覆土封坑。

（七）植物造景的养护

园林植物所处的各种环境条件比较复杂，各种植物的生物学特性和生态习性各有不同，因此，为各种园林植物创造优越的生长环境，满足植物生长发育对水、肥、气、热的需求，防治各种自然灾害和病虫害对植物的危害，确保植物生长发育良好，同时可达到花繁叶茂的绿化效果。通过整形修剪和树体保护等措施调节树木生长和发育的关系，并维持良好的树形，使其更适应所处的环境条件，尽快而且持久地发挥植物景观的各种功能效益，这些将是园林工作中一项重要而长期的任务，也是植物景观设计意图能够充分体现的保证。

对植物群落内部的自然衍化竞争也需着意控制，所以，控制性修剪对植物景观的形成和不衰，也是一项十分重要的技术工作，必须有专人负责。对名花、名木、古树的养护更要细致周到，它是园林中的无价之宝，切不可掉以轻心。

[本章小结]

本章介绍了园林植物造景设计基本程序。进行一个项目的植物造景，必须按照合理的程序进行，这样有利于提高工作效率和保证设计质量。植物造景，是从植物总体规划开始到具体植物场景设计施工的一个完整、有序的过程。不同的设计阶段的工作重点不同，前一个阶段是后一个阶段的基础，因此各个阶段之间需要有良好的衔接。园林植物造景设计可分为与委托方接触阶段、研究分析阶段、设计构想阶段和设计表达阶段四个步骤。

与委托方接触阶段的主要任务是和委托方（甲方）进行了解和沟通，弄清委托方（甲方）的主要意图，并阐明设计者的基本思路，估算设计费用并讨论合约签订等事宜。

研究分析阶段包括基地调查与测绘、基地现状分析两方面内容。基地调查与测绘的主要任务是设计者亲自到现场进行实地踏查，现场核对所收集到的资料，并通过实测对欠缺的资料进行补充，同时可以进行实地的艺术构思，确定植物景观大致轮廓或造景形式；基地现状分析的基本任务是明确植物造景设计的目标，确定在园林设计过程中需要解决的问题。特别是植物，基地的现状分析更是关系到植物的选择、植物的生长、植物景观的创造、功能的发挥等一系列问题。分析要采用科学方法，以自然、人文条件之间的相互关系为基准，加上业主意见，综合研究后决定设计的形式以及设计原则和造型的组合等。

一般的植物造景设计思路遵循从具体到抽象，采用提炼、简化、精选、比较等方法进行。从整体到局部，在总体控制下，由大到小、由粗到细，逐步深入。从功能到景观，做到功能合理、艺术和谐。通过设计构思完成植物景观功能定位、景观类型、种植方式、栽植位置、植物种类与规格的确定。在植栽重要程度的基础上，确定植栽所占面积大小和空间尺度。

种植设计完成后要表现在图纸中。种植设计图是种植施工的依据，包括种植设计表现图、种植平面图、详图以及必要的施工图解和说明。完整的园景细部设计图纸应包括地形图、分区图、平面配置图、断面图、立面图、施工图、剖面图、鸟瞰图等。通过植物景观施工过程，把设计图纸转化为现实环境，最终获得景观的彻底表达。

掌握园林植物造景的基本程序，熟悉植物造景各环节的基本要求和方法，可以更深层次地理解植物造景的科学与文化内涵。

思　考　题

1. 园林植物造景的基本程序由哪些部分组成？
2. 园林植物造景的细部设计包含哪些部分？基本方法是什么？
3. 植物造景设计的基本目标有哪些？
4. 综述植物造景形式要素的处理手法。
5. 试述植物造景构图应遵循的基本法则。
6. 简述植物景观由图纸变为现实环境的操作方法。

实训　植物景观平面图及立面图绘制

一、实训目标

了解各类植物景观的配置特点，掌握各类植物景观的表现形式和技巧。

二、材料与用具

测量仪器，手工绘图工具。

三、方法与步骤

1. 在学校所在地选择有代表性的各类植物景观，对其进行观察描绘。
2. 对各类植物景观的植物配置特点、方式及方法进行分析与总结。

四、实训要求

1. 准确表现各类植物景观的植物配置方式及其特点。
2. 平面图与立面图彼此呼应。

五、作业

1. 绘制常见植物景观对应的平面图及立面图。
2. 撰写一份分析总结报告。

第六章　小环境园林植物组景与实践

[学习目标]

1. 熟悉植物与水体、园路、建筑及其建筑小品的配置方式及注意事项；理解屋顶花园的植物选择依据和植物规划原则。

2. 结合案例学习，能根据特定环境的功能进行水体、园路、建筑、屋顶花园以及中小型绿地的植物造景设计，能作出合理的植物选择。

小环境园林植物景观，其基本构成——为植物单独成景，这在前面章节有了介绍；另一部分为植物与小环境中的园林要素组景，共同形成园林环境。植物与园林景观要素的造景组合追求自然美与人工美的结合，使二者的关系达到和谐一致。一方面，各景观要素可作为植物造景的背景，衬托植物优美的姿态，并且能为植物生长创造一种更加适宜的小气候条件；另一方面，植物丰富的色彩，优美的姿态及风韵能增添景观要素的美感，形成空间变化，使之产生一种生动活泼且具有季节变化的感染力，使景观要素之间、景观要素与周围环境之间更为协调。

第一节　园林植物与园林水体组合造景

一、园林植物与水景的景观关系

1. 植物装点水景

园林中各类水体，无论其在园林中是主景、配景或小景，无一不借助植物来丰富水体的景观。水中、水旁园林植物的姿态、色彩、所形成的倒影，均加强了水体的美感。适宜的植物配置可以丰富园林的水景（图 6-1、图 6-2）。

图 6-1　水生植物丰富水面的层次

图 6-2 植物增加水面的色彩

2. 水面作植物的背景

淡绿透明的水色，简洁平淌的水面是各种园林景物的底色，与绿叶相调和，与艳丽的鲜花相对比，相映成趣。

3. 增强水体明净、开朗或幽深的艺术感染力

二、园林中各类水体的植物景观设计

1. 水面的植物造景

园林中的水面包括湖面、水池的水面、河流以及小溪的水面，大小不同，形状各异，既有自然式的，也有规则式的。水面的景观低于人的视线，与水边景观呼应，最适宜游人观赏。水面具有开敞的空间效果，特别是面积较大的水面常给人以空旷的感觉。用水生植物点缀水面，可以增加水面的色彩，丰富水面的层次，使寂静的水面得到装饰和衬托，显得生机勃勃，而植物产生的倒影更使水面富有情趣。

适宜于布置水面的植物材料有荷花、睡莲、王莲、凤眼莲、萍蓬莲、两栖蓼、香菱、雨久花、再力花、旱伞草、荇菜等。不同的植物材料和不同的水面形成不同的景观。

水面的植物造景要充分考虑水面的景观效果和水体周围的环境状况，对清澈明净的水面或在岸边有亭、台、楼、榭等园林建筑，或植有树姿优美、色彩艳丽的观赏树木时，一定要注意水面的植物不能过分拥塞，一般不要超过水面面积的 1/3，要留出足够空旷的水面来展示美丽的倒影。对选用植物材料要严格控制其蔓延，具体方法可以设置隔离带，为方便管理也可盆栽放入水中。对污染严重、具有臭味或观赏价值不高的水面或小溪，则宜使水生植物布满水面，形成一片绿色植物景观。

园林中不同水面的水深、面积及形状不一样，植物造景时要符合水体生态环境的要求，选择相应的绿化方式来美化。

(1) 湖　湖是园林中最常见的水体景观。沿湖景点要突出季节景观，注意色叶树种的应用，以丰富水景。湖边植物宜选用耐水喜湿、姿态优美、色泽鲜明的乔木和灌木，或构成主景，或同花草、湖石结合装饰驳岸（图 6-3、图 6-4）。

(2) 池　在较小的园林中，水体的形式常以池为主。为了获得小中见大的效果，植物造景讲究突出个体姿态或利用植物来分割水面空间，以增加层次，同时也可创造活泼和宁静的景观（图 6-5）。

(3) 溪涧与峡谷　溪涧与峡谷最能体现山林野趣。溪涧中流水淙淙，山石高低形成不同落差，并冲出深浅、大小各异的池或潭，造成各种动听的水声效果。植物造景应因形就势，塑造丰富多变的林下水边景观，并增强溪流的曲折多变及山涧的幽深感觉（图 6-6～图 6-9）。

图 6-3　杭州西湖水面植物景观——荷花

图 6-4　水面植物景观——王莲、睡莲

图 6-5　池中景观效果——利用植物分割水面

图 6-6 溪涧植物景观

图 6-7 溪涧口由花叶艳山姜、龟背竹、旱伞草、小天使等组成的植物景观

图 6-8 溪涧口植物景观收放效果

图 6-9　山涧植物造景效果图

2. 水体边缘的植物造景

水体边缘是水面和堤岸的分界线，水体边缘的植物造景既能对水面起到装饰作用，又能实现从水面到堤岸的自然过渡，尤其是在自然水体景观中应用较多。一般选用适宜在浅水生长的挺水植物，如荷花、菖蒲、千屈菜、水葱、风车草、芦苇、水蓼、水生鸢尾等。这些植物本身具有很高的观赏价值，对驳岸也有很好的装饰作用。如图 6-10 所示，采用湖边植物群丛搭配方式。以适合水边生长、树形多变的针叶树、阔叶树、多种花灌木以及水生植物共同组成一处梦幻般的景观，优美的水中倒影使此处宛如仙境一样。

图 6-10　湖边植物造景效果图

在开阔的湖边，几株乔木构成框景效果，可形成优美的湖边景观（图 6-11）。

3. 岸边的植物造景

园林中的水体驳岸处理方式多种多样，有石岸、混凝土岸和土岸等。规则式的石岸和混凝土岸在我国应用较多，线条显得生硬而枯燥，需要在岸边造景合适的植物，借其枝叶来遮挡枯燥之处，从而使线条变得柔和。自然式石岸具有丰富的自然线条和优美的石景，在岸边点缀色彩和线条优美的植物，与自然岸边石头相配，使得景色富于变化，造景的植物应有掩有露，遮丑露美。自然式土岸曲折蜿蜒，线条优美，给人以朴实、亲切的感觉。在植物造景时要结合地形、道路，疏密有致，高低错落，自然有趣，忌讳呆板的、等距的绕岸栽植一圈的造景形式。

图 6-11　水边植物造景效果图

面积较大的远水之水岸宜疏密不等地配置树群，并使之倒映水中形成如画风景；或乔灌间植、大乔木与小乔木间植，如一行垂柳、一行碧桃，将湖水点缀得更富生气。近水的植物配置，可采用孤植形式，观赏树木的个体姿韵，如水边植垂柳，嫩绿轻柔的柳丝低垂水面，拂水依依；也可采用丛植形式，如色彩丰富的乔灌木丛植，花红水绿，相映成趣。

适于岸边种植的植物种类很多，如水松、落羽松、水杉、迎春、垂柳、水石榕、蒲桃、串钱柳、杜鹃、枫杨、竹类、黄菖蒲、玉蝉花、马蔺、萱草、玉簪、落新妇、地锦、凌霄等。草本植物及小灌木多用于装饰点缀或遮掩驳岸，大乔木用于衬托水景并形成优美的水中倒影。国外自然水体或小溪的土岸边多种植大量耐水湿的草本花卉或野生水草，富有自然情调。

图 6-12、图 6-13 是驳岸植物造景常见方式。以垂柳和花灌木及水生植物进行搭配，层次丰富且具有典型的水边景观特色。

4. 堤、岛的植物造景

堤、岛是水体中划分水面空间的主要手段。而堤、岛上的植物造景，无论是对水体，还是对整个园林景观，都起到强烈的烘托作用，尤其是倒影，往往成为观赏的焦点。

堤常与桥相连，在园林中是重要的游览线路之一。因为是滨水种植，在进行植物造景时要考虑到植物的生态习性，满足其生态要求，在此基础上考虑树体的姿态、色彩及其在水中所产生的倒影。如果是一条较长的堤，还要注意景观的变化与统一、韵律与节奏等，使人在游玩时能够乐在其中（图 6-14）。

图 6-12　驳岸植物造景

图 6-13　杭州太子湾驳岸植物景观

图 6-14　杭州苏堤植物景观——垂柳、碧桃

岛的大小、类型各有差异，有游人可上的半岛，也有仅供远眺观赏的湖心岛。半岛在植物造景时要考虑游览路线，不能妨碍交通，植物选择上要和岛上的亭、廊、水榭等相呼应和谐统一，共同构筑岛上美景。而湖心岛在植物景观设计时不用考虑游人的交通，植物造景密度可以较大，要求四面皆有景可赏，但要协调好植物与植物之间的各种关系，如速生与慢长，常绿与落叶，乔木与灌木、地被，观叶与观花，针叶与阔叶等，形成相对稳定的植物景观。

第二节　园林植物与园路的组合造景

一、园林道路景观设计要求

园林道路景观设计既要满足游览要求，达到移步换景效果，也需遵从艺术构图规律，具体体现在以下设计原则中。

1. 均衡与对比

由于园路的植物配置打破了整齐行列的格局，就需注意两旁植物造景的均衡，以免产生歪曲或孤立的空间感觉。

2. 主次分明

在园路组景时，应考虑路旁植物的种类与树木的多少，体现统一和谐。

3. 韵律节奏

园路植物景观讲求连续动态构图，宜采用重复交替韵律栽植方式，避免单调。

4. 层次背景

路旁植物层次设计，主要是为了丰富道路色彩，创造优美的构图立面。

5. 造景与导游

园路应做到处处有景，创造步移景异的效果。通过植物造景，加强导游作用。

6. 季相

以丰富的季相变化，增强自然美感。

二、各级园路组合造景手法

园路是公园的重要组成部分之一，它承担着引导游人、连接各区等方面的功能。按其作用及性质的不同，一般分为主要道路、次要道路、游步小道三种类型。

1. 主要道路

往往形成道路系统的主干，它依地形、地势、文化背景的不同而作不同形式的布置。主路的绿化常代表绿地的形象和风格，其植物造景应引人入胜，形成与其定位一致的气势和氛围。中国园林中常以水面为中心，故主路多沿水面曲折延伸，依地势布置成自然式。

主路的宽度应在4～5m。两旁多布置左右不对称的行道树或修剪整形的灌木，也可不用行道树，结合花镜或花坛可布置自然式树丛、树群（图6-15）。主路两边要有供游人休息的座椅，座椅附近种植高大的落叶阔叶庭荫树以利于遮阴。

图6-15　主路植物景观造景透视效果——杭州兴旺大道

2. 次要道路

次要道路是主路的一级分支，连接主路，且是各区内的主要道路，宽度一般在2～3m。次要道路的布置既要利于便捷地联系各区，沿路又要有一定的景色可观。

在进行次要道路景观设计时，沿路在视觉上应有疏有密、有高有低，有遮有敞。可以利用各区的景色去丰富道路景观，也可以沿路布置树丛、灌丛、花境去美化道路（图6-16）。其目的都是要尽量营造出大自然的美丽景观。

3. 游步小道

游步小道分布于全园各处，尤以安静休息区为最多，一般宽度在1.5～2m。游步小道可沿湖布置，也可蜿蜒伸入密林，或穿过广阔的疏林草坪。

游步小道两旁的植物应最接近自然状态，两旁可布设一些小巧的园林建筑、雅致的园林小品，也可开辟一些小的闭锁空间，造景乔、灌木，形成色彩丰富的树丛（图6-17～图6-22）。游步小道是全园风景变化最细腻、最能体现公园游憩功能的园路。

图 6-16　次路植物造景透视效果

图 6-17　游步小道

图 6-18　林径

图 6-19 山径

图 6-20 竹径

图 6-21 花径

图 6-22　草径

三、园路局部的植物景观处理

1. 路缘

可考虑为草缘、花缘、植缘，如图 6-23 所示。

2. 路口及道路转弯处的植物配置

要求起到对景、导游和标志作用，一般安排观赏树丛。配置混合树丛时，多以常绿树做背景，前景配以浅色灌木或色叶树及地被等（图 6-24）。

3. 路面

可采取石中嵌草或草中嵌石丰富园路景观，如图 6-25 所示。

图 6-23　路旁花缘装饰

图 6-24　路口对景——球体植物

图 6-25　重庆滨江游憩路面嵌草装饰与小品布置

第三节　园林植物与建筑组合造景

一、园林植物与建筑组合造景的设计要求

1. 使园林建筑主题更突出

以植物命题，以建筑为标志，烘托建筑主题，如“梨花伴月”、“曲院风荷”、“闻木樨香轩”、“写秋轩”等（图 6-26）。

图 6-26　闻木樨香轩——桂花对建筑主题的烘托

2. 协调建筑物与周围的环境

可用植物来缓和或消除建筑物或构筑物因造型、尺度、色彩等原因与周围园林环境不相衬这种矛盾。此外，园林中的某些服务性建筑，如厕所等，由于位置不合适也可起到破坏景观的作用，所以往往应借助植物配置来处理和改变这种情况（图 6-27～图 6-29）。

图 6-27　悬垂的迎春花将门厅与周边环境统一

图 6-28　植物对建筑空间的填充和对周边环境的联系

图 6-29　植物对建筑墙体基础的软化

3. 丰富建筑物的艺术构图

建筑物的线条一般多平直，而植物枝干多弯曲，植物配植是否得当，将影响到建筑物旁景色的获取。如图 6-30 所示，圆洞门旁种一丛竹、一株梅花，植物的树枝微微地向圆洞门倾斜，这样直线条就与圆门形成对比，且竹影婆娑，更增添圆洞的自然美。

树叶的绿色，往往是调和建筑物各种色彩的中间色。建筑物的墙面一般为淡色，能衬托各种花色、叶色，如图 6-31 所示。一般淡色的花木，特别是先花后叶的树木则宜选择高大的植株来配置，做到淡色的花不以淡色的墙面为背景，而要以蔚蓝的天空为背景，则效果十分明显。

4. 赋予建筑物以时间和空间的季相感

建筑物的位置与形态是固定不变的，植物则是随季节、随年龄而异的有机体。植物的四季变化与生长发育，使园林建筑在春、夏、秋、冬四季可产生不同的季相变化。同时还可以产生时空差异，这样，凝固的建筑就具有生动活泼、变化多样的季相感。

图 6-30　圆洞门内植物的艺术构图

图 6-31　植物与建筑墙面色彩的对比

5. 完善建筑物的功能

如在建筑物旁种一株高大且特殊的树（如花繁色艳的树种），则可起到导游的作用；而厕所需要借植物来隐蔽；座椅需要有大树来遮阴；建筑庭院也多借密集的树丛、树篱，起隔离的作用（图 6-32）。

二、植物与建筑的组景原则

1. 和谐与统一

植物景观设计时，树形、色彩、线条、质地及比例都要有一定的差异和变化，显示多样性，但又要使它们之间保持一定相似性，这样既生动活泼，又和谐统一。运用重复的方法最能体现植物景观的统一感。

2. 协调和对比

植物景观设计时要注意相互联系与配合，体现调和的原则，使人具有柔和、平静、舒适和愉

图 6-32　植物对建筑环境功能的完善

悦的美感。相反地，用差异和变化可产生对比的效果，具有强烈的刺激感，形成兴奋、热烈和奔放的感受。

3. 均衡

将体量、质地各异的植物种类按均衡的原则配植，景观就显得稳定、顺眼。如采用色彩浓重、体量庞大、数量繁多、质地粗厚、枝叶茂密的植物种类，给人以厚重的感觉；相反，色彩素淡、体量小巧、数量简少、质地细柔、枝叶疏朗的植物种类，则给人以轻盈的感觉；根据周围环境，在配植时有规则式均衡（对称式）和自然式均衡（不对称）。

4. 韵律和节奏

配植中注意有规律的变化，就会产生韵律感。

三、建筑室外环境的植物种植设计

1. 庭院绿化

“庭院”可细分为“天井”、“庭”、“院”、“园”等，它们的形成都是建筑与建筑与其他界面围合而成的。

“天井”是建筑物围合而成的狭小空间，其空间狭小，故不宜植高树，只能植草皮或在某一角落植上灌木、小乔木。如天井较深，日照较少或完全没有早日照，可在天井内摆几盆可以更换的盆花作为景观。

“庭”比天井要大，它是由前庭、中庭、后庭和侧庭构成的，常把中庭作为重点进行绿化。庭院要看空间的大小来种植树木，可以透过前树看后树，甚至更远的建筑，以产生层次丰富的景观。庭院绿化的形式一般根据庭院的形状而定，或采取自由式布置，或采取规则式布置。若建筑主轴线明确，庭院沿此轴线对称布局，则绿化也应对称布置，以反映建筑的秩序感。建筑或庭院有明显的几何形状时，绿化也要用相似的几何形状来求得统一。

“院”和“庭”很相似，是在“庭”的基础上进一步的发展，其空间大，封闭性则减弱，其围合空间的各界面竖向尺度比水平尺度要小。围合的要素可以是建筑或墙垣，也可以是树墙、花坛等（图 6-33）。

2. 屋顶花园

屋顶花园（绿化）（图 6-34、图 6-35）可以广泛地理解为在各类古今建筑物、构筑物、桥梁（立交桥）等的屋顶、露台、天台、阳台或大型人工假山山体上进行造园，种植树木花卉的统称。它与露地造园和植物种植的最大区别在于屋顶花园（绿化）是把露地造园和种植等园林工程搬到建筑物或构筑物之上。它的种植土是人工合成堆筑，并不与自然大地土壤相连。

图 6-33　现代居住区庭院景观

图 6-34　屋顶花园景观一

图 6-35　屋顶花园景观二

屋顶花园（绿化）的设计和建造应因地制宜，因“顶”制宜。按“实用、精美、安全”的设计原则，巧妙地利用主体建筑物的屋顶、平台、阳台、窗台、檐口、女儿墙和墙面等开辟绿化场地，并使这些绿化具有园林艺术的感染力。既源于露地造园，又有别于露地；充分运用植物、微地形、水体和园林小品等造园要素，组织屋顶花园的空间。采取借景、组景、点景、障景等造园技法，创造出不同使用功能和性质的屋顶花园环境。发挥屋顶花园位势居高临下、视点高、视域宽广等特点，对屋顶花园内外各种景物，则应“嘉则收之”、“俗则屏之”。还可运用我国古典园林造园技法，体现出别具特色的地方韵味。

建造屋顶花园关键是通过造园家的科学艺术手法，合理设计布置花、草、树木和园林小品等。在工程方面，首先要正确计算花园在屋顶上的承重量。一般屋顶花园的活载重量要小于 $300kg/m^2$。合理建造排水系统，其土壤要有 30～40cm 厚，因树木大小不同，局部可设计成 60～100cm 厚，草坪土层厚度为 20cm 即可。种植池要选用肥沃且排水性能好的壤土，或用人工配制的轻型土壤，如壤土 1 份、多孔页岩砂土 1 份或腐殖土 1 份，也可用腐熟过的锯末或蛭石土等。要施用足够的有机肥作基肥，必要时也可追肥。氮、磷、钾的配方为 2∶1∶1。草坪不必经常施肥，每年只要覆一二次肥土即可。要特别注意土下排水的顺畅，绝不能积水，以免植物受涝。

屋顶花园的类型和形式按使用要求的不同是多种多样的。不同类型的屋顶花园，在规划设计上亦应有所区别。屋顶花园（绿化）的主体是绿色植物。不同使用要求的屋顶花园，植物的品种、花色，地被花卉、树木的搭配层次以及种植形式，均有所不同。植物种类的选择一般是选那些姿态优美、矮小、浅根性、抗风力强、植物品种强壮并具有抵抗极端气候能力、适应种植土浅薄、少肥的花灌木，能忍受干燥、潮湿积水的品种，能忍受夏季高热风、冬季露地过冬品种，抗屋顶大风的品种，能抵抗空气污染并能吸收污染的品种，容易移栽成活、耐修剪、生长较慢的品种，较低的养护管理要求的花灌木和球根花卉及竹类。主要采用孤植、丛植，并结合花坛、花境和花池等形式进行配植。

按植物的用途和应用方式，屋顶花园植物类型有以下几种。

① 园景树　又称孤赏树，屋顶花园（绿化）通常不希望种植冠大荫浓乔木。但作为屋顶花园中局部中心景物，赏其树形或姿态，可以选用少量较小乔木。除树形外也可观其花、果和叶色等。如南洋杉、龙柏、紫叶李、龙爪槐等。

② 花灌木　通常指有美丽芳香的花朵或有艳丽叶色和果实的灌木或小乔木。如梅花、桃花、月季、山茶、牡丹、榆叶梅、连翘、火棘等。

③ 地被植物　指能覆盖地面的低矮植物，有草本植物和蕨类植物，也有矮灌木和藤本。草坪是地被植物采用最广的种类，草本可达数百种。华南可选用细叶结缕草（又称天鹅绒草、台湾草）、沟叶结缕草等；在华北地区可选用结缕草、野牛草、狗牙根、普通早熟禾等；西南地区可选用结缕草、狗牙根、高羊毛、早熟禾等。宿根地被植物具有低矮开展或匍匐的特性，繁殖容易，生长迅速，能适应各种不同的环境。一些耐阴、耐湿及耐干旱品种有：羊角芹、紫菀、多变小冠花、天人菊类、匍匐丝石竹、萱草、富贵草、匍匐福禄考、丛生福禄考、小地榆、林石草等。

④ 藤木　有细长茎蔓的木质藤本植物。它们可以攀缘或垂挂在各种支架上，有些可以直接吸附于垂直的墙壁上。是屋顶花园（绿化）上各种棚架、凉廊、栅栏、女儿墙、拱门山石和垂直墙面等的绿化材料。品种有紫藤、凌霄、络石、爬山虎（地锦）、常春藤、薜荔、葡萄、金银花、铁线莲、素馨、木香、山荞麦、炮仗花等。

⑤ 绿篱　屋顶花园中可采用其分隔空间和屏障视线或作为雕塑、喷泉等的背景。用作绿篱的树种，一般都是耐修剪，多分枝和生长较慢的常绿树种。如圆柏、杜松、黄杨、女贞、珊瑚树、小檗、黄刺玫、珍珠梅、枸杞、木槿、九里香、三角花等。

⑥ 抗污染树种　在屋顶绿化中，应优先选用既有绿化效果又能改善环境的植物品种。以对烟尘、有害气体有较强抗性，起到净化空气的作用。如桑、合欢、皂荚、木槿、无花果、圆柏、广玉兰、棕榈、夹竹桃、女贞、大叶黄杨等。

3. 阳台与窗台绿化

要根据具体情况选择不同习性的植物。种植的部位有三种。一是阳台板面，要根据阳台面积的大小，选择植株的大小，但一般植株可稍高些，采用阔叶植物效果更好。阳台的绿化可以形成小“庭院”。其二是置于阳台栏板上部，可摆设盆花或设槽栽植，此处不宜植太高的花卉，因为这有可能影响室内的通风，也会因放置不牢发生安全问题。这里设置花卉可成点状、线状。三是沿阳台板向上一层阳台成攀缘状种植绿化，或在上一层板下悬吊植物花盆做成“空中”绿化，这种绿化能形成点、线，甚至面的绿化效果。要注意不能满植，否则绿化封闭了阳台（图 6-36、图 6-37）。

图 6-36 阳台植物景观一

图 6-37 阳台植物景观二

窗台绿化一般用盆栽的形式来管理和更换。根据窗台的大小，一般要考虑置盆的安全问题，另外窗台处日照较多，且有墙面反射热对花卉的灼烤，故应选择喜阳耐旱的植物（图 6-38）。

无论是阳台还是窗台绿化都要做到叶片茂盛、花美色艳、质感形成对比，相互映衬。

图 6-38 窗台植物景观

4. 入口绿化

用绿化加强与美化入口可以说是“画龙点睛”之笔。在入口处进行绿化组织时，首先要满足功能要求，不要影响人流与车流的正常通行及阻挡行进的视线。另外入口的绿化要能反映出建筑的特点。如旅馆门前绿化可用花坛及散植的树木来表达轻松和愉快感，要有宾至如归之感。而纪念性建筑入口前常植规整的松柏来表现庄严、肃穆的气氛。

入口绿化的方法一般有诱导法、引导法和对比法。诱导法是在入口处种植具有明显特征的绿化植物，让人在远处就能判断出此处为入口。如种植可观赏的高大乔木或设置鲜艳的花坛等。引导法是在道路两旁对植绿化，使人在行进过程中视觉被强化与引导。对比法是在入口处通过变化的树种、树形和绿化的颜色等使人的视觉受到连续刺激，从而引起人们对入口的注意（图6-39、图6-40）。

图 6-39 入口月季花丛的引导

图 6-40 入口杜鹃花丛的引导

5. 建筑的墙、角隅的植物配植

在园林中利用墙的南面良好的小气候的特点来引种和栽培一些美丽而不抗寒的植物，继而发展成墙园。观果灌木，甚至乔木来美化墙面，还可辅以各种球根、宿根花卉作基础栽植。常用种类如紫藤、木香、蔓性月季、地锦、五叶地锦、猕猴桃、葡萄、凌霄、金银花、五味子、西番莲、迎春、连翘、火棘、银杏、广玉兰等。经过美化的墙，环境气氛倍增。

园林中的白粉墙如同画纸一般，通过配植观赏植物，形成美丽的画卷。常用的植物有红枫、山茶、木香、杜鹃、枸骨、南天竹等，红色的叶、花则跃然墙上。或选用芭蕉、修竹等。为加深景深，可在围墙壁作起伏地形，植物错落其上，墙面若隐若现（图6-41、图6-42）。

图 6-41 白粉墙前的植物景观

图 6-42 冰裂纹墙面植物景观

在黑墙前，宜配植开白花的植物，如木绣球。一些山墙、城墙，如有薜荔、何首乌等植物覆盖遮挡，则极具自然之趣。墙前的基础栽植宜规则式，以取得与墙面平直的线条一致。

建筑的角隅线条生硬，通过植物配植可缓和气氛，故宜选择观果、观叶、观花、观干等植物成丛配植，也可作地形处理，竖石栽花，再植些优美的花灌木以组成景观（图 6-43）。

图 6-43　建筑角隅植物景观

第四节　园林植物造景设计实例解析

一、城市街头绿地植物景观设计

1. 现状分析

本实例绿地位于城市主路和居住区之间，其景观设计的目的是建设居住区与城市主路之间的展示绿地。该绿地的主要观赏视线来自于主路行人，由于绿地为长条形，因此采用分段设计，表现多种景观特色。从景观层次及生态效益上考虑，适宜在绿地北侧设置微地形。该场地现状分析如图 6-44 所示。

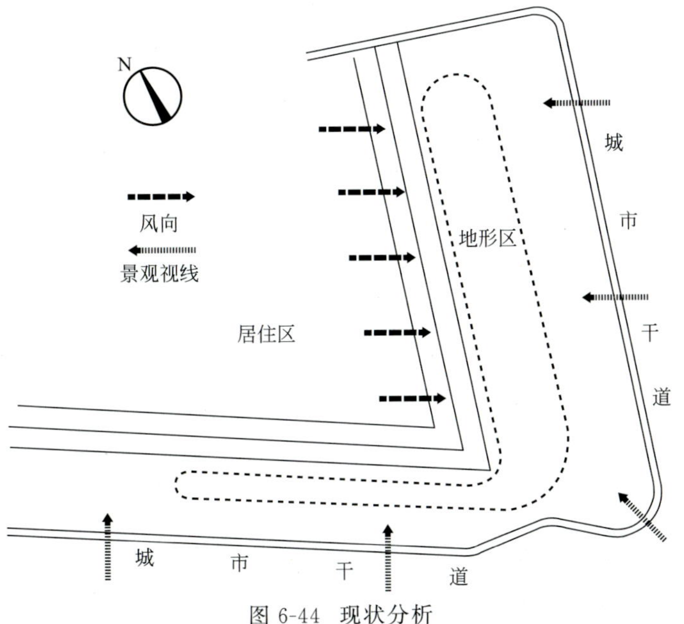

图 6-44　现状分析

（引自：尹吉光．图解园林植物造景．北京：机械工业出版社，2008）

2. 设计理念

该绿地设计基本理念主要表达积极向上的进取精神和城市风貌，以植物景观为主，同时结合简单的景观小品，用主题雕塑在绿地转角处表达总体的主题寓意。在表现四季植物景观特色并形成城市绿洲的同时，包含一定的时代主题。该绿地的另一重要功能在于屏蔽交通噪声、净化空气、防风挡尘。

3. 功能分区

本实例中的绿地为长条形，观赏距离比较长，因此设计时采用分段处理，将绿地分为5个观赏区域，并赋予不同的主题，分别为幽林听泉、玉溪春色、城市绿韵、百舸争流和层林尽染，如图6-45所示。

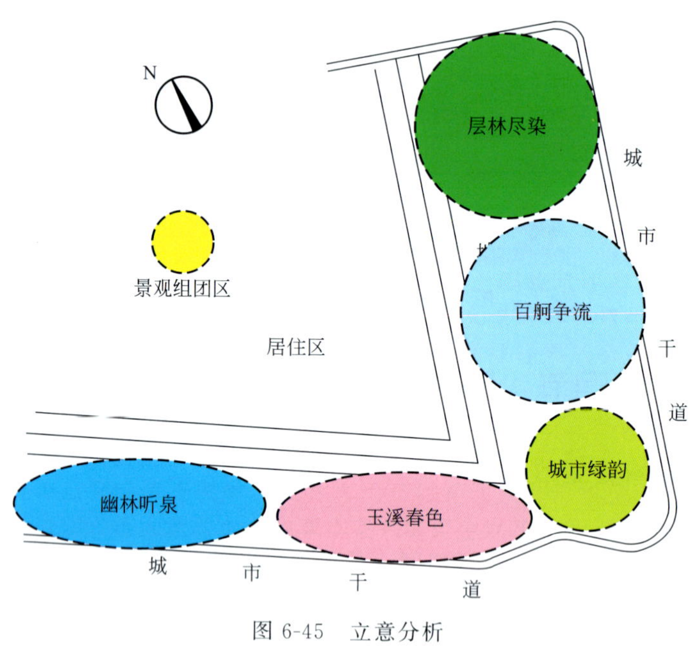

图6-45　立意分析

4. 植物配置规划

根据景观立意，该绿地的总平面规划设计方案如图6-46、图6-47、图6-48所示。

图6-46　绿地规划设计总平面布置

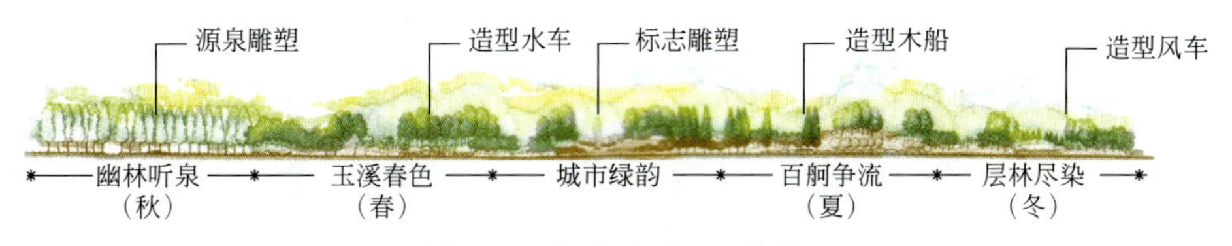

图 6-47　绿地展开立面效果

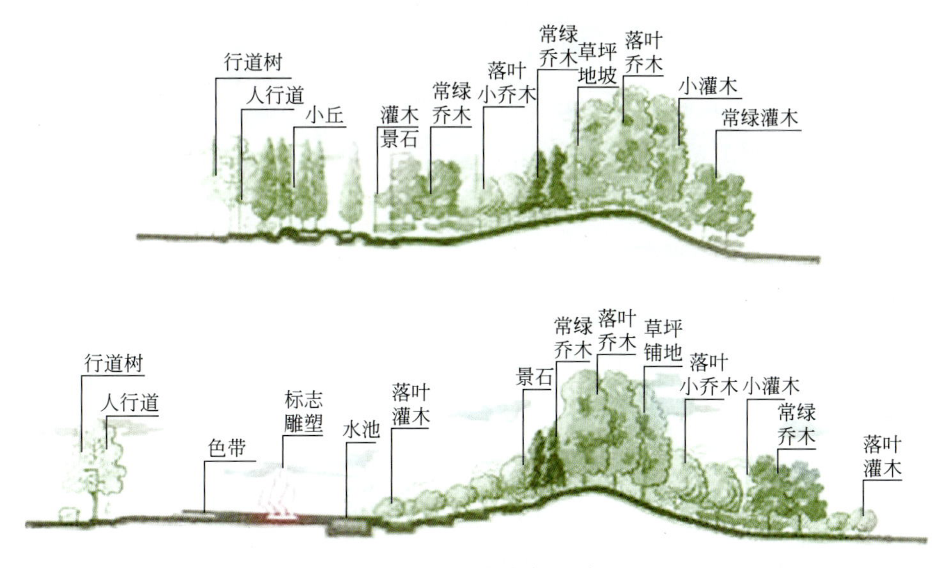

图 6-48　绿地纵向剖面效果

5. 景观设计

该设计因地制宜地将绿地分为 5 个较大的组团绿地，每个组团都表达了不同的植物景观特色。或以乔木为主，或以水生植物为主，或表达了湿地植物景观效果，或以修剪形绿带为主，或以山地形植物景观为主，植物景观设计特点如下。

(1) 幽林听泉　此组团主要表达秋景效果，因此植物造景选择以银杏为主。密植的大乔木营造出幽静的气氛，火红的主题雕塑在秋季与金黄的银杏叶彼此形成了鲜明的对比（图 6-49、图 6-50、图 6-51）。

(2) 玉溪春色　该组团主要表达的是春景效果，因此植物造景选择以垂柳等为主。垂柳和花灌木很好地营造出春天的气息，造型水车为视觉焦点（图 6-52、图 6-53、图 6-54）。

图 6-49　“幽林听泉”植物造景平面布置

图 6-50 “幽林听泉”植物造景透视效果

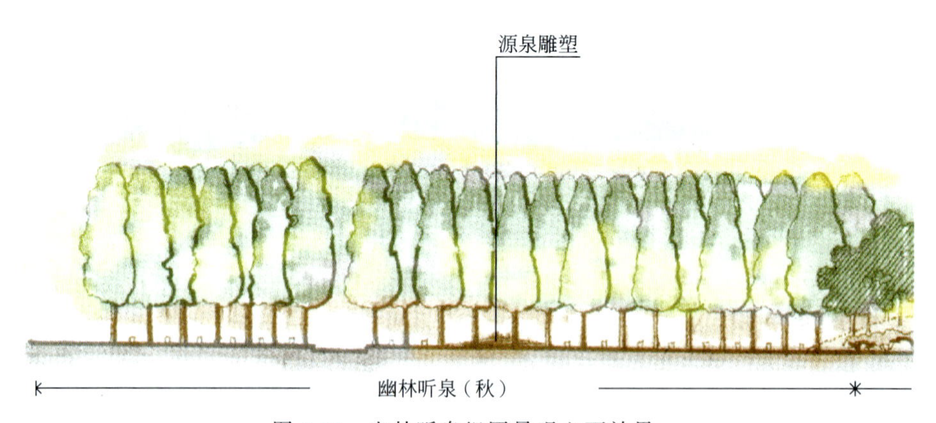

图 6-51 幽林听泉组团景观立面效果

图 6-52 “玉溪春色”植物造景平面布置

图 6-53 “玉溪春色”植物造景透视效果

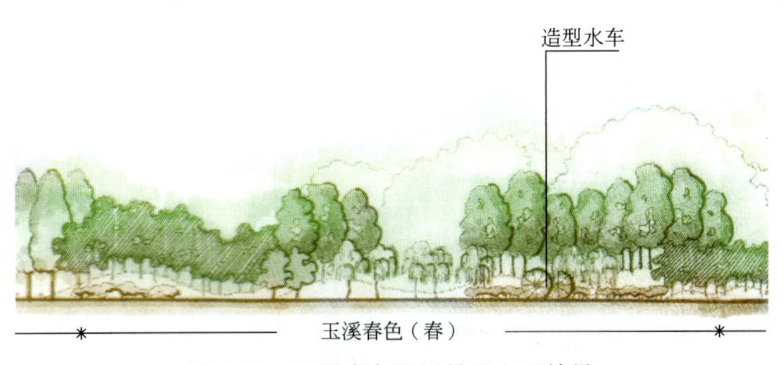

图 6-54 玉溪春色组团景观立面效果

（3）城市绿韵　此组团位于道路的转角，以标志性雕塑强调绿化的主题立意，后面为整形修剪的色带，以增强装饰气氛，成片的乔木栽植为雕塑提供了常绿背景（图 6-55）。

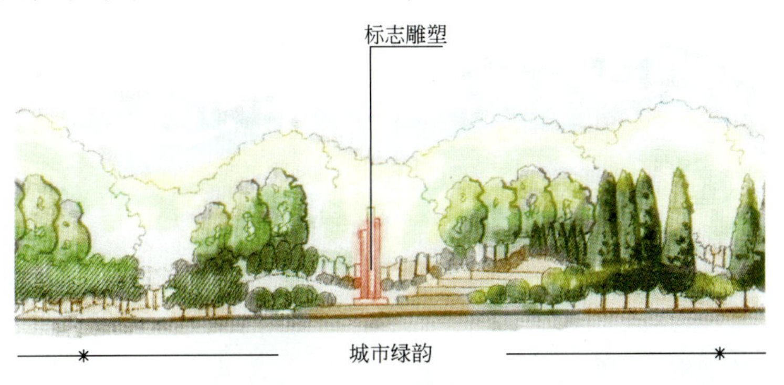

图 6-55 城市绿韵组团景观立面效果

（4）百舸争流　此组团主要表达的是夏景效果，以各种绿色形成绿化特色，特别营造了独特的水生植物景观。以树形挺拔的乔木构成绿化框架，以造型船点出景观的主题立意，表现了夏季的植物景观特色（图 6-56～图 6-58）。

（5）层林尽染　此组团主要表达的是冬景效果，设计种植了较多的常绿植物。以造型风车点景，风车周围造景选用高大乔木，从而使视线能够透过林中空地清楚地看见主景，周围的灌木也使风车如同生长在这个自然环境之中。小溪边的植物造景体现了水生植物的景观特色（图 6-59、图 6-60、图 6-61）。

图 6-56 “百舸争流”植物造景平面布置

图 6-57 “百舸争流”植物造景透视效果

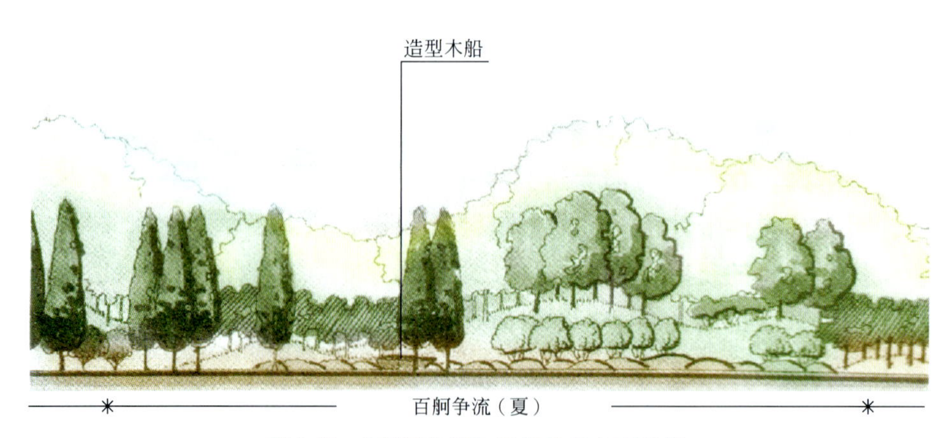

图 6-58 “百舸争流”组团景观立面效果

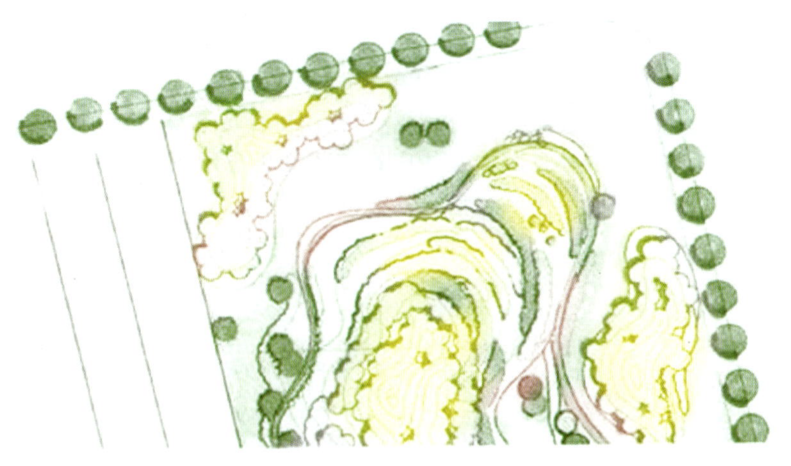

图 6-59 “层林尽染”植物造景平面布置

图 6-60 “层林尽染”植物造景透视效果

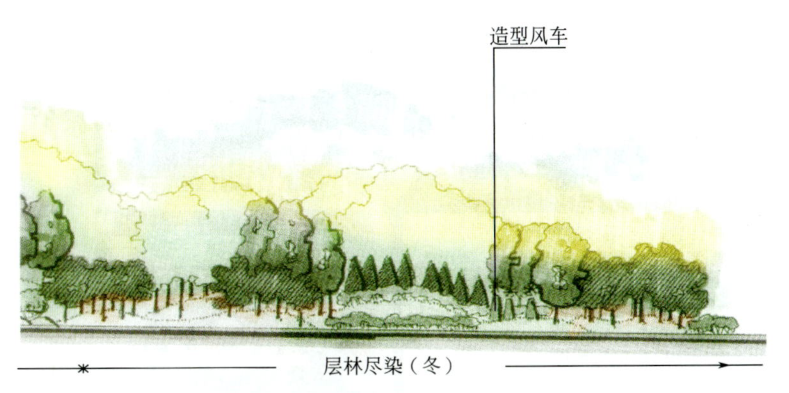

图 6-61 层林尽染组团景观立面效果

二、重庆开县交通局居住小区环境景观设计

（一）环境特点与小区概况

开县位于四川东部，万州市北，地处大巴山南部与川东平行岭谷的结合地带，而开县交通局

居住小区位于开县新城平桥片区裕安街北段（图 6-62）。小区总面积 7400m²，其中建筑面积约 1500m²，整个用地成 L 形布局。基地地势平坦，交通便捷，地块集中，居住区和休闲区域分界明显，绿化景观面积约 4500m²，占总用地的 60%。整个住宅区绿地由两个大小长方形组成，大长方形绿地位于住宅楼的东边，长 125m，宽 28m，是居民休闲和健身娱乐的主要场所，功能分区有半篮球场、健身场地、安静休息区、公共广场空间及生态园景区。小长方形位于两住楼之间，长约 44m，宽约 18m，是入口景观布置场所。

图 6-62　开县交通局居住小区环境景观设计——区位分析图

（二）指导思想与设计原则

该小区的设计在满足休闲与健身功能的情况下，遵循以植物造景为主，在以人为本的基础上尽量营造生物多样性的环境，体现人与自然的亲和，以体现社区的风尚和品格（图 6-63～图 6-66，表 6-1）。贯彻的设计原则如下。

图 6-63　开县交通局居住小区环境景观设计——植物配置总平面图

表 6-1 植物配置明细表

序号	图例	名称	规格			数量	备注	序号	图例	名称	规格			数量	备注
			胸/地径 /cm	净干高/苗高/cm	冠幅 /cm						胸/地径 /cm	净干高/苗高/cm	冠幅 /cm		
1		大叶杜英	7～8	350～450	250～350	25 株	自然高,由甲方提供苗木	26		红花继木球	8～10	80～100	100～150	11 株	高低错落,大小搭配
2		香樟	12～15	400～500	300～350	13 株	高低错落,大小搭配	27		十大功劳	8～10	80～100	100～150	11 株	高低错落,大小搭配
3		广玉兰	10～12	350～450	200～300	40 株	高低错落,大小搭配	28		风铃木	10～12	350～450	200～300	7 株	高低错落,大小搭配
4		小叶榕	10～12	400～500	200～300	56 株	高低错落,大小搭配	29		蓝花楹	10～12	350～450	200～300	33 株	高低错落,大小搭配
5		紫薇	10～12	250～300	200～300	28 株	高低错落,大小搭配	30		山杜英	10～12	350～450	200～300	10 株	自然高
6		白千层	10～12	200～300	180～200	16 株	高低错落,大小搭配	31		露兜	4 丛/平方米	150～250	150～200	6 丛	3 枝以上/丛
7		台湾相思	5～6	300～350	200～300	5 株	高低错落,大小搭配	32		棕竹	2 丛/平方米	100～200	150～250	4 丛	3 枝以上/丛
8	8-1	丹桂	6～7	100～150	200～250	67 株	高低错落,大小搭配	33		佛肚竹	2 丛/平方米	250～350	150～200	4 丛	3 枝以上/丛
	8-2	银桂	6～7	100～150	200～250	13 株	高低错落,大小搭配	34		黄金间碧竹	2 丛/平方米	100～200	150～250	2 丛	3 枝以上/丛
	8-3	金桂	6～7	100～150	200～250	7 株	高低错落,大小搭配	35		榆树	10～12	350～450	200～300	44 株	高低错落,大小搭配
9		黄兰	6～8	300～400	200～250	23 株	盆苗	36		垂柳	8～10	200～300	180～200	26 株	高低错落,大小搭配
10		垂柳	8～10	200～300	180～200	10 株	高低错落,大小搭配	37		木棉	10～12	400～500	200～300	18 株	高低错落,大小搭配
11		罗汉松	5～6	300～400	200～250	26 株	高低错落,大小搭配	38		文殊兰	4 丛/平方米	150～250	150～200	110 丛	3 枝以上/丛
12		法国梧桐	8～10	300～400	200～300	5 株	高低错落,大小搭配	39		黑松	8～10	350～450	200～300	7 株	高低错落,大小搭配
13		红背桂	6～7	100～150	200～250	7 株	高低错落,大小搭配	40		鸡蛋花	20～25	200～300	180～200	24 株	高低错落,大小搭配
14		白玉兰	6～8	300～400	250～400	16 株	高低错落,大小搭配	41		南洋杉	8～10	300～400	200～300	24 株	高低错落,大小搭配
15		小蚌兰	4 丛/平方米	150～250	150～200	10 丛	3 枝以上/丛	42		铁冬青	10～12	300～400	200～250	27 株	高低错落,大小搭配
16		蒲桃	5～6	250～350	200～300	13 株	高低错落,大小搭配	43		朴树	10～12	300～400	200～250	53 株	高低错落,大小搭配
17		雪松	8～10	300～400	200～250	6 株	自然高	44		枫香	7～8	250～300	100～150	66 株	高低错落,大小搭配
18		秋枫	10～12	300～400	250～300	47 株	高低错落,大小搭配	45		短穗鱼尾葵	7～8	250～300	100～150	66 株	高低错落,大小搭配
19		紫荆	8～10	300～400	200～250	70 株	高低错落,大小搭配	46		金边龙舌兰	4 丛/平方米	150～250	150～200	110 丛	3 枝以上/丛
20		银杏	6～8	250～300	200～250	15 株	高低错落,大小搭配	47		白鹤芋	4 丛/平方米	150～250	150～200	110 丛	3 枝以上/丛
21		粉白洋蹄甲	10～12	300～400	200～250	6 株	高低错落,大小搭配	48		芙蓉菊	4 丛/平方米	150～250	150～200	110 丛	3 枝以上/丛
22		鹅掌楸	8～10	300～400	200～250	70 株	高低错落,大小搭配	49		龙爪槐	8～10	400～500	200～300	10 株	高低错落,大小搭配
23		苏铁	8～10	300～400	200～250	70 株	高低错落,大小搭配	50		竹柏	8～10	300～400	200～300	21 株	高低错落,大小搭配
24		红叶李	5～6	250～350	150～250	3 株	高低错落,大小搭配	51		大叶女贞	8～10	250～350	150～200	4 株	高低错落,大小搭配
25		马褂木	8～10	250～350	200～250	11 株	高低错落,大小搭配	52		大王椰子	15～18	400～500	200～300	8 株	高低错落,大小搭配

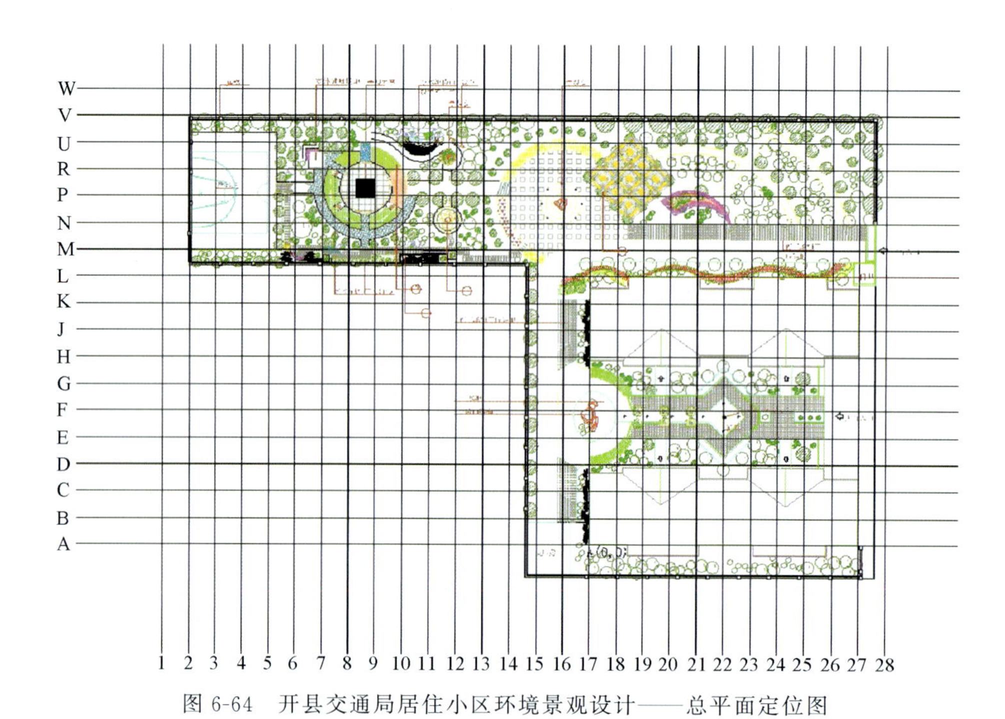

图 6-64 开县交通局居住小区环境景观设计——总平面定位图

图 6-65 开县交通局居住小区环境景观设计——鸟瞰图

图 6-66　开县交通局居住小区环境景观设计——景观分析图

1. 生态性原则

在组织植物景观的同时，充分考虑植物绿化在防尘隔噪等方面的生态环境功效，结合设计区域特有的水、热、气等生态因子，采取多种措施和手段进行设计，构成以绿化软质景观为主的绿色带状和块状生态景观。

2. 功能性原则

居住小区的景观构成与其小区的实用功能密切相关，在满足功能和技术要求前提下，合理组织不同区域的软、硬质景观，确保经济有效地尽快成景。

3. 特色性原则

本设计的目的是创造良好的可持续发展的人居环境，总体绿化设计采用简约的规则式的园林构图手法，在结合实地设计环境条件下，选择适合生长的乡土植物和特色植物，注重常绿与开花、色叶植物的合理搭配，形成特色鲜明、优美稳定的绿色景观。在此基础上，凸显湿地景观在园林中的运用，打造湿地公园。

4. 可行性原则

在不影响景观营造的前提下，结合开县的实际情况及造园材料来源，注重就地取材，力求实用美观经济。

（三）功能分区与景观设计

1. 公共广场空间

该区域位于长条形绿地中部与进入小区道路转折处，通过圆形的铺装线和方形的蒲葵林树阵相结合，使该空间统一中有变化，左右分布的高大的蒲葵树木和成半圆形分布的大海桐球，使竖向空间布局成对称均衡之势。广场正中以一喷泉景观点缀其中，围绕其周围放置大理石球，形成视觉中心，提高了小区的档次。该区域主要为居民提供一个公共活动场所，植物种植以规则整齐和简洁的形式为主。

2. 安静休闲区

该区以同心圆的形式进行布局，东西方向与广场和半球场成一直线连通，中心位置布置一景观木亭，以假山瀑布、木平台、休闲步道和室外健身场地分布四周，使人可游可憩、可观可赏，夜间配以庭院灯和草坪灯的照耀，更显浪漫与清新。

3. 生态绿化区

该部分设计以规整的弧形道路贯穿其中，通过挖填小丘来进行微地形处理以强化生态绿化区的景观效果。既丰富了视线，又能增加整个小区的绿地蓄积率。小地形采用了群植来体现大自然的丛林景观，草地大面积化，给人们更多的活动空间和休憩场所。

4. 住宅楼间花园区

该区是居民出入住宅楼的主要入口和通道，也是小区对外形象展示的一个窗口，此方案设计以传统的中国式假山水和欧式水体相结合，通过对比统一的手法，使入口景区别具一格。

上述区域景观设计见图 6-67～图 6-75 所示。

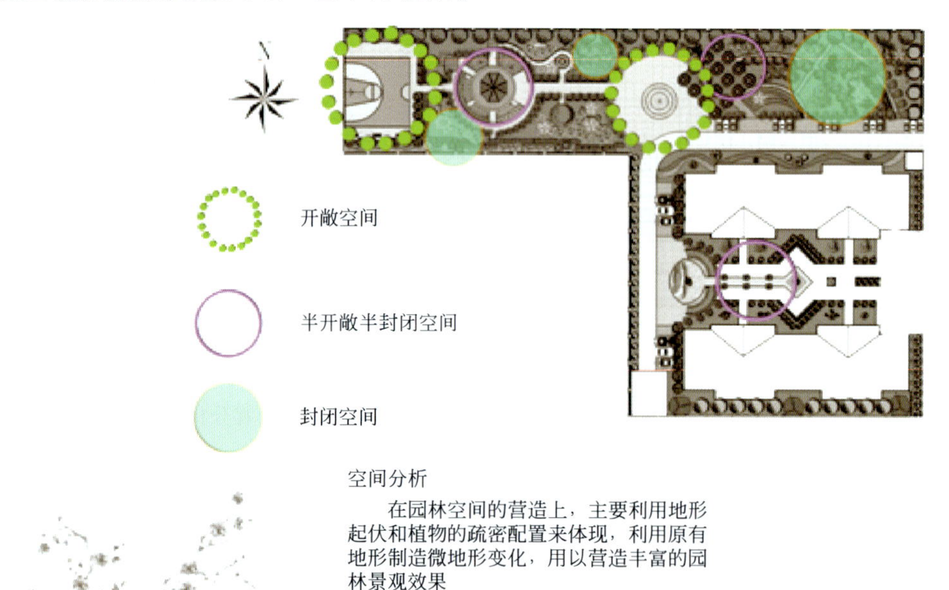

图 6-67 开县交通局居住小区环境景观设计——空间分析图

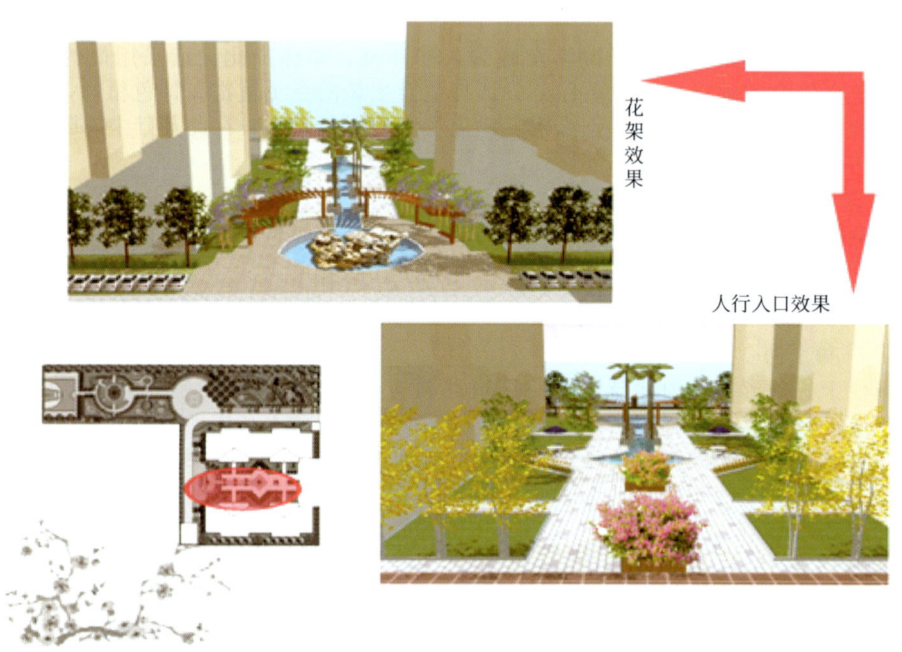

图 6-68 开县交通局居住小区环境景观设计——植物景观局部效果图一

图 6-69　开县交通局居住小区环境景观设计——植物景观局部效果图二

图 6-70　开县交通局居住小区环境景观设计——植物景观局部效果图三

图 6-71　开县交通局居住小区环境景观设计——植物景观局部效果图四

图 6-72　开县交通局居住小区环境景观设计——植物景观局部效果图五

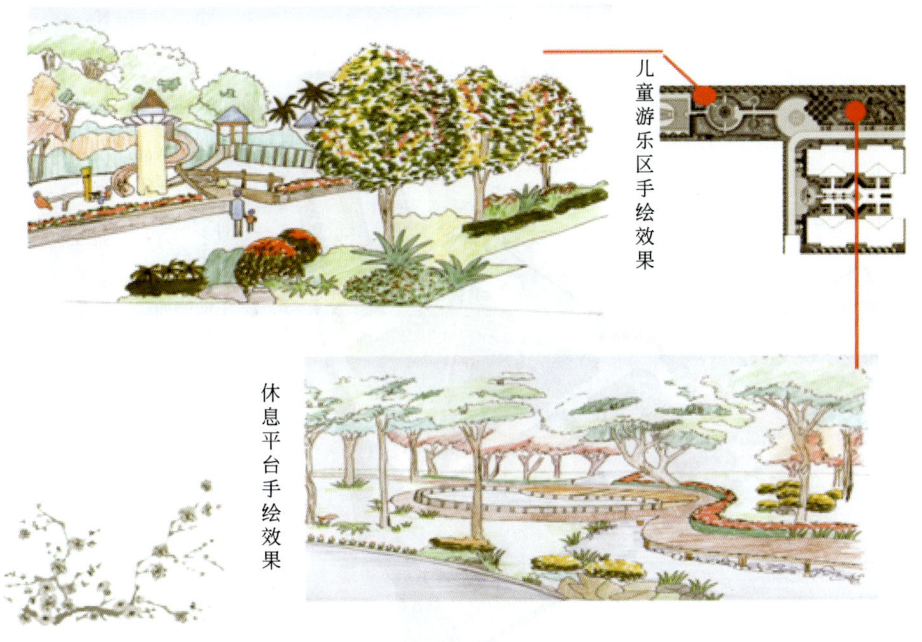

图 6-73 开县交通局居住小区环境景观设计——植物景观局部效果图六

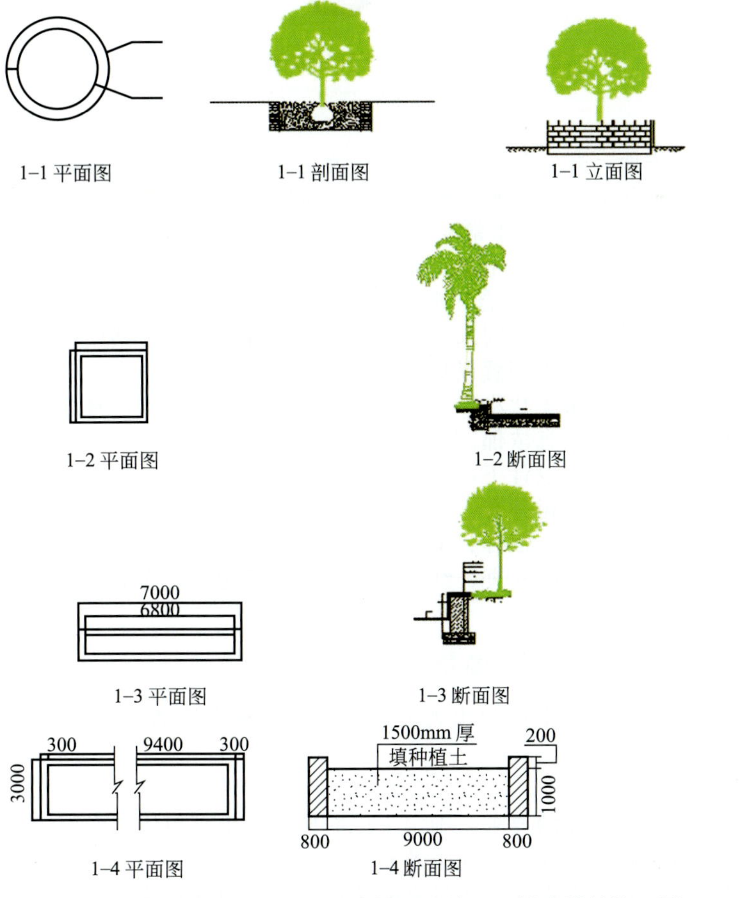

图 6-74 开县交通局居住小区环境景观设计——树池设计施工图

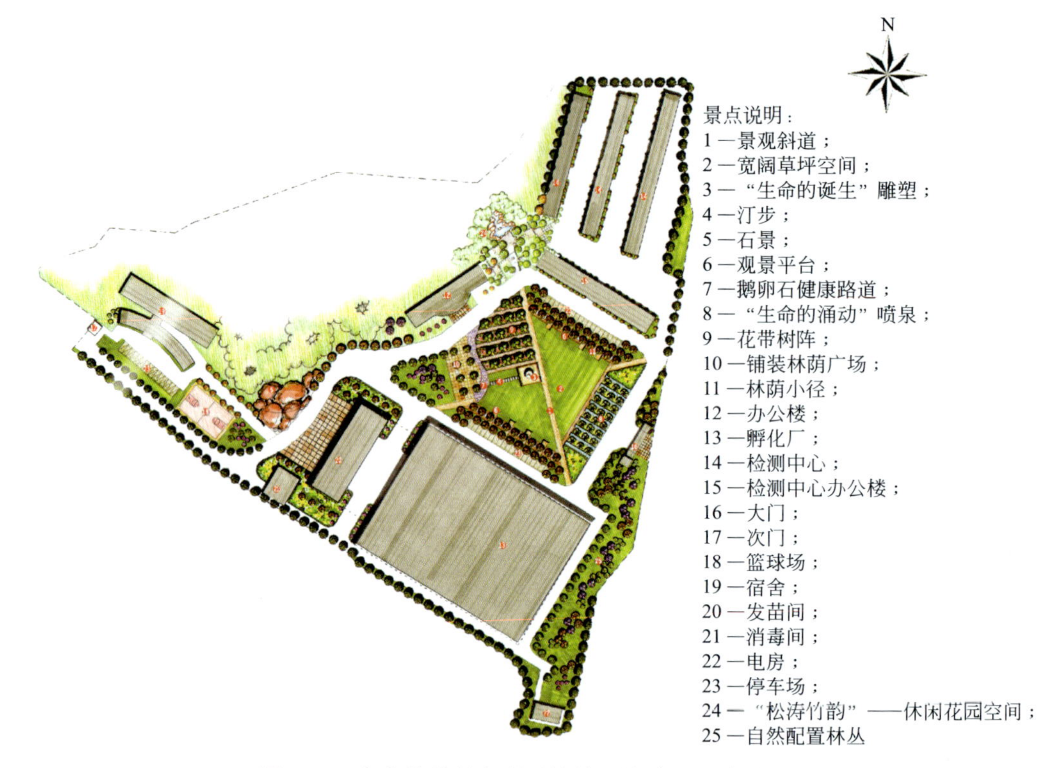

图 6-75 家禽科学研究所环境景观设计——总平面图

（四）植物造景特色

（1）在植物设计方面，充分合理利用四季长效花卉机制，营造富有动感、韵律感和连续性的景观带。充分打造轮廓分明、层次感强和色彩丰富的景观空间，体现绿色、简洁、大气的现代景观形象，整体形成“时时有花，四季常绿”的景观风貌。在总体植物配置方面，为了充分发挥生态效益，尽早实现环境美，采取适当密植，并依照季节变化，考虑树种搭配，做到常绿与落叶相结合，乔木与灌木相结合，木本与草本相结合，观花与观叶相结合，形成三季有花四季常绿的景观效果。

（2）依据各个空间功能分区不同来进行小区植物配置。如在公共广场空间，由于其作用是供广大居民公共活动，则它的植物配置以规则整齐和简洁为主。

（3）采用色块模纹形状来美化小广场。满足快速绿化美化要求，符合现代人的审美观念，使人感觉环境整洁有序，现代气息浓郁。

（4）在结合实地环境条件设计下，选择适合生长的乡土植物和特色植物，形成特色鲜明，优美稳定的绿化景观。主要乔木树种有：常绿的香樟、雪松、广玉兰、桂花、天竺桂、小叶榕、蒲葵等，落叶的有栾树、白玉兰、银杏、重阳木等。灌木主要选用了垂丝海棠、红叶李、紫薇、红梅、红枫、樱花、栀子花、金叶女贞、红继木等。地被草花主要为麦冬、葱兰、花叶艳山姜、结缕草等。

三、广东省家禽科学研究所环境景观设计

广东省家禽科学研究所位于广州市天河区，是专门从事家禽科学研究的省级科研单位，定位为技术开发型科研机构。

1. 总体策划

根据家禽所的现状和领导的要求，确定工厂的性质为生态型休闲专园，经过合理的规划，使其更好的发挥生态效益，社会效益和经济效益。

（1）规划理念　使自然景观和人文景点的文化内涵相结合，体现人与自然和谐共存，结合本园的原有自然生态林及山石等造园因素，充分发挥其优势，融入自然中去，使本园成为城市中的

生态绿洲，力求体现以人为本的设计原则。

（2）景观设计概念　将各种景观要素如道路、水、石、雕塑等以现代构成手法将其重新组合，在符合功能要求下，点、线、面结合，缔造出多个简洁、实用兼顾景观功能的绿色空间。具体体现在以下几点。

① 景观的实用性　景观空间的形式与环境及生产建筑区互相协调，既能满足生产功能，又能引导企业职工在工作之余活动的需求。

② 景观的延续性　即使建设中保持与自然环境、城市文脉的延续性，并将企业文化及精神融于其中。

③ 景观的多样性　在保持工厂环境可持续发展的前提下提供景观形式的多样性，各种开敞空间、半开敞空间，为员工提供多种体验和选择，同时，也为各种材料及技术的多样性提供表达的空间。

（3）规划特点　在规划中根据不同的区域定位特点，力求通过合理的规划布局，强调以人为本的原则，尊重自然生态规律，充分体现本园的观赏性、休闲性、生态性等不同特性，真正为游人提供一处可观、可游、可停的综合性专园。

2. 总体布局

总体布局按点、线、面的方式铺开，其间各要素有和谐统一又有矛盾的冲突，矛盾点演变为活跃的活动空间，和协统一地营造平和坦然的空间（图 6-76）。

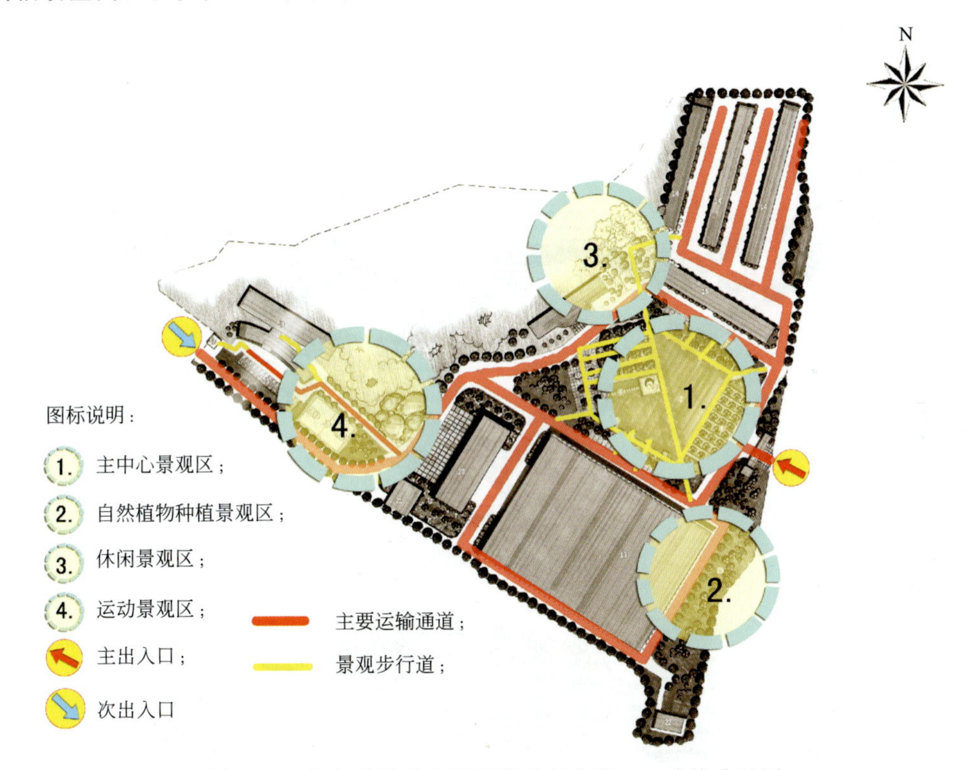

图 6-76　家禽科学研究所环境景观设计——功能分区图

其中，点："生命的诞生"主题雕塑、土坡石景、半开敞的静思空间。线：全园主交通线；景观斜道；林荫小径及排列式园路。面：水面"生命的涌动"喷泉；开阔的草坪空间；林丛顶，即各种乔木组成的上层空间与后山绿化缓面所形成的呼应。

3. 景观设计

（1）大门　全园设两个出入口，一个主入口，一个次入口，大门以半椭圆形的保安室造型及横竖穿插的方形构筑为主，提示企业的经营范畴。

（2）"生命的涌动"喷泉　大门入口对景处设立一系列水渠形的喷泉景观，排列的水渠用黑色大理石为主色调，每条水渠等距分布小涌泉，在排列的棕榈树干围合和黑色池底的衬托下，分外有生气，表现生命诞生前的涌动和冲击，同时该景点对全厂景观起到类似“四合院”中的“照壁”的作用。

（3）林荫小径　整齐的列植树形式，直线形的林下空间，设置笔直小径，并用横线平台加强停车场及中心草坪空间的联系，同时起到稍歇及观景的功能。两排林荫树也很好的分隔了停车场和中心绿地。

（4）景观斜道　在近似方形绿地上尽量地设置最长的景观视线，斜道便是方法之一，斜道连接了景点，同时也展示了不同空间变化的组织线：疏林喷泉—开敞草坪—点题雕塑“生命的诞生”—树阵花带空间。

（5）铺装林荫广场　提供与开敞草坪不同界面的人们聚散休闲的场所，吸纳及缓冲办公区到孵化区的人流。

（6）半开敞的静思空间　“松涛竹韵”——通过一系列方形而且不同高差的平台及蹬道石，划分不同的休闲空间，并安排坐凳及雕塑柱点缀，营造出一种静谧郁闭的环境，同时用造型优美的黑松及翠竹作为构景的植物，达到静听“松涛”及感受“竹韵”的意境，使之与植物生态群落相呼应，为工厂员工提供静逸的休闲空间，同时利用雨天山谷的汇水线处，设置山石瀑布景观。

4. 植物景观规划

植物景观规划是充分利用现有植物，同时进一步完善整个专园的植物造景系统，精心构思，统一规划，营造出多种景观类型，为员工提供植物丰茂、景观丰富、生态健全的绿色工作境地。研究所植物景观规划设计方案，见图 6-77 所示。

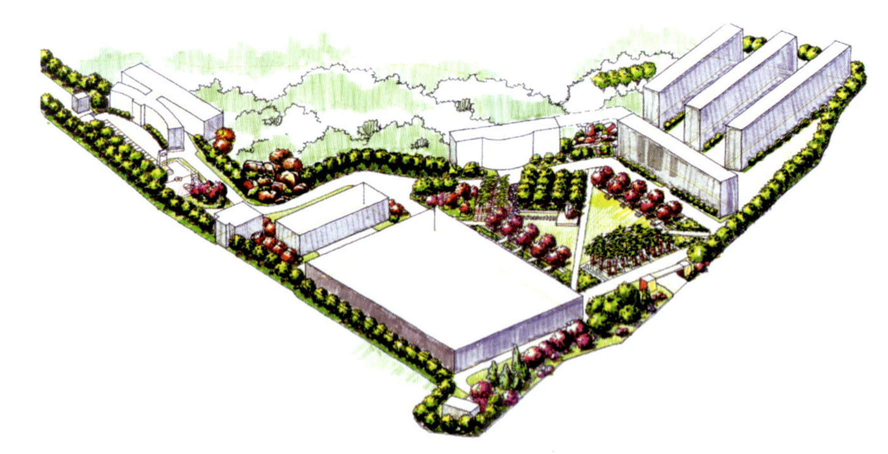

(a) 总体鸟瞰图

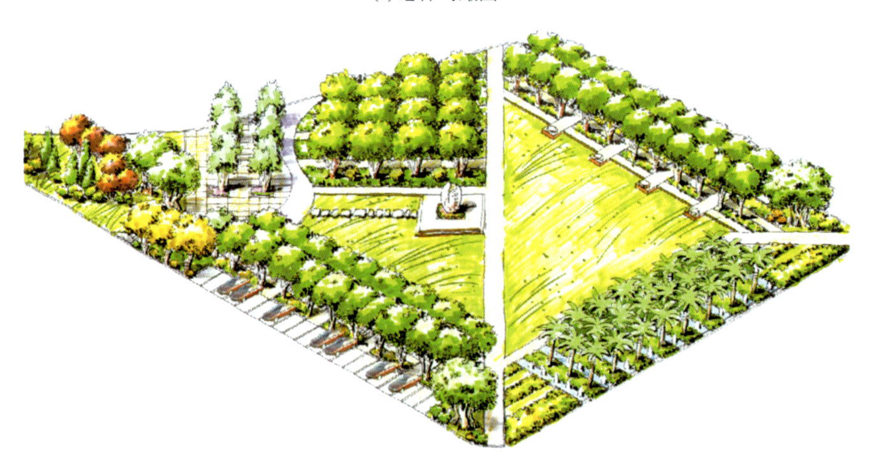

(b) 局部鸟瞰图

图 6-77

(c) 局部透视图一

(d) 局部透视图二

(e) 局部透视图三

图 6-77

(f) 局部透视图四

“松涛竹韵”局部透视图

“多彩的生命”雕塑景观柱意象

(g) 局部透视图五

景点说明：

1—景铭石；

2—方型休闲平台；

3—雨水瀑布景观；

4—“多彩的生命”景观雕塑柱；

5—蹬步石；

6—造型黑松；

7—园凳；

8—丛植紫薇；

9—翠竹景观

(h) 局部平面图

图 6-77　广东省家禽科学研究所植物景观规划设计

[本章小结]

本章通过介绍园林植物与水体、园路、建筑的组景造景，进一步认识植物与园林要素的组合造景形式与方法。植物与园林景观要素的造景组合追求自然美与人工美的组合，使二者的关系达到和谐一致。一方面，各景观要素可作为植物造景的背景，衬托植物优美的姿态，并且能为植物生长创造一种更加适宜的小气候条件；另一方面，植物丰富的色彩，优美的姿态及风韵能增添景观要素的美感，形成空间变化，使之产生一种生动活泼且具有季节变化的感染力，使景观要素之间、景观要素与周围环境之间更为协调。园林中各类水体，无论其在园林中是主景、配景或小景，无一不借助植物来丰富水体的景观。水中、水旁园林植物的姿态、色彩、所形成的倒影，均加强了水体的美感。适宜的植物配置可以丰富园林的水景，增强水体明净、开朗或幽深的艺术感染力。园林道路植物景观设计需遵从艺术构图规律，体现均衡与对比、主次分明、韵律节奏、层次背景、造景与导游、季相变化原则，满足游览要求，达到移步换景效果。园林植物与建筑组合造景设计要求使园林建筑主题更突出，协调建筑物与周围的环境，丰富建筑物的艺术构图，赋予建筑物以时间和空间的季相感，完善建筑物的功能，体现出植物与建筑的组景既生动活泼，又和谐统一。三个综合实例的介绍，有助于系统认识小环境植物造景形式，促进理论与实践的结合，掌握在特定环境功能下植物的应用方法与要求。

思　考　题

1. 简述水体、园路、建筑的植物配置要求及方法。
2. 试述屋顶花园设计原则及植物选择。
3. 以某特定绿化方案为例，分析其“点、线、面、空间”四要素的植物景观特点。
4. 选一熟悉的园林，分析园林植物与水体、园路、建筑等造景特点及设计原则。

实训一　园林植物与水体组景设计

一、实训目标

认识园林植物对水体的造景作用以及水体组景植物选择的基本要求，了解植物与水体组合造景的方式，掌握水景植物的设计手法和表现技巧。

二、材料与用具

测量仪器，绘图工具。

三、方法与步骤

1. 调查教师所指定绿地中需设计的水体组景类型和周边环境条件。
2. 了解水景所在地的自然条件及植物的生长状况。
3. 策划设计方案，选择配置的植物种类。
4. 完成平面图、立体效果图。

四、实训要求

1. 要求植物配置与水体景观类型、功能相协调。
2. 植物选择适宜当地生态条件和地形环境。
3. 立意明确，风格独特。
4. 图纸绘制规范。

五、作业

1. 园林植物与水体组景设计图纸一套。
2. 设计说明书一份。

实训二　园林植物与园路组景设计

一、实训目标

了解园路植物种植设计的特点和园路的分级，掌握不同级别园路的植物种植设计要点和不同园林形式下的园路种植设计。

二、材料与用具

测量仪器、绘图工具等。

三、方法与步骤

1. 调查教师给定的某绿地中需设计的园路的分级状况、地理环境和形式要求。

2. 了解该园路所在地的自然条件及植物的生长状况。

3. 策划设计方案，选择配置的植物种类。

4. 完成平面图、立体效果图。

四、实训要求

1. 要求植物配置与园路所处园林的性质和园林功能相协调。

2. 植物选择适宜当地室外生存条件。

3. 立意明确，风格独特。

4. 图纸绘制规范。

五、作业

1. 园林植物与园路组景设计图纸一套。

2. 设计说明书一份。

实训三　园林植物与建筑组景设计

一、实训目标

掌握园林植物与建筑组景设计的方法，能够独立进行园林植物与建筑组景设计。

二、材料与用具

测量仪器，绘图工具。

三、方法与步骤

1. 调查建筑周边环境，确定建筑的性质、功能并且立意。

2. 确定植物的选择标准。

3. 构思总体方案，完成初步设计。

4. 正式设计，包括平面图、立体效果图的绘制。

5. 编写设计说明书，包括设计原则、功能要求、表现意境和风格特点等。

四、实训要求

1. 根据建筑周边的环境特点及功能需求选择适宜植物。

2. 根据建筑功能需求选择恰当的植物配置方式和造景手法。

3. 立意明确，风格独特。

4. 图纸绘制规范。

五、作业

1. 园林植物与建筑组景设计图纸一套。

2. 设计说明书一份。

实训四　屋顶花园的植物造景设计

一、实训目标

了解屋顶花园的植物景观设计特点、基本要求和内容，掌握设计方法。

二、材料与用具

测量仪器，绘图软件，计算机，手工绘图工具。

三、方法与步骤

1. 屋顶周边环境的调查，确定屋顶的性质、功能并且立意。

2. 根据屋顶花园的功能需求、承载能力及环境特点确定植物的选择标准。

3. 实地测量、绘制现状图。

4. 根据上述资料完成植物配置设计图，包括平面图、立体效果图。

5. 编写设计说明书，包括设计原则、功能要求、表现意境和风格特点等。

四、实训要求

1. 要求植物配置方式及造景手法与屋顶花园性质、功能相协调。
2. 植物选择适宜当地室外的环境条件。
3. 立意明确，风格独特。
4. 图纸绘制规范。

五、作业

1. 屋顶花园的植物造景设计图纸一套。
2. 设计说明一份。

实训五　小型公共绿地植物造景设计

一、实训目标

1. 将公共绿地植物配置的理论知识运用到设计实践中去；掌握公共绿地植物造景设计方法。
2. 熟悉植物环境功能分析方法。

二、材料与用具

测量仪器、绘图工具等。

三、方法与步骤

1. 公共绿地周边环境和社会历史人文资料调查，确定广场的性质、功能并且立意。
2. 广场自然资料调查，包括地形、土壤质地状况、土壤酸碱性、地下水位高低、原有建筑、原有可保留植物、确定植物的选择标准。
3. 实地测量、绘制现状图。
4. 根据上述资料完成植物配置设计图，包括平面图、立体效果图。
5. 编写设计说明书，包括设计原则、功能要求、表现意境和风格特点等。

四、实训要求

1. 要求植物配置与公共绿地性质、功能相协调。
2. 根据当地植物生长规律及公共绿地环境特点及功能需求选择适宜植物。
3. 根据公共绿地功能需求选择恰当的植物配置方式和造景手法。
4. 立意明确，风格独特。
5. 图纸绘制规范。

五、作业

1. 小型公共绿地设计图纸一套。
2. 设计说明书一份。

实训六　街头小游园设计

一、实训目标

了解植物景观设计的基本程序，掌握景观设计前基地调查的内容、构思立意时的基本方法、设计表现时的图纸内容和表现手法。

二、材料与用具

测量仪器，绘图工具。

三、方法与步骤

1. 调查教师给定的某街头小游园所在区域环境。
2. 了解街头小游园所在地的自然条件及植物的生长状况。
3. 策划设计方案，选择配置的植物种类。
4. 完成平面图、立面图和效果图。

四、实训要求

1. 要求植物配置与街头小游园性质、功能相协调。
2. 植物配置合理，材料选择尽量选用当地特有品种。
3. 立意明确，风格独特。
4. 图纸绘制规范。

五、作业

1. 街头小游园设计图纸一套。

2. 设计说明书一份。

第七章 园林植物造景评价

[学习目标]

1. 理解园林植物造景评价原则，认识其指导意义。
2. 掌握园林植物景观评价方法，能结合实际具体应用。

在城市园林绿地构建中，园林植物及其应用是主要要素，园林植物景观质量直接关系到园林绿地的整体景观质量。近些年来随着植物造景、生态园林等的提出与实践，更加强调了园林植物景观的重要地位。为了更好地发挥园林植物的作用，在园林绿地建设前的方案评估和建成以后的经营管理中有必要进行园林植物景观评价。

第一节 园林植物造景评价原则

一、科学性原则

1. 适地适树原则

植物是活的有机体，在其生长发育过程中，对光照、温度、水分、空气等环境因子都有不同的要求。在植物造景时，首先要满足植物的生态要求，使植物正常生长，并保持一定的稳定性，这就是通常所讲的适地适树。即根据立地条件选择合适的树种，或者通过引种驯化和改变立地生长条件，达到适地适树的目的。其次要合理造景，在平面上植物间要有合理的种植密度，使植物有足够的营养空间和生长空间，从而形成较为稳定的群体结构。通常以乡土树种为主，根据成年树木的冠幅来确定种植点的距离，为了在短期内达到造景效果，可适当加大种植密度；在竖向设计上需要考虑植物的生物特性，注意将喜光与耐阴、速生与慢生、深根性与浅根性等不同类型的植物合理的搭配，在满足植物生态条件下创造稳定的植物景观。

2. 物种多样性原则

园林的物种多样性维持了园林生态系统的健康和高效，是园林生态系统发挥服务功能的基础。生态学家们认为，在一个稳定的群落中，各种群对群落的时空条件、资源利用等方面都趋向于互相补充而不是直接竞争，系统愈复杂也就愈稳定。园林植物的年龄结构、类型结构以及空间结构都是影响物种多样性的直接因素。例如，植被高度和数量的增加是鸟类物种定居的一个基本推动力。乔木能改善群落内部环境，为中、下层植物的生长创造较好的小生境条件，有利于中、下层植物的生长。常绿树与落叶树形成的混交林比单纯林更能增加动物种类。因此，应通过园林植物的合理造景，使植物群落接近或达到原始植物群落的性质和功能，形成合理的植物成层结构，提高动植物栖息地的质量，为物种创造适宜的多样性的生境结构，保护物种多样性。

3. 植物群落稳定性原则

在植物造景设计人工植物群落的构建过程中，应根据植物群落演替的规律，充分考虑群落的物种组成，正确处理植物群落的组成、结构，利用不同生态位植物对环境资源需求的差异，确定合理的种植密度和结构，以保持群落的稳定性，增强群落自我调节能力，减少病虫害的发生，维持植物群落平衡与稳定。如地衣是藻与菌的结合体，豆科、兰科、龙胆科中的不少植物都有与真菌共生的例子。一些植物种的分泌物对另一些植物的生长发育是有利的，如黑接骨木对云杉根的分布有利，皂荚、白蜡与七里香等在一起生长时，互相都有显著的促进作用；核桃与山楂间种可以互相促进，牡丹与芍药间种能明显促进牡丹生长等。可以利用植物间的化感作用进行园林植物的造景，协调植物之间的关系，使他们能健康生长。但园林这种半人工生态系统和自然陆地一样，也存在一种植物抑制另一种或多种植物生长的现象。例如，洋槐能抑制多种杂草的生长，松树、苹果以及许多草本植物不能生长在黑胡桃树阴下，松树与云杉间种发育不良，薄荷属植物分泌的挥发油阻碍豆科植物的生长等，这些都是园林植物造景中必须注意的。

4. 生态功能原则

园林植物造景应该充分考虑园林生态系统的功能发挥，取得较为理想的生态效益。首先，应考虑园林植物造景的生态效益。生态效益的大小与叶面积系数有密切的关系。植物的叶面积总和与植物覆盖面积之比称为叶面积系数。如果用乔木、灌木和地被植物组成复杂混交的合理的人工植物群落就可得到更大的叶面积系数。植物叶片的光合作用，吸收贮存太阳能，从而产生生态效益，叶面积系数越大生态效益就越大。林下植草比单一林地或草地更能有效利用光能及保持水土。耐阴灌木树种特别适宜于高架桥下、高层建筑背后及高大阳性树种下等光照条件缺乏的庇荫处栽植，可以发挥其独特的生理优势，丰富园林绿化的层次空间，提高环境生态效益。再次，应考虑园林植物造景的环保作用。重视发挥园林植物对污染物的承载作用，特别是怎样利用园林植物吸纳有害物质来改善环境。如柑橘对二氧化硫抗性和吸收力较强；国槐、银杏、臭椿对硫的同化、转移能力较强；大叶女贞、合欢、槐树等具有较强的净化大气氯气污染的能力等。还有许多水生植物，如香蒲、芦苇等，对水体净化有重要作用。通过选择对污染物的吸收和抗性都比较强的植物种类，可使园林发挥较大的净化和美化环境的功能。

二、艺术性原则

（一）形式美

植物造景作为造景手法，在保证植物对环境适应的同时，更应注重符合艺术美规律，合理搭配，通过艺术构图体现植物个体和群体的形式美。

1. 多样与统一

植物景观设计时，树形、色彩、线条、质地及比例都要有一定的差异和变化，显示多样性，但又要使它们之间保持一定的相似性，引起统一感，这样既生动活泼，又和谐统一。变化太多，整体就会显得杂乱无章，甚至一些局部感到支离破碎，失去美感。过于繁杂的色彩会引起心烦意乱，无所适从。但平铺直叙，没有变化，又会单调呆板。因此要掌握在统一中求变化，在变化中求统一的原则。如行道树绿带中，用等距离配植同种同龄乔木树种，或在乔木下配植同种同龄花灌木，这种精确的重复最具有统一感。一座城市中树种规划时，分基调树种、骨干树种和一般树种。基调树种种类少，但数量大，可以形成该城市的基调及特色，起到统一的作用。而一般树种则种类多，每种量少，五彩缤纷，起到变化的作用。

2. 对比与调和

植物造景中，通过植物色彩、形貌、线条、质感、体量和构图等的对比能够创造强烈的视觉效果，激发人们的美感体验。而调和则强调采用类似的色调和风格，显得含蓄而幽雅。植物造景中常用对比的手法来烘托气氛、突出主题或引导游人视线。如植物的枝条呈现一种自然的曲线，园林中往往利用它的质感以及自然曲线，来衬托人工硬质材料构成的规则式建筑形体，这种对比更加突出两种材料的质感。现代园林中往往以常绿树作雕塑的背景，通过色彩对比来强调某一特定的空间，加强人们对这一景点的印象。建筑物旁的植物通常选用具有一定的姿态、色彩、芳香的树种。一般体型较大，立面庄严，视线开阔的建筑物附近，要选干高枝粗，树冠开展的树种；在结构细致、玲珑、精美的建筑物四周，要选栽一些叶小枝纤、树冠致密的树种。

3. 均衡与稳定

在园林植物造景时，将体量、质感各异的植物种类按均衡的原则配植，景观就会显得很稳定，而稳定正是使人们获得放松和享受的基本形象。均衡分对称均衡和不对称均衡，对称是最简单的均衡，对称均衡给人以整齐庄重感，显得稳定而有条理；在规则式的植物造景中，植物材料的种植位置和造型均以对称均衡的形式布置，给人一种平衡、整齐、稳定的感觉，如西方园林布局。而不对称均衡是自然界普遍的基本的存在形式，它赋予景观以自然生动的感觉，大多数园林更常采用的是不对称均衡。如在自然式园路的两旁，一边若种植一株体量较大的乔木，则另一边需植以数量较多而体量较小的灌木，以求得自然的均衡感和稳定感。在造景时既要讲究植物相互之间的和谐又要考虑植物在不同生长阶段和季节的变化，以免产生不均衡的状况。将体量、质地各异的植物种类按均衡的原则配植，景观就显得稳定、协调。如色彩浓重、体量庞大、数量繁多、质地粗厚、枝叶茂密的植物种类，给人以重的感觉。相反色彩素淡、体量小巧、数量简少、质地细柔、枝叶疏朗的植物种类，则给人以轻盈的感觉。

4. 韵律与节奏

在园林植物造景中，有规律的变化，就会产生韵律感。在道路两旁和狭长地带上植物造景要注意纵向的立体轮廓线和空间变换，做到高低搭配，有起有伏，产生节奏韵律，一种树等距离排列称为"简单韵律"，比较单调而且装饰效果不大，如果两种树木，尤其是一种乔木及一种花灌木相间排列就显得活泼一些，称为"交替韵律"。如果三种植物或更多一些交替排列，会获得更丰富的韵律感。人工修剪的绿篱可以剪成各种形式，如方形起伏的成垛状、弧形起伏的波浪状，形成一种"形状韵律"。

植物景观中艺术性的创造是极为细腻复杂的，需要巧妙地利用植物的形体、线条、色彩和质地进行构图，并通过植物的季相变化来创造瑰丽的景观，表现其独特的艺术魅力。

（二）时空观

园林艺术讲究动态序列景观和静态空间景观的组织。植物的生长变化造就了植物景观的时序变化，极大地丰富了景观的季相构图，形成二时有花、四时有景的景观效果；同时，规划设计中，还要合理配置速生和慢生树种，兼顾规划区域在若干年后的景观效果。此外，植物景观设计时，要根据空间的大小，树木的种类、姿态、株数的多少及配置方式，运用植物组合美化、组织空间，与建筑小品、水体、山石等相呼应，协调景观环境，起到屏俗收佳的作用。

（三）意境美

园林中的植物花开草长、流红滴翠，漫步其间，使人们不仅可以感受到芬芳的花草气息和悠然的天籁，而且可以领略到清新隽永的诗情画意，使不同审美经验的人产生不同的审美心理与思想内涵，这即是意境。意境是中国文学和绘画艺术的重要表现形式，同时也贯穿于园林艺术表现之中，即借植物特有的形、色、香、声、韵之美，表现人的思想、品格、意志，创造出寄情于景和触景生情的意境，赋予植物人格化。这从形态美到意境美的升华，不但含意深邃，而且达到了"天人合一"的境界。

三、功能性原则

任何景观都是为人而设计的，植物景观设计亦是如此。因此，植物景观的创造必须以人为本，符合人的心理、生理感性和理性需求，把服务和有益于人的健康和舒适作为植物景观设计的根本，体现以人为本，满足居民"人性回归"的渴望，力求创造环境宜人，景色引人，为人所用，尺度适宜，亲切近人，达到人景交融的亲情环境。要求设计者无论是选择植物种类，还是确定布局形式，都不能仅以个人喜好为依据，应根据绿地类型，充分发挥植物各种生态功能、游憩功能、景观功能、文化功能，结合设计目的进行植物造景。

1. 绿地生态功能要求

植物作为城市中特殊群体，对城市生态环境的维护和改善起着重要作用。植物造景应视具体绿地的生态要求，选择适宜的植物种类，如作为城市防护林的植物必须具备生长迅速、寿命较长、根系发达、管理粗放、病虫害少等特性；如银杏、黑松、樟子松、夹竹桃、臭椿、柳树等；污染严重的工厂，应选择能抗有害气体、吸附烟尘的植物，如对二氧化硫抗性和吸收力较强的柑橘、合欢、广玉兰、无花果、刺槐等；对硫的同化、转移能力较强的国槐、银杏、臭椿等；对氟化氢抗性较强的苹果树、柑橘树、海桐、龙柏、金银花等；具有较强的净化大气氯气污染能力的大叶女贞、合欢、槐树、枸杞、桑树等。在传染病医院可考虑种植杀菌能力较强的植物，如白皮松、圆柏、丁香、银白杨等。

2. 绿地游憩功能要求

园林绿地常常也是城市居民的休闲游憩场所。在植物造景时，应考虑园林绿地的使用群体和游憩功能，进行人性化设计。设计时应充分考虑人的需要和人体尺度，符合人们的行为生活习惯。如在幼儿园、小学校等儿童活动频繁的地区，应选择玩耍价值高、耐踩踏能力强、无危险性的植物，尽可能地保留一块没有设计而保持其自然状况的绿地，允许孩子们在这杂草丛生的地方挖土、攀爬、探险；不同的园林绿地有不同的功能要求，植物的造景应考虑到绿地的功能，起到强化和衬托的作用。如对于纪念性的公园、陵园，要突出它的庄严肃穆的气氛，在植物选择上可用松柏类等常绿、外形整齐的树种以喻流芳百世、万古长青。对于有遮阳、吸尘、隔音、美化功能的行道树则要求选择树冠高大、叶密荫浓、生长健壮、抗性强的树种。因此，对于不同的绿地，选择植物时首先要考虑其性质，尽可能满足绿地的功能要求。

3. 绿地景观功能要求

园林绿地不仅有实用功能，而且能形成不同的景观，给人以视觉、听觉、嗅觉上的美感，属于艺术美的范畴，在植物造景上也要符合艺术美的规律，合理地进行搭配，最大程度地发挥园林植物“美”的魅力。

首先要做到“因材制宜”，园林植物的观赏特性千差万别，给人的感受亦有区别。造景时可利用植物的姿态、色彩、芳香、声响方面的观赏特性，根据功能需求，合理布置，构成观形、赏色、闻香、听声的景观。如龙柏、雪松、银杏等植物，形体整齐、耸立，以观形为主；樱花、梅花、红枫等以赏其色为主；白兰、桂花、含笑等是闻其香。“万壑松风”、“雨打芭蕉”等主要是听其声。利用植物的观赏特性，创造园林意境，是我国古典园林中常用的传统手法。如把松、竹、梅喻为“岁寒三友”，把梅、兰、竹、菊比为“四君子”，这都是运用园林植物的姿态、气质、特性给人的不同感受而产生的比拟联想，即将植物人格化，从而在有限的园林空间中创造出无限的意境。其次要根据不同绿地环境、地形、景点、建筑物的性质不同、功能不同进行“因地制宜”，体现不同风格的植物景观。如公园、风景点要求四季美观，繁花似锦，活泼明快，树种要多样，色彩要丰富。寺院、碑刻、古迹则求其庄严、肃穆，造景树种时必须注意其体形大小、色彩浓淡，要与建筑物的性质和体量相适应；轻快的廊、亭、轩、榭，则宜点缀姿态优美、绚丽多彩的花木，使景色明丽动人。再次要充分了解植物的季相变化，做到“因时制宜”，植物是有生命的园林构成要素，随着时间的推移，其形态不断发生变化，从幼小的树苗长成苍天大树，历经数十年甚至上百年。在一年之中，随着季节的变化而呈现出不同的季相特点，从而引起园林景观的变化。因此，在植物造景时既要注重保持景观的相对稳定性，又要利用其季相变化的特点，创造四季有景可赏的园林景观。

4. 历史文化延续功能

植物景观是保持和塑造城市风情、文脉和特色的重要方面。植物景观设计首先要理清历史文脉的主流，重视景观资源的继承保护和利用，以自然生态条件和地带性植被为基础，将民俗风情、传统文化、宗教、历史文物等融合在植物景观中，使植物景观具有明显的地域性和文化性特征，产生出识别性和特色性。如杭州白堤的“间株桃花间株柳”，荷兰的郁金香文化，日本的樱花文化，这样的植物景观已成为一种符号和标志，其功能如同城市中显著的建筑物或雕塑，可以记载一个地区的历史，传播一个城市的文化。

四、经济性原则

植物景观以创造生态效益和社会效益为主要目的，但这并不意味着可以无限制地增加投入。当今每个城市的人力、物力、财力和土地都是有限的，必须遵循经济性原则，在节约成本、方便管理的基础上，以最少的投入获得最大的生态效益和社会效益，为改善城市环境、提高城市居民生活环境质量服务。例如，多选用寿命长、生长速度中等、耐粗放管理、耐修剪的植物，以减少资金投入和管理费用。

总之，对于植物景观设计的评价，各原则不应该是孤立的，而是不可分割的整体，城市园林中植物造景的科学性原则与经济性原则是设计的前提和基础，艺术性原则是设计的手法，功能性原则是设计的目的，四者缺一不可，只有如此，才能充分发挥植物的多种功能，实现景观、生态、社会等多方效益的统一。

第二节　园林植物造景评价方法

绿地中的植物景观至关重要，与其他景观要素一样，植物景观也是较难用科学的方法进行评价的，这是因为植物景观在很大程度上还取决于观赏者的主观评定。也正是因为如此，植物景观评价自古以来都以定性评价分析为主。随着统计学和计算机技术的发展和推广，一些心理学家、美学家、生态学家和园林工作者开始对园林植物景观做系统的研究，并使植物景观由定性的分析转向定量分析。随着研究的深入，在实验方法和技术上，及建模所用的数学方法上，都在不断前进。现将植物景观评价中常用的几种方法作一概括的介绍。

一、调查分析法

调查分析法是少数专业人员常用的植物景观评价方法，通过调查绿地的一些定量指标如物种多样性、生活型结构多样性、观赏特性多样性、景观时序多样性、景观空间多样性等，来确定植物景观的价值。

定量指标的数值主要通过 Simpson 指数公式计算。定性指标通过专家评分法进行量化，分值采用 10 分制，以 10、8、6、4、2 的等级分值代表好、较好、中等、差和极差。

这种调查分析法的主要优点在于它能在大范围进行评价，其主要缺点是：对每个要素的评分标准必须作详细规定。该方法看起来是一种客观的评价方法，但实际上仍有较大的主观性，首先每个要素的权重是人为规定的；其次，每个要素的得分值也是由少数调查者给定的。

二、民意测验法

民意测验法实际上是一种实验心理学的方法，其前提是：人们对植物景观的欣赏程度，是与植物景观的优劣程度相联系的。通过向游人提问进行统计、汇总，来评价某一绿地的植物景观。提问可以是口头上的和表格式的；它可在现场进行，也可用信件传递的方式。根据问题的性质，可分为自由式和限定式两种。前者是要求景观欣赏主体对景观做出感受性描述，问题的回答是完全自由的；后者实际上是一种多答案的限定选择法，是评价人员事先给出的答案。

这种方法，旨在通过总结被调查人的心理反映，来评价植物景观。其最大的优点就是把大多数人的意志作为评价的客观标准。尤其是在调查游人对某种植物景观的心理感受方面应用较广、效果很好。这种方法的主要缺点是：提问选词必须严谨，同时尽量通俗化，但又具有公认的标准含意。另外，这种方法在回收答卷时（特别是邮件方式的）较为困难。

三、认知评判法

它与民意测验法相似，也是通过统计公众的观感来确定风景景观的优美程度，景是认知评判法更直观、更概括的评价对象。它有一个突出的特点，是利用照片、幻灯片，必要时甚至用草图作为直接的评价对象。评价者不必到现场去，也不必知道照片上的风景取自何处；当然，必要时（为验证图片评价的结果）也可到现场进行评价，正是因为这一点，给工作带来了许多方便，如在公众的取样方面和景观的取样方面，都有了更大的自由性。但随之也出现了问题，即图片能否客观反映风景的真实程度，怎样克服由于摄影技术、构图等对评审者的影响等值得深入思考。

四、层次分析法

层次分析法是一种多方案评价因素的评价方法，又叫 AHP 法。是美国运筹学家 Thomas. L. Saaty 提出的一种简明有效的多目标决策方法。AHP 是一种以递阶层次结构模型求得每一个具体目标的权重，进而解决多目标的非数学模型优化方法。它体现了人们决策思维的基本特征：分解、判断、综合。是一种定性与定量评价相结合的方法，特别适用于评价因素难以量化且结构复杂的评价问题。运用层次分析法，首先，把问题层次化，根据问题的性质和要达到的总体目标，将问题分成不同的组成因素，并按因素间的相互关系及隶属度，组成一个多层次的分析结构模型。最终把系统问题分析归结为最底层相对于最高层的相对重要性权值的确定或相对优劣次序的排序问题。层次分析法较好地考虑和集成了综合评价过程中的各种定性与定量信息。但是在应用中仍摆脱不了评价过程中的随机性和评价专家主观上的不确定性及认识上的模糊性。例如，即使是同一评价专家，在不同的时间和环境对同一评价对象也往往会得出不一致的主观判断。这必然使评价过程带有很大程度的主观臆断性，从而使结果的可信度下降。

五、模糊综合评价法

1965年美国工程控制和系统论专家L. A. Zadeh发表了著名的论文“模糊集合”，给出了模糊性现象的定量描述和分析运算的方法，标志着模糊数学这门新科学的诞生。模糊综合评判，就是以模糊数学为基础，应用模糊关系合成的原理，将一些边界不清，不易定量的因素定量化，进行综合评价的一种方法。它是模糊数学在自然科学领域和社会科学领域中应用的一个重要方面。随着社会的发展，人们要求数学研究和解决的问题也日益复杂，复杂的事情是难以精确化的，一个复杂的系统很难用精确的数学进行描述。实践表明，处理一个复杂系统，要求过分精确反倒模糊，适当的模糊却可以达到精确的目的。模糊数学虽然是研究和描述模糊性现象的一种数学工具，但是它本身是精确的，是用精确的数学方法去描述和研究模糊性现象的，所以它是精确数学的延伸和推广，它把数学的研究和应用领域，从清晰现象扩大到模糊现象，使数学的发展又上升到了一个新的阶段。通常，某一确定地域内的景观资源是一个多因素偶合的复杂系统，各因素之间的关系错综复杂，具有极大的不确定性和随机性。因此，模糊综合评判在景观资源评价中运用得十分广泛。

数学分析有成对比较等多种方式，常采用多元线形回归法进行分析。Buhyoff和Wellman从照片测量景物特征，结合观察者反应，通过回归分析得到以下的预测模式。

景观偏好＝10.83（突起的山形面积）

景观偏好＝－0.59（突起的山形面积）

景观偏好＝1.57（远景森林面积）

景观偏好＝－8.60（中景受虫害林木面积）

景观偏好＝－64.59（森林覆盖率）

景观偏好＝0.97（照片上的平地面积）

回归方程式中变项前的数字表示该变项对景观偏好的相关影响。可以看到突起的山形与景观偏好是正相关，但当突起的山形太多时，方程式中第二项，其影响又变成负面的了。Buhyoff通过照片研究城市绿地时发现，城市绿地中，树木大而少，往往比树木小而多具有更高的景观评价值。这样的模型建立后，既可以解释古树名木保护的重要，也可以预测在新的城市绿地建设中种植大树可以提高景观品质。

选择评价方法时需要综合考虑信度（真实性、可靠性）、效度（准确性、有效性）、评价目的（景观规划管理、具体项目的选择或改进、纯科学研究）、评价资源（资金、人员、时间、项目和项目各方的合作情况、评价资料的来源）等多个方面。一般来说，首先考虑评价目的，再根据评价资源考虑评价方法和评价的信度。评价方法最好是信度高，效度也高，但很难两全。如有时会选择高效度但信度却低的评价方法，如观察者主观反应测量，选择观察者自述的方法，信度低却很实用。另外，每一种评价方法都各有优点和不足，需要根据具体情况进行组合选择。

第三节　植物景观评价方法应用实例

以某单位绿化设计为例，应用层次分析法进行园林植物景观预评价及多方案选优。

一、景观因子与评价指标

对某一特定园林植物景观进行准确的评价，其前提条件是必须从影响园林植物景观的因子中选择合适的指标建立一个客观合理的指标体系。

本文以景观的多样变化为基本内容和宗旨，选择能够较为客观地反映园林植物景观质量的相关定量指标，即以植物造景中应用植物种类为基础，统计应用植物种类的多样性、生活型结构多样性、观赏特性多样性和时序多样性等指标，并考虑空间分布格局多样性。这些指标决定了植物景观的结构与外貌，丰富程度与时空变化，直接影响景观质量及其观赏效果，这就构成指标体系中的定量指标部分。同时，园林植物景观效果及其观赏也受周围环境或其他景观要素的互相作用和影响，如园林植物与其他园林要素之间的和谐，与其生长环境的和谐以及与整体环境的协调等，这就构成定性指标的内容。由定性指标与定量指标两部分形成整体的评价指标体系。

二、园林植物景观评价模型与方法

在所选择的评价指标中，其重要性是不一致的，采用权重系数可反映各指标的重要程度。本文在充分借鉴前人研究成果的基础上，广泛征询专家的意见并结合实践给出各评价因子的权重。通过建立指标体系及其权重确定，运用层次分析法（AHP 法）构造园林植物景观评价模型（表 7-1）。

表 7-1　园林植物景观评价 AHP 模型

第 1 层	第 2 层	权　重
定量指标	物种多样性	0.13
	植物生活型结构多样性	0.10
	植物观赏特性多样性	0.12
	植物景观时序多样性	0.12
	植物景观空间多样性	0.13
定性指标	植物与硬质景观的和谐性	0.13
	植物与生境的和谐性	0.13
	植物与整体环境的协调性	0.14

注：该实例引自　唐东芹，杨学军，许东新．园林植物景观评价方法及其应用．浙江林学院学报，2001，18（4）：394-397。

模型中定量指标数值主要通过 Simpson 指数公式计算。在具体的计算处理中，物种多样性指标根据设计空间单位中应用的植物种类、株数、面积及出现频率等进行统计。

生活型结构多样性的统计以应用树种资料为基础，将所应用树种分别以常绿与落叶、阔叶与针叶和乔灌草等加以归类统计，计算多样性指数。

观赏特性多样性和时序多样性应用同样的方法加以计算，其中观赏特性分为观花、观叶、观果或其他 4 种观赏类型进行统计。时序多样性主要以观花植物开花季节分布来反映。

空间多样性则根据园林植物群落外貌和结构等分为单层水平郁闭型、多层垂直郁闭型、稀疏型和空旷型 4 种类型，考虑景观的空间分布格局特点。

在景观分类基础上，其多样性指数计算的基础数据根据不同对象选取不同的方法，小规模的采用全面调查法，较大规模者采用样线法进行调查。对于样线法，实际评价可以实地样线调查，方案评价可直接在设计图中截取样线统计，而根据园林景观观赏特点，也可以沿园路取样，统计样线上不同景观类型的比例，据此计算多样性指数。

模型中定性指标通过专家评分法进行量化，分值采用 10 分制，以 10、8、6、4、2 的等级分值代表好、较好、中等、差和极差。为了保证可比性，必须使指标的量纲一致，由于计算出的多样性指数在 0～1，故对所有定量指标计算值乘以 10 作为与定性指标相对应的分。得分由分值乘以相应权重获得，园林植物景观评价值的满分值为 10 分，分值越高，表明该景观综合水平越好。

三、评价结果

文中列举 2 个方案进行分析，方案 A 和方案 B 中园林植物应用情况如表 7-2 所示。根据各园林植物种类的观赏特性、开花季节和生活型特点，进行基础数据统计如表 7-3。其中生活型可以考虑多方面因子，文中生活型只考虑了常绿、落叶、针叶和阔叶特性。通过相关多样性指数计算并对定性指标进行量化，得到评价结果（表 7-3）。在多样性指数的计算中，物种多样性指数以植物种类及其株数计算获得，生活型多样性指数通过统计落叶与常绿、针叶与阔叶而得到。

表 7-2 方案 A 和方案 B 植物应用一览表

植物	株数 A/B	观赏特性				开花时间				生活型结构			
		观花	观叶	观果	其他	春	夏	秋	冬	常绿阔叶	落叶阔叶	常绿针叶	落叶针叶
广玉兰 *Magnolia grandif lora*	25/ 20	√			√		√	√		√		√	
罗汉松 *Podocarpus macrophyllus*	6/ 0				√							√	
五针松 *Pinus parviflora*	2/ 0				√							√	
蜀桧柏 *Sabina chinensis*	28/ 0				√							√	
桂花 *Osmanthus f ragrans*	32/ 0	√						√		√			
女贞 *Ligustrum lucidum*	16/ 20				√		√			√			
樟树 *Cinnamomum camphora*	11/ 42				√		√			√			
棕榈 *Trachycarpus fortunei*	27/ 0				√		√			√			
珊瑚树 *Viburnum awabuki*	45/ 0				√		√			√			
山茶 *Camellia japonica*	40/ 0	√				√				√			
金钟 *Forsythia viridissima*	30/ 26	√					√				√		
石楠 *Photinia serrulata*	7/ 0	√	√		√		√			√			
腊梅 *Chimonanthus praecox*	8/6	√							√		√		
丝兰 *Yucca smalliana*	30/ 21	√			√		√	√		√			
结香 *Edgeworthia chrysantha*	10/ 0	√				√					√		
十大功劳 *Mahonia fortunei*	60/ 0			√	√		√				√		
紫玉兰 *Magnolia lilif lora*	6/2	√				√					√		
银杏 *Ginkgo biloba*	2/0		√								√		
加杨 *Populus canadensis*	11/ 0				√						√		
紫荆 *Cercis chinensis*	24/ 29	√				√					√		
红叶李 *Prunus cerasifera*	10/20		√				√				√		
红枫 *Acer palmatum*	10/12		√				√				√		
金丝桃 *Hypericum chinense*	32/ 0	√				√					√		
月季 *Rosa chinensis*	48/ 0	√				√	√	√	√		√		
杜鹃 *Rhododenron simsii Planch*	60/ 0	√			√	√	√			√			
南天竹 *Nandina domestica*	5/5				√		√				√		
紫叶小檗 *Berberis thunbergii*	85/ 0		√		√		√				√		
黄杨球 *Buxus sinica*	9/ 0				√		√			√			
龙柏 *Sabina chinensis*	6/7				√							√	
水杉 *Metasequoia glyptostroboides*	0/ 30				√								√
合欢 *Albizia julibrissin*	0/ 8	√					√				√		
花石榴 *Punica granatum*	0/ 15	√					√				√		
山麻杆 *Alchornea davidii*	0/ 31		√				√				√		
雪松 *Cedrus deodara*	0/ 3				√							√	
火棘 *Pyracantha fortuneana*	0/ 38			√			√				√		
锦带花 *Weigela florida*	0/ 6	√					√				√		
垂柳 *Salix babylonica*	0/ 4				√	√					√		
木绣球 *Viburnum macrocephalum*	0/ 4	√				√					√		
迎春 *Jasminum nudif lorum*	0/ 42	√				√				√			
大叶黄杨 *Euonymus japonicus*	0/ 100				√		√			√			
夹竹桃 *Nerium indicum*	0/ 18	√					√	√		√			
紫藤 *Wistaria sinensis*	0/ 2	√			√		√				√		
小计 A	685	12	5	2	16	6	17	5	2	10	13	5	1
B	511	13	3	2	10	6	15	3	1	6	16	2	1
空间类型			水平郁闭型			垂直郁闭型		稀疏型		空旷型			
每种类型占样线总长平均比例	A			0.13		0.28		0.37		0.22			
	B			0.17		0.21		0.41		0.21			

注：该实例引自 唐东芹，杨学军，许东新．园林植物景观评价方法及其应用．浙江林学院学报，2001，18（4）：394-397。

结果表明，方案A中由于应用的园林植物种类较为丰富，植物种类多样性、生活型结构多样性、观赏特性多样性及景观时序多样性均比方案B要高，园林植物景观有丰富的多样性与变化，而且由于在空间安排上，方案A中各种结构群落类型的面积比例较为均衡，空间多样性也较高。同时，方案A中园林植物与周围环境的协调性也较为理想，其总评价值高于方案B，整体景观效果较好。据此可确定两方案中A优于B。

表7-3　评价结果表

评价指标	方案A		方案B	
	多样性指数值或分值	得分	多样性指数值或分值	得分
物种多样性	0.9402	1.22	0.9235	1.20
生活型结构多样性	0.6492	0.65	0.5248	0.52
观赏特性多样性	0.6498	0.78	0.6403	0.77
景观时序多样性	0.6067	0.73	0.5664	0.68
景观空间多样性	0.7194	0.94	0.7148	0.93
与硬质景观的和谐性	8	1.04	8	1.04
与生境的和谐性	8	1.04	8	1.04
与整体环境的协调性	8	1.12	6	0.84
总计		7.52		7.02

注：该实例引自：唐东芹，杨学军，许东新．园林植物景观评价方法及其应用．浙江林学院学报，2001，18（4）：394-397。

［本章小结］

本章主要介绍了植物景观评价原则与评价方法，用植物景观层次分析评价法实例以说明植物景观评价方法的应用和价值。植物景观评价自古以来都以定性评价分析为主，随着统计学和计算机技术的发展和推广，一些心理学家、美学家、生态学家和园林工作者开始对园林植物景观做系统的研究，并使植物景观由定性的分析转向定量分析。定性评价的基本原则是科学性原则、艺术性原则、功能性原则、经济性原则，也即是科学、实用、经济、美观。可供借鉴的定量评价方法有调查分析法、民意测验法、认知评判法、层次分析法、模糊综合评价法。科学合理的植物景观评价应采取定性与定量相结合，多种评价方法综合应用。

思　考　题

1. 简述植物景观评价的指导原则。
2. 简述生态性原则的基本内涵。
3. 植物景观评价方法有哪些？比较分析其优缺点。

实训　民意测验法评价某一公共绿地植物景观设计效果

一、实训目标

将民意测验法的理论知识运用到景观评价实践中去，掌握植物景观设计效果的评价方法。

二、材料与用具

问卷表格、数码相机等。

三、方法与步骤

1. 设计问题及选择答案。
2. 发放问卷、现场采访。
3. 收问卷、资料。

4. 总结分析。

四、实训要求

1. 提问选词要严谨，同时尽量通俗化。

2. 供选择的答案可分为自由式和限定式两种。

五、作业

1. 调查问卷若干。

2. 撰写一份分析总结报告。

附录一　常见园林植物及园林应用简表

序号	中文名	拉丁名	科 名	生态习性	观赏特性及园林用途	适用地区
裸子植物常绿乔木、灌木						
1	杉 松	*Abies holophylla*	松科	喜冷湿，耐阴耐寒，浅根性	姿态雄伟，风景林，孤植，丛植，群植	东北至华东北部
2	日本冷杉	*A. firma*	松科	耐阴，喜冷凉湿润	圆锥形，园景树，风景林，孤植，丛植	华北、华东、华中
3	白 杄	*Picea meyeri*	松科	耐阴，喜冷凉，较耐寒，生长慢	圆锥形，针叶粉蓝色，园景树，孤植	东北南部、华北、山东
4	红皮云杉	*P. koraiensis*	松科	耐阴，耐寒，生长较快	圆锥形，风景林，园景树，孤植，丛植	东北、华北、华东北部
5	雪 松	*Cedrus deodara*	松科	弱阳性，较耐寒，不耐烟尘	尖塔形，姿态优美，园景树，中心植，孤植	北京、大连以南各地
6	白皮松	*Pinus bungeana*	松科	阳性，喜干冷，抗污染	树皮斑斓，雅静，风景林，园景树，孤植，丛植	华北、西北至长江流域
7	油 松	*P. tabulaeformis*	松科	强阳性，耐寒，耐干旱瘠薄	老树树冠伞形，园景树，庭 荫 树；孤植	华北、西北、华东北部
8	黑 松	*P. thunbergii*	松科	强阳性，抗海风，宜海滨生长	防潮林，风景林，庭荫树；孤植，丛植	华北及华东沿海
9	华山松	*P. armandii*	松科	弱阳性，喜凉湿润，耐寒，忌热	庭荫树，园景树，风景林，行道树；孤植，丛植	华北、华东、西南
10	红 松	*P. koraiensis*	松科	弱阳性，喜冷凉湿润，宜酸性土	庭荫树 ，风景林，行道树；丛植，列植	东北、华北各地
11	侧 柏	*Platycladus orientalis*	柏科	阳性，耐寒，耐干旱瘠薄，抗污染	风景林，庭院树，园景树；孤植，丛植，林植	华北、西北至华南
12	圆 柏	*Sabina chinensis*	柏科	中性，耐寒，耐修剪，适应性强	幼树冠狭圆锥形，园景树；列 植，绿篱	东北南部、华北至华南
13	龙 柏	*S. chinensis* cv. Kaizuca	柏科	阳性，稍耐寒，抗有害气体	圆锥形，似龙体；丛植，对植，列植	华北南部至长江流域
14	苏 铁	*Cycas. reroluta*	苏铁科	喜光喜温暖湿润，不耐寒	树形优美，孤植，对植，丛植，混植	华南地区
15	南洋杉	*Araucaria cunninghamii*	南洋杉科	喜光喜温暖湿润，不耐寒，不耐干旱瘠薄	树冠塔形，优美，风景树，孤植，对植，丛植，群植	华南地区
16	罗汉松	*Podocarpus macrophyllus*	罗汉松科	半阳性，较耐阴，不耐寒	树形优美，庭园树，孤植，对植，散植	华南地区
17	竹 柏	*P. nagi*	罗汉松科	阴性，喜温暖潮湿多雨	树形优美，庭园树，行道树	华南地区
18	鹿角桧	*S. chinensis* cv. Pfitzeriana	柏科	阳性，耐寒	丛生状，干枝向四周斜展；园林点缀	华北至长江流域
19	铺地柏	*S. procumbens*	柏科	阳性，稍耐阴，耐寒，耐干旱	匍匐生长，优良地被，布置岩石园	华北至长江流域

续表

序号	中文名	拉丁名	科 名	生态习性	观赏特性及园林用途	适用地区
裸子植物常绿乔木、灌木						
20	沙地柏	*S. vulgaris*	柏科	喜光、凉爽干燥，耐寒，耐干旱	匍匐有姿，护坡固沙；地被，片植	华北、华东、西北各地
21	翠 柏	*S. squamata* cv. Meyeri	柏科	喜光、凉爽湿润，耐寒，忌低湿	树冠浓郁，叶色翠绿，园景树；孤植	华北、华东、华中各地
22	杜 松	*Juniperus rigida*	柏科	喜光，耐寒，耐干旱，抗海风	树冠狭圆锥形；列植，丛植，绿篱	东北、华北、华东、西北
23	紫 杉	*Taxus cuspidata*	红豆杉科	阴性，喜冷凉，耐寒，生长慢	树形端正，园景树；孤植，丛植，绿篱	东北、华东北部、西南
24	矮丛紫杉	*T. cuspidata* cv. Nana	红豆杉科	阴性，耐严寒，耐修剪，浅根性	密丛半球状，宜整形修剪，绿篱	东北、华北、华东北部
裸子植物落叶乔木、灌木						
25	银 杏	*Ginkgo biloba*	银杏科	阳性稍耐阴，耐寒，不耐积水，抗污染	树形雄伟，秋叶金黄，园景树，行道树	沈阳以南至华南
26	金钱松	*Pseudolarix amabilis*	松科	阳性，喜温暖多雨及酸性土	圆锥形，秋叶金黄，园景树，庭荫树	青岛至长江流域
27	水 杉	*Metasequoia glyptostroboides*	杉科	阳性，喜温暖湿润，较耐寒	树冠圆锥形，风景林，园景树；列植	华北南部至长江流域，华南地区
28	落羽杉	*T. distichum*	杉科	喜光喜温暖湿润，极耐水湿	树形优美，秋叶变红褐色，最适水旁配植	华南地区
被子植物常绿、半常绿乔木、灌木						
29	广玉兰	*Magnolia grandiflora*	木兰科	阳性，喜温暖湿润，抗污染	花大、白色，花期5月份；庭荫树，行道树	山东南部以南
30	白 兰	*M. alba*	木兰科	喜光，喜温暖多雨，不耐寒和干旱，忌积水	树形优美，香花树种，庭园树，行道树	华南地区
31	含 笑	*Michelia. figo*	木兰科	耐阴，不耐寒	芳香观花树种，庭园树	华南地区
32	阴 香	*C. burmannii*	樟科	喜光，喜温暖湿润，耐寒	树冠近圆球，树姿优美，庭园风景树，行道树	华南地区
33	海 桐	*P. tobira*	海桐科	喜光，喜温暖湿润，耐寒性不强	基础种植及绿篱材料，孤植，丛植	华南地区
34	红千层	*C. rigidus*	桃金娘科	喜光，喜高温高湿，不耐寒，不耐阴	园林观赏树，行道树	华南地区
35	串钱柳	*C. viminalis*	桃金娘科	喜光，喜高温高湿	常栽在湖边作观赏	华南地区
36	柠檬桉	*E. citriodora*	桃金娘科	强阳性树，不耐荫庇，喜温暖湿润，不耐寒	树干挺直，树皮洁白，有“林中少女”之称，适作公路两旁或山坡地绿化树种	华南地区
37	大叶桉	*E. robusta*	桃金娘科	喜光，喜温暖湿润，较耐寒，极耐水湿	宜做行道树，庭园树	华南地区
38	蒲 桃	*S. jambos*	桃金娘科	喜光，喜温暖湿润，不耐干旱瘠薄	宜在水边、草坪、绿地作风景树和绿荫树	华南地区
39	洋蒲桃	*S. samarangense*	桃金娘科	喜光，喜温暖湿润，不耐干旱瘠薄	观果树，宜在广场或水边配植，作行道树	华南地区
40	水石榕	*E. hainanensis*	杜英科	喜半阴，喜高温多湿，不耐干旱	花冠洁白淡雅，花期长，宜作庭园风景树	华南地区
41	苹婆	*S. nobilis*	梧桐科	喜光，适合排水良好、肥沃的土壤	树冠宽阔浓密，宜作庭园风景树和行道树	华南地区

续表

序号	中文名	拉丁名	科 名	生态习性	观赏特性及园林用途	适用地区
被子植物常绿、半常绿乔木、灌木						
42	朱槿	*H. rosa-sinensis*	锦葵科	喜光，喜温暖湿润，不耐寒	著名的观花花木，植于道路旁，庭园，水滨	华南地区
43	红桑	*A. wikesiana*	大戟科	喜光，喜温暖至高温多湿，极耐干旱，忌水湿，不耐严寒	叶色变化，美艳，是庭园、公园栽培最为常见的观叶植物之一	华南地区
44	石栗	*A. moluccana*	大戟科	喜光，喜暖热，不耐寒	树冠圆锥状塔形，宜做行道树，绿荫树	华南地区
45	秋枫	*B. javanica*	大戟科	喜光，喜温暖湿润，耐水湿	树冠圆盖形，优良的行道树和园林风景树	华南地区
46	变叶木	*C. variegatum*	大戟科	喜光，喜温暖湿润，不耐霜冻	叶色、叶形多变，常见观叶植物，丛植，绿篱	华南地区
47	肖黄栌	*E. cotinifolia*	大戟科	喜光及排水良好的土壤，耐半阴	著名红叶观赏植物，可点缀草坪或植于水滨	华南地区
48	红背桂	*E. cochinchinensis*	大戟科	喜光，喜温暖至高温，耐干旱，不耐严寒	叶上面亮绿，下面紫红，普遍栽的观叶植物	华南地区
49	朱缨花	*C. haematocephala*	含羞草科	喜光，喜温暖湿润，忌积水	常修剪成圆球形，宜孤植，丛植，作绿篱	华南地区
50	高山榕	*F. altissima*	桑科	喜光，喜高温多湿	叶大荫浓，常单植作庭荫树，行道树	华南地区
51	垂叶榕	*F. benjamina*	桑科	喜光，喜高温多湿，耐阴，不耐干旱	树形下垂，是优良的庭园树，行道树，绿篱树	华南地区
52	印度橡胶榕	*F. elastica*	桑科	喜暖湿，耐阴，耐干旱，不耐寒	可单植，列植，作庭荫树	华南地区
53	小叶榕	*F. microcarpa*	桑科	喜暖湿多雨，酸性土壤	树冠庞大、枝叶茂密，常见的行道树和庭荫树	华南地区
54	塞楝	*K. senegalensis*	楝科	喜光、湿润，耐干旱	是热带速生珍贵用材树种，良好的行道树	华南地区
55	大叶桃花心木	*S. macrophylla*	楝科	适肥沃深厚的土壤，不耐霜冻	枝叶茂密，树形美观，作行道树和庭园树	华南地区
56	龙眼	*D. longan*	无患子科	喜光，喜温暖湿润	世界名果，孤植，行植，群植均可	华南地区
57	荔枝	*L. chinensis*	无患子科	喜光，喜温暖湿润，遇霜即凋	世界名果，孤植，行植，群植均可	华南地区
58	人面子	*D. duperreanum*	漆树科	喜高温多湿，不耐寒	树形雄伟、塔形，优美的庭荫树和行道树	华南地区
59	芒果	*M. indica*	漆树科	喜光，喜温暖湿润	庭园观花、观果佳品，庭荫树和行道树	华南地区
60	八角金盘	*F. japonica*	五加科	喜温暖湿润，稍耐阴，不耐寒	为优雅的观叶植物，宜于庭园栽植或盆栽	华南地区
61	幌伞枫	*H. fragrans*	五加科	喜温暖湿润，耐半阴，不耐寒，不耐干旱	树冠圆形，形如罗伞，作庭荫树和行道树	华南地区
62	尖叶木犀榄	*O. ferruginea*	木犀科	阳性树种，喜温暖湿润	枝繁叶茂，终年常绿，为庭园绿化美化好树种	华南地区
63	软枝黄蝉	*A. cathartica*	夹竹桃科	喜光，喜高温多湿，不耐寒，不耐干旱	观花植物，供观赏和药用	华南地区
64	盆架树	*A. rostrata*	夹竹桃科	喜光，喜高温湿润	是优良的园林风景树，行道树	华南地区
65	海芒果	*C. manghas*	夹竹桃科	耐热，耐旱，耐阴，耐湿，抗风	花美丽芳香，为著名庭园观赏树种	华南地区

续表

序号	中文名	拉丁名	科 名	生态习性	观赏特性及园林用途	适用地区
			被子植物常绿、半常绿乔木、灌木			
66	狗牙花	*T. divaricata*	夹竹桃科	喜光，喜高温湿润，不耐阴，不耐旱	著名的芳香植物，常植于庭园观赏	华南地区
67	龙船花	*I. chinensis*	茜草科	喜光，喜高温湿润	几乎全年开花，庭园观赏	华南地区
68	火焰木	*S. campanulata*	紫葳科	喜光，喜高温湿润，不耐寒，不抗风	树姿优雅，树冠广阔，是珍贵的园景树和行道树	华南地区
69	福建茶	*C. microphylla*	紫草科	喜光，喜温暖湿润，耐半阴，不耐严寒	叶富光泽，终年常绿，良好的绿篱植物，盆景树种	华南地区
70	假连翘	*D. erecta*	马鞭草科	喜光，喜温暖湿润，耐半阴，不耐严寒	为优良的绿篱植物，常作花坛布置材料	华南地区
71	朱蕉	*C. fruticosa*	龙舌兰科	喜光，喜温暖湿润，不甚耐寒	植株清秀，叶色艳丽，常丛植于草地、花坛、湖边或建筑物前	华南地区
72	剑叶朱蕉	*C. australis*	龙舌兰科	喜温热、极不耐寒	观叶植物	华南地区
73	假槟榔	*A. alexandrae*	棕榈科	喜高温，高湿气候，不耐寒	植株高大，树干通直，著名热带风光树，作园景树和行道树	华南地区
74	三药槟榔	*A. triandra*	棕榈科	喜温暖湿润和背风半阴环境，不耐寒	茎干形似翠竹，色彩青绿，姿态优雅，庭院半阴处作园景树	华南地区
75	散尾棕	*A. engleri*	棕榈科	较耐阴，喜温暖湿润气候	植株茂盛，叶色深绿，园林中丛植作园景树	华南地区
76	短序鱼尾葵	*C. mitis*	棕榈科	耐阴，喜温暖湿润气候	株形美丽，枝叶繁茂，庭院中丛植或列植作园景树	华南地区
77	董棕	*C. urens*	棕榈科	稍耐阴，喜温暖湿润气候	茎干粗大挺直，叶片大，状如孔雀尾羽，树姿雄伟壮观，适宜作行道树及园景树	华南地区
78	油棕	*E. guineensis*	棕榈科	喜光、高温，不耐寒，不耐旱	植株高大，雄伟壮观，成片栽植或列植作行道树或园景树	华南地区
79	红刺露兜树	*P. utilis*	露兜树科	喜光，喜高温多湿气候，不耐寒，稍耐阴，不耐干旱	叶多而密，螺旋状排列，植株酷似一座螺旋式的阶梯，为庭园中极好的观赏植物	华南地区
80	露兜树	*P. tectorius*	露兜树科	喜光，喜高温多湿气候，不耐寒，不耐干旱	适于海边绿化和美化	华南地区
81	酒瓶椰	*Hyophorbe lagenicaulis*	棕榈科	喜光，喜高温多湿气候，不耐寒，不耐干旱	株形奇特，茎干形似酒瓶，是珍贵的园景树	华南地区
82	大王椰子	*R. regia*	棕榈科	喜高温多湿的热带气候，耐短暂低温	树姿高大雄伟，树干通直，为世界著名热带风光树种，作行道树或群植作绿地风景树	华南地区

续表

序号	中文名	拉丁名	科 名	生态习性	观赏特性及园林用途	适用地区
被子植物常绿、半常绿乔木、灌木						
83	棕竹	*R. excelsa*	棕榈科	喜温暖，阴湿及通风良好的环境，不耐寒	株丛挺拔，叶形清秀，为良好的观叶植物，丛植或盆栽	华南地区
84	软叶刺葵	*P. roebelenii*	棕榈科	喜光，能耐半阴，喜高温多湿气候，亦能耐寒	姿态纤细优雅，叶甚柔软，常作园景树，亦可作室内摆设	华南地区
85	长叶刺葵	*P. canariensis*	棕榈科	喜光，喜高温多湿热带气候	树干粗壮，高大雄伟，羽叶密而伸展，宜用作行道树和园景树	华南地区
86	蒲葵	*L. chinensis*	棕榈科	喜温暖湿润气候，较耐寒，喜光	树冠伞形，叶大如伞形，树形婆娑，热带地区绿化重要树种，可列植作行道树或丛植作园景树	华南地区
87	黄 杨	*Buxus sinica*	黄杨科	中性，耐修剪，抗污染，生长慢	枝叶细密，叶革质；庭院观赏，绿篱，丛植	华北至华南、西南
88	雀舌黄杨	*B. bodinieri*	黄杨科	中性，喜温不耐寒，生长慢	枝叶细密，叶革质；庭院观赏，绿禽，丛植	山东南部以南
89	大叶黄杨	*Euonymus japonicus*	卫矛科	中性，喜温暖湿润，耐修剪	观叶、观果；绿篱，基础种植，丛植	华北南部至华南、西南
90	女 贞	*Ligustrum luidum*	木犀科	弱阳性，喜温暖湿润，抗污染，稍耐寒	花白色，花期6月份；行道树、工厂绿化	山东至长江以南
91	小叶女贞	*L. quihoui*	木犀科	喜光，稍耐阴，稍耐寒	花期6～7月份，花小、白色；庭院观赏，篱植，造型	北京及以南各地
92	金叶女贞	*L. vicaryi*	木犀科	喜光，耐寒，耐盐碱	叶色金黄；大片栽植观赏，篱植，丛植	北京及以南各地
被子植物落叶乔木、小乔木						
93	毛白杨	*Populus tomentosa*	杨柳科	强阳性，喜凉爽，稍耐碱	树体挺拔雄伟；宜作防护林、行道树、庭荫树	东北南部至长江
94	银白杨	*P. alba*	杨柳科	喜光，不耐阴及湿热，耐严寒干燥	叶片银白色，庭荫树、行道树；孤植，丛植	东北南部、华北、西北
95	新疆杨	*P. alba* cv. pyramidalis	杨柳科	喜光，耐大气干旱及盐碱土	树冠圆柱形，优美；防护林，行道树	华东北部、华北、西北
96	钻天杨	*P. nigra* cv. Italica	杨柳科	喜光，耐寒，湿热时多病虫	树冠圆柱形，高耸挺拔；防护林，丛植	东北以南至长江流域
97	杂交杨	*P. nigra var.*	杨柳科	喜光，抗寒、旱、盐碱、病虫	树形高耸挺拔、尖削度小；防护林，速生用材林	华北、华东北部各地
98	旱 柳	*Salix matsudana*	杨柳科	喜光，耐寒，喜湿润	树冠丰满、枝条柔软；宜作防护林、庭荫树	东北、华北至西北
99	馒头柳	*S. matsudana* cv. Umbraculifer	杨柳科	喜光，耐寒，喜湿润	树冠丰满、枝条柔软；宜作庭荫树、行道树	东北、华北至西北
100	垂 柳	*S. babylonica*	杨柳科	喜光，耐水湿，抗风固沙	枝条下垂，宜水边栽植，孤植，丛植	辽宁至华南、西南
101	核 桃	*Juglans regia*. L	胡桃科	喜光，耐寒，不耐干旱瘠薄	干皮灰白，姿态魁伟；庭荫树，行道树	北方及西北各地
102	核桃楸	*J. mandshurica*	胡桃科	强阳性，耐寒，不耐干旱	树冠长圆形，姿态优美；园景树	长白山地区及辽宁东部

续表

序号	中文名	拉丁名	科 名	生态习性	观赏特性及园林用途	适用地区
被子植物落叶乔木、小乔木						
103	枫 杨	*Pterocarya atenoptera*	胡桃科	喜光，耐水湿，耐盐碱	冠大荫浓；庭荫孤植，行道树，四旁绿化	华北以南至西南
104	白 桦	*Betula platyphylla*	桦木科	喜光，耐严寒，喜酸性土	树皮白色美丽；庭荫树，风景林，行道树	东北、华北高山
105	麻 栎	*Quercus acutissims*	壳斗科	喜光耐寒，耐干旱瘠薄	树冠开阔，枝叶茂密；防护林，庭荫树	辽宁至长江流域
106	栓皮栎	*Q. variis*	壳斗科	喜光耐寒，耐干旱瘠薄	树冠开阔，枝叶茂密；防护林，庭荫树	辽宁至长江流域
107	板 栗	*Castanea mollisima*	壳斗科	喜光，喜温暖，忌高温多湿	树冠宽大，绿荫蔽天；园景树，丛植	华北至华南北部山区
108	白 榆	*Ulmus pumila*	榆科	喜光耐寒，耐干旱	冠大荫浓；防护林，庭荫树，行道树	东北至华东及西北
109	桑 树	*Morus alba*	桑科	喜光耐寒，耐干旱，不耐水湿	树冠丰满，秋叶金黄；风景林，庭荫树	东北至华南、西南
110	白玉兰	*Magnolia denudata*	木兰科	喜光稍耐阴，耐寒，忌积水	花大白色，清香；庭院观赏，孤植，列植	北京以南至西南
111	紫玉兰	*M. liliflora*	木兰科	喜光，较耐寒，较耐湿	花大紫红，3～4月份开花；庭院观赏，丛植	北京以南至西南
112	二乔玉兰	*M. soulangeana*	木兰科	喜光，喜温暖，较耐寒	花白带淡紫色，3～4月份开花；庭院观赏	北京以南至西南
113	杜 仲	*Eucommia Oliv. ulmoides*	杜仲科	喜光，不耐阴，耐寒，忌干旱	树冠荫浓；风景林，行道树，庭荫树	北京以南至西南
114	二球悬铃木	*Platanus acerifolia*	悬铃木科	喜光，不耐阴，耐干旱瘠薄，耐污染	冠大荫浓；行道树，庭荫树，孤植，丛植，列植	大连、北京以南
115	西府海棠	*M. micromaius*	蔷薇科	喜光，耐寒旱，怕湿热，喜肥沃	春花艳丽，秋果红艳；丛植，列植，片植	华北、华东、华中等地
116	海棠花	*M. spectebilis*	蔷薇科	喜光，不耐阴，耐寒耐干旱	花枝繁茂，著名传统花木；庭院观赏	我国北方各地
117	山 楂	*Crataegus pinnatifida*	蔷薇科	喜光宜侧方遮阴，喜干冷	5～6月份白花繁茂，红果艳丽；庭院观赏	东北至华东北部
118	杜 梨	*Pyrus betulaefolia*	蔷薇科	喜光，稍耐阴，耐寒，耐干旱瘠薄，耐盐碱	春季白花繁茂；庭院观赏，丛植，列植，防护林	辽宁至江苏及西北
119	红叶李	*Prunus cerasifera* cv. Pissardii	蔷薇科	喜光，喜温暖湿润，稍耐寒	叶常年紫红；园景树，孤植，丛植，列植	华北以南至江浙
120	杏 树	*P. armeniaca*	蔷薇科	喜光耐寒，喜干燥，耐干旱	早春花木；庭院观赏；孤植，群植造林，丛植	我国北方各地
121	桃 树	*P. persica*	蔷薇科	喜光不耐阴，耐干旱，耐寒	春季粉花烂漫，品种多；庭院观赏，丛植	华北、华东、西北
122	碧 桃	*P. persica*	蔷薇科	喜光不耐阴，耐干旱，耐寒	春季粉花烂漫，品种多；庭院观赏，丛植	华北、华东、西北
123	山 桃	*P. davidiana*	蔷薇科	喜光，耐寒、旱、瘠薄，怕涝	早春粉红或白色花繁茂，庭院草坪山坡种植	辽宁至华北及西北
124	樱 花	*P. semdata*	蔷薇科	喜光稍耐阴，喜凉爽，耐寒	春日繁花满树；庭院观赏，丛植，列植	我国中部各地
125	合 欢	*Albizia julibrissin* Durazz.	豆科	喜光，稍耐寒，耐干旱	树冠开阔，夏日粉花满树；庭院观赏，丛植	黄河流域及以南

续表

序号	中文名	拉丁名	科 名	生态习性	观赏特性及园林用途	适用地区
被子植物落叶乔木、小乔木						
126	紫 荆	*Cercis chinensis*	豆科	喜光,耐寒,忌涝	早春繁花满枝嫣红;庭院观赏,丛植,列植	黄河流域及以南
127	皂 荚	*Gleditsia sinesis*	豆科	喜光稍耐阴,耐寒,耐盐碱	树冠浓荫蔽日;庭荫树,行道树,风景树	黄河流域及以南
128	刺 槐	*Robinia pseudoacacm*	豆科	强喜光,喜干燥凉爽,不耐湿	4～5月份白花芳香;庭荫树,行道树,丛植	遍布全国各地
129	毛刺槐	*R. hispida*	豆科	喜光较耐寒,喜干燥凉爽	花大色美,花期长;庭荫观赏,行道树	东北至华东北部
130	国 槐	*Sophora japonia*	豆科	喜光稍耐阴,喜干冷,抗污染	树冠浓荫葱郁;庭荫树,行道树,孤植	我国北方各地
131	金枝国槐	*S. japonica* Gdden Stem.	豆科	喜光稍耐阴,喜干冷,抗污染	嫩枝金黄色,冬季更艳;庭院观赏;孤植	我国北方各地
132	龙爪槐	*S. japonica* var. Pendula	豆科	喜光稍耐阴,喜干冷,抗污染,耐寒	枝条下垂,树冠如伞;庭院观赏,对植,列植	我国北方各地
133	臭 椿	*Ailanthus altissima*	苦木科	强喜光,喜干冷,耐寒,耐干旱瘠薄	树冠开阔,叶大荫浓;防护林,庭荫树,丛植,群植	我国大部地区
134	苦 楝	*melia azedarach*	楝科	喜光,耐干旱,耐瘠薄	树形优美,紫花芳香;庭荫树,行道树,丛植	我国中部及以南
135	香椿	*Toona sinensis*	楝科	喜光耐寒,耐碱,耐水湿,耐修剪	树冠开阔;庭荫树,四旁绿化,孤植,丛植	我国中部及以南
136	火炬树	*Rhus typhina*	漆树科	喜光耐寒,耐干旱瘠薄,耐盐碱	秋叶及果穗红艳;秋景树,防护林,丛植,群植	我国中部及以南
137	丝棉木	*Euonymus bungeana*	卫矛科	喜光稍耐阴,耐寒,耐干旱	秋叶红艳,果繁密;园景树,丛植	东北南部及以南
138	元宝枫	*Acer truncatum*	槭树科	喜侧阴,耐寒,耐干旱	嫩叶红艳,秋叶金黄或红艳;园景树,丛植	我国北方东北地区
139	三角枫	*A. buergerianum*	槭树科	喜光,耐侧阴,喜温暖,耐水湿	秋叶暗红;风景树,庭荫树,行道树,丛植	山东及以南各地
140	鸡爪槭	*A. palmatum*	槭树科	喜半阴,忌烈日,喜温暖,耐寒	秋叶红艳,著名观叶树种;点缀庭院 ,孤植,丛植	黄河至长江中下游
141	五角枫	*A. mono*	槭树科	喜侧方庇阴,喜凉爽湿润,耐寒	叶果秀丽,尤以秋叶为美;园景树,行道树	东北至长江流域
142	复叶槭	*A. negunndo*	槭树科	喜光,喜干冷,耐寒,耐干旱,耐烟	秋叶金黄;庭荫树,行道树,丛植	东北至长江流域
143	栾 树	*Koelreuteria paniculata*	无患子科	喜光,耐侧阴,耐干旱瘠薄,耐寒	树冠开展,春秋叶红复黄花;观赏树,丛植,群植	辽宁至长江流域
144	文冠果	*Xanthoceras sorbifolia*	无患子科	喜光,耐寒,耐干旱瘠薄,耐盐碱	花美丽;园景树,庭院观赏,丛植,群植	我国北半部各地
145	无患子	*Sapindus mukorossi*	无患子科	喜光,喜温暖,耐阴,稍耐寒,稍耐湿	羽叶秀丽,秋叶金黄;园景树,行道树	华东、淮河流域以南各地
146	枣 树	*Zizyphus jujuba*	鼠李科	喜光,耐寒,耐热,耐干旱瘠薄	叶垂荫,红果满树;园景树,丛植	东北南部以南各地
147	糠 椴	*Tilia mandshurica*	椴树科	喜光能耐阴,耐寒,不耐干旱瘠薄	夏日浓荫,黄花满树芳香,蜜源;园景树,庭荫树	东北、华北、华东、华中
148	木 槿	*Hibiscus syriacus*	锦葵科	喜光略耐阴,耐寒,耐干旱瘠薄	花色丰富,花期长,北方夏秋花木;丛植,列植	东北南部及以南

续表

序号	中文名	拉丁名	科 名	生态习性	观赏特性及园林用途	适用地区
被子植物落叶乔木、小乔木						
149	梧 桐	*Firmiana simplex*	梧桐科	喜光耐侧阴，喜温暖稍耐寒	树干挺秀，冠大荫浓；庭荫树，行道树	黄河流域及以南及华南地区
150	沙 枣	*Elaeagnus angustifolia* L.	胡颓子科	喜光耐寒，喜干冷，耐干旱亦耐湿	树冠银白色，为西北沙荒、盐碱地的绿化树种	我国北半部各地
151	沙 棘	*Hippophae rhamnoides*	胡颓子科	喜光耐寒，耐酷热，耐干旱亦耐湿	树冠银白色，防风固沙优良树种，刺篱，果篱	华北，西北至西南
152	刺 楸	*Kalopanax septemlobus*	五加科	喜光耐阴，耐寒，早忌积水，耐酷夏	树冠开阔，枝粗叶大；庭荫树，孤植，丛植	东北南部至华南、西南
153	车梁木	*Cornus walteri*	山茱萸科	喜光，喜温暖，耐寒，耐干旱	树荫浓密；防护林，庭荫树，丛植，群植	华北至长江以南
154	灯台树	*C. controversa*	山茱萸科	喜光，耐侧阴，耐热耐寒	主枝层层，树姿优美；庭荫树，行道树	辽宁及以南各地
155	君迁子	*D. lotus*	柿树科	喜光，耐寒，耐干旱瘠薄，适应性强	花黄色至淡红色，果由黄色变蓝黑色，丛植，列植	华北、华东、西北各地
156	绒毛白蜡	*F. velutina*	木樨科	喜光耐寒，耐干旱瘠薄，耐盐碱	冠大荫浓，适应城市环境；行道树，庭荫树	辽宁至长江下游
157	水曲柳	*F. mandshurica*	木樨科	喜光，耐严寒，稍耐盐碱	冠大荫浓；风景树，庭荫树，行道树	东北、华北各地
158	紫丁香	*Syringa oblata*	木樨科	喜光，稍耐阴，耐寒，忌低洼	春观花闻香；庭院观赏，丛植，列植	东北至黄河流域
159	暴马丁香	*S. amurensis*	木樨科	喜光，稍耐阴，耐严寒	花景密；庭院观赏，风景树，丛植，群植	东北、华北至西北
160	毛泡桐	*Paulownia tomentosa*	玄参科	强阳性，喜温暖肥沃土壤，较耐寒，耐干旱	树阴浓密，早春紫花满树，庭荫树，行道树	辽宁以南
161	梓 树	*Catalpa ovata*	紫葳科	喜光较耐阴，耐寒，耐烟尘，不耐干旱	树阴浓密，花果秀丽奇特，行道树，庭荫树	黄河中下游为分布中心
162	紫薇	*L. indica*	千屈菜科	喜光，喜温暖，很不耐寒，耐干旱	树干光滑洁净，花色艳丽，宜种在庭园、路边、建筑物前、草坪上	华南地区
163	大叶紫薇	*L. speciosa*	千屈菜科	喜光，稍耐阴，喜温暖，耐寒性不强，耐旱，抗风	花大，花色艳丽，宜种在庭园、路边、草坪上	华南地区
164	光叶子花	*B. glabra*	紫茉莉科	喜温暖湿润气候和阳光充足环境	花期长，苞片艳丽，是优良的垂直绿化植物，适用于棚架、围墙、山石和廊柱等处绿化	华南地区
165	小叶榄仁树	*T. mantaly*	使君子科	喜光，耐半阴，喜高温多湿气候	树形优美，大枝横展，秋季叶变红，为优美的行道树和园景树	华南地区
166	木棉	*B. ceiba*	木棉科	喜光，喜温暖气候，耐旱	树形高大雄伟，高耸挺拔，花红满树，蔚为壮观，作行道树或庭园树，宜孤植，对植或丛植	华南地区
167	木瓜	*C. sinensis*	蔷薇科	喜光，喜温暖，稍耐寒	花美果香，植于庭园作观赏树种	华南地区

续表

序号	中文名	拉丁名	科 名	生态习性	观赏特性及园林用途	适用地区
被子植物落叶乔木、小乔木						
168	海红豆	*A. pavonina*	含羞草科	喜温暖湿润气候，喜光，稍耐阴	树姿婆娑秀丽，为热带、南亚热带优良的园林风景树，宜在庭园中孤植	华南地区
169	大叶合欢	*A. lebbeck*	含羞草科	喜温暖湿润气候，喜光，耐半阴	树叶茂密，花素雅芳香，良好的庭园观赏树木，作庭园风景树或行道树	华南地区
170	腊肠树	*C. fistula*	苏木科	喜高温多湿气候，不耐干旱，喜光，忌隐蔽	初夏开花时，满树见串状金黄色花朵，极为美观，可作庭园观赏树或行道树	华南地区
171	凤凰木	*D. regia*	苏木科	喜光，不耐寒	夏季盛花期花红似火，园林风景树，绿荫树和行道树	华南地区
172	刺桐	*E. variegata*	蝶形花科	喜光，喜温暖湿润气候，耐干旱	树形似桐而干有刺，早春先叶开花，宜作庭园观赏和四旁绿化树种	华南地区
173	枫香	*L. formosana*	金缕梅科	喜光，喜温暖湿润气候，耐干旱贫瘠，但较不耐水湿	树姿优雅，叶色呈明显季相变化，冬季落叶前变红，良好的庭园风景树和绿荫树	华南地区
174	黄葛榕	*F. virens*	桑科	喜光，喜温暖湿润气候	树形高大，树冠伸展，优良的行道树种之一	华南地区
175	红鸡蛋花	*P. rubra*	夹竹桃科	喜光，喜高温多湿气候，耐干旱	鸡蛋花树形美观，叶大深绿，落叶后树干秃净光滑似梅花鹿之角，常植于园林中观赏	华南地区
176	蓝花楹	*J. mimosifolia*	紫葳科	喜光，喜高温和干燥气候，耐干旱，不耐寒	树干伞形，树姿优美，盛花期满树蓝花，十分美丽，著名园林风景树和行道树	华南地区
被子植物，落叶灌木						
177	银芽柳	*Salix gracilisyla*	杨柳科	喜光耐阴，喜温暖湿润，较耐寒	春季花蕾被覆红色芽鳞，花穗银白色	黄河流域至长江流域
178	牡 丹	*Paeonia suffruticosa*	毛茛科	喜光，宜稍遮阴，耐寒，忌积水，喜沙质土	花大而美丽，色香俱佳；庭院观赏，专类园	北京及以南各地
179	小 檗	*Berberis thunbergii*	小檗科	喜光，喜温暖，略耐阴，耐寒耐干旱	春日黄花，秋日红果；宜作花篱，刺篱，丛植，列植	辽宁及以南各地
180	紫叶小檗	*B. thunbergii* var. atropurpurea	小檗科	喜光，喜温暖，略耐阴，耐寒耐干旱	叶常年紫红色，宜作花篱，刺篱，丛植，列植	辽宁及以南各地
181	腊 梅	*Chimonanthus praecox*	腊梅科	喜光耐寒，耐干旱，忌水湿，宜避风处	花色黄如蜡，寒月早春开放；庭院观赏，丛植	北京及以南各地
182	太平花	*Philadelphus pekinensis*	虎耳草科	半阴性，耐强光照，耐寒耐旱，怕涝	6～7月份开花，花乳白色、淡香，丛植、片植，宜作花境、花坛	辽宁至华东、西南
183	珍珠绣线菊	*S. thunbergii*	蔷薇科	喜光耐阴，喜湿润，耐寒，耐干旱贫瘠	春末白花如雪，宜作花坛、花境，丛植，篱植	华北 、华东各地

续表

序号	中文名	拉丁名	科 名	生态习性	观赏特性及园林用途	适用地区
被子植物、落叶灌木						
184	粉花绣线菊	*S. japonica*	蔷薇科	喜光耐阴，喜湿润，耐寒，耐干旱贫瘠	春末夏初之际花色娇艳，宜作花坛、花境，丛植	华北、华东地区
185	珍珠梅	*Sorbaria kirilowii*	蔷薇科	喜光较耐阴，耐寒，耐修剪	夏季白花茂密，花期长；庭院观赏，丛植	北京以南至我国中部
186	平枝栒子	*Cotoneaster horizontalis*	蔷薇科	喜半阴，耐寒，耐干旱瘠薄，不耐水涝	树姿矮，春粉花秋红果；宜作基础种植，地被，盆景	华东、华中、西北、西南
187	鸡 麻	*Rhodotypos scandens*	蔷薇科	喜光，喜湿润肥沃，耐寒，耐干旱瘠薄	4～5月份开花，花洁白美丽；宜植在花境、花丛及树丛周围	东北南部以南各地
188	贴梗海棠	*Chaenomeles speciosa*	蔷薇科	喜光亦耐阴，耐寒，耐干旱瘠薄	早春花繁似锦、红色艳丽；庭院观赏，丛植	北京以南至两广
189	月 季	*Rosa chinensis*	蔷薇科	喜光耐寒，耐干旱怕涝，喜肥	花艳丽，花型丰富，花期长久；庭院观赏	北京及以南各地
190	玫 瑰	*R. rugosa*	蔷薇科	喜光耐寒，耐干旱，忌低洼	花艳浓香，著名花木；庭院观赏，专类园	华北及以南至西南
191	黄刺玫	*R. xanthina*	蔷薇科	喜光耐寒，耐干旱，耐瘠薄，忌涝	春季花繁色黄；庭院观赏，丛植、花篱	东北、华北至西北
192	棣 棠	*Kerria japonica*	蔷薇科	喜半阴，忌炎日，稍耐寒	从春到夏花金黄；庭院观赏，丛植，花篱	华北至华东各地
193	榆叶梅	*Prunus triloba*	蔷薇科	喜光耐寒，耐干旱，耐瘠薄，忌涝	春季花团锦簇，北方重要花木；丛植	东北、华北及以南
194	郁 李	*Prunus japonica*	蔷薇科	喜光，耐寒，耐干旱，耐瘠薄，耐湿	春花秋果，花果兼美；庭院观赏，丛植	华北及以南各地
195	胡枝子	*Lespedeza bicolor*	豆科	喜光稍耐阴，耐寒，耐干旱瘠薄	花紫紫红，宜植草坪边缘、水边，保持水土，改良土壤	东北、内蒙，黄河流域
196	锦鸡儿	*Caragana ainica*	豆科	喜光稍耐阴，耐寒，耐干旱瘠薄，亦耐湿	花美色红黄，宜植于坡地、路边、岩石旁，作绿篱、盆景	东北至华东、西南、华中
197	紫穗槐	*Amorpha fruticose*	豆科	喜光，耐干冷、适应性强，抗污染	5～6月份开花，花蓝紫色；宜植在陡坡湖边，保持改良水土，亦可作绿肥	东北以南广泛栽培
198	花 椒	*Zanthoxylum bungeanum*	芸香科	喜光，喜温暖气候，较耐寒	金秋红果美丽，丛植，刺篱，著名的香料	华北、西北至华南各地
199	卫 矛	*Euonymus alatus*	卫矛科	喜光亦能耐阴，耐寒、旱、瘠薄，耐修剪	早春嫩叶粉红，秋叶红艳，又可观枝观果，丛植	东北至华中、西北
200	金丝桃	*Hypericum chinense*	藤黄科	喜光耐阴，较耐寒，耐干旱瘠薄，忌积水	枝叶清秀，花鹅黄，夏花；丛植、列植花首，地被	华北、华东、华中、西南
201	红瑞木	*Cornus alba*	山茱萸科	喜光耐半阴，耐严寒，耐干旱	秋叶变红，枝条红艳，著名冬景树；丛植	东北至华东各地
202	映山红	*Rhododendron simsii*	杜鹃花科	喜半阴凉爽，喜湿润酸性土，稍耐寒	花繁色艳，花色丰富；林下片植，花篱，专类园	华东至长江流域及西南
203	迎红杜鹃	*R. mucronulatum*	杜鹃花科	喜半阴，耐寒，喜湿润酸性土	4～5月份开花，花淡红紫色、较大；林下植，花篱	东北、华北、华东北部

续表

序号	中文名	拉丁名	科名	生态习性	观赏特性及园林用途	适用地区
			被子植物、落叶灌木			
204	连翘	*Forsythia suspensa*	木樨科	喜光略耐阴，耐寒，忌积水	早春花金黄；庭院观赏，丛植，篱植	东北至华中、西南
205	金钟花	*F. viridissima*	木樨科	喜光，耐寒，耐干旱稍差，耐湿	早春花金黄；庭院观赏，丛植，篱植	华北至华中、西南
206	迎春	*Jasminum nudiflorum*	木樨科	喜光耐阴，耐寒，耐盐碱，耐干旱	早春花色金黄；庭院观赏，丛植，篱植	辽宁至华东、西南
207	醉鱼草	*Buddleja lindleyana*	马钱科	喜光耐阴，耐干旱，喜温暖，稍耐寒	6～9月份开花，花紫色，庭院观赏，草坪丛植，花篱	华东至长江流域及以南
208	天目琼花	*V. sargentii*	忍冬科	喜光较耐阴，喜湿润，耐寒	春花洁白，秋叶、果艳红；丛植点缀	东北至长江流域
209	锦带花	*Weigela florida*	忍冬科	喜光耐半阴，耐寒耐干旱瘠薄	4～6月份花繁密色艳；庭院观赏，丛植，篱植	东北华北至江苏
210	海仙花	*W. coraeensia*	忍冬科	喜光，耐寒稍差，忌积水	4～6月份花繁密色艳；庭院观赏，丛植，篱植	华北至江南各地
211	金银木	*Lonicera maackii*	忍冬科	喜光略耐阴，耐寒耐干旱	春末花繁似锦，金银相映；庭院观赏，丛植	东北，华东，西北，西南
212	五味子	*Schisandra chinensis*	木兰科	中性，耐寒性强，喜湿润	8～9月份开花，果红色；攀缘篱、垣、棚架、山石	东北、华北、华中各地
213	紫藤	*Wisteria sinensis*	豆科	喜光稍耐阴，较耐寒，耐干旱	古藤盘曲，紫花烂漫；宜作花架或修剪孤植	辽宁至以南各地
214	葛藤	*Pueraria lobata*	豆科	喜光，耐寒，耐干旱瘠薄，适应性强	生长迅速，枝叶茂密，匍匐地面	东北南部至长江流域
215	南蛇藤	*Celastrus orbiculata*	卫矛科	喜光，耐寒，耐干旱	秋叶红艳，蒴果黄色；宜作棚架	东北至华南、西南
216	葡萄	*Vitis vinifera*	葡萄科	喜光不耐阴，喜干燥	传统果木；宜棚架、垂直绿化，亦可盆栽	西北至东北、南方
217	爬山虎	*Parthenocissus tricuspidata*	葡萄科	喜光耐寒，耐瘠薄，耐湿、耐干旱	秋叶红染，如绿色挂毯覆盖墙面，或作地被	吉林及华南各地
218	五叶地锦	*P. quinquefolia*	葡萄科	喜光耐寒，耐瘠薄，耐湿，耐干旱	但攀缘能力不如爬山虎，易被风刮落	吉林及华南各地
219	常春藤	*Hedera nepalensis* var. *Sinensis*	五加科	喜阴，喜温暖湿润，稍耐寒	常绿，枝叶浓密，易管理；垂直绿化，作地被	华北南部、华东沿海各地
220	杠柳	*Periploca sepium*	萝藦科	喜光耐阴，耐寒，耐瘠薄	蔓性灌木，花紫红色；宜植水边，遮盖劣景	东北至西南各地
221	金银花	*Lonicera japonica*	忍冬科	喜光，耐阴耐寒，耐干旱耐湿	花先白后黄、芳香；棚架，绿廊，盆景	辽宁至华中、西南
			草本花卉			
222	地肤	*Kochia scparia*	藜科	喜光耐干旱，耐碱土，耐炎热	植株粉绿，叶纤细，秋叶变红；宜花丛，花境	全国大部地区
223	千日红	*Gomphrena globosa*	苋科	喜光，喜炎热干燥，不耐寒	8～10月份开花，头状花序，呈粉红色、红色、白色等；宜花坛，花境	全国大部地区
224	鸡冠花	*Celosia cristata*	苋科	喜光，喜炎热干燥，不耐涝	花序形状奇特，色彩丰富，花期长；宜花坛，花境	全国大部地区
225	半支莲	*Portulaca grandiflora*	马齿苋科	喜光，喜温暖干燥，耐热，耐贫瘠	茎平卧或斜生，6～8月份开花，花色丰富、艳丽；地被	全国大部地区

续表

序号	中文名	拉丁名	科 名	生态习性	观赏特性及园林用途	适用地区
			草本花卉			
226	飞燕草	*Consolida ajacis*	毛茛科	喜光，喜干燥凉爽，不耐涝，直根系	5～6月份开花，花色多，花序长；宜花境，花带	华东南部至长江流域
227	虞美人	*Papaver rhoeas*	罂粟科	喜光耐寒，直根系不耐移植	花繁色艳；宜花坛，花境，花丛，花台	全国大部地区
228	醉蝶花	*Cleome spinosa*	白花菜科	喜光，喜温暖干燥，不耐寒	7～10月份开花，花淡紫色、花期长；宜花坛，花境	全国大部地区
229	紫罗兰	*Matthiola incana*	十字花科	喜光，忌炎热，忌水涝，喜肥	4～6月份开花，花红紫色、白色、桃红色，芳香；作早春花坛	华东南部至长江流域
230	羽衣甘蓝	*Brassica oleracea* var. *acephala*	十字花科	喜光耐寒，喜肥，直根系	叶色艳丽，著名的冬季花坛草本植物	全国大部地区
231	香雪球	*Lobularia maritima*	十字花科	喜光，稍耐寒，忌炎热	花色丰富，花期长；宜花坛，花境，地被	全国大部地区
232	长寿花	*Kalanchoe blossfeldiana*	景天科	喜光，喜温暖稍耐阴，耐干旱	花色丰富且艳丽、花期长；宜花坛，盆栽	全国大部地区
233	香豌豆	*Lathyrus odoratus*	豆科	喜光，喜温暖，忌高湿，宜排水良好	茨形植物，花色繁多、美艳，适盆栽或花架美化	我国大部地区
234	羽扇豆	*Lupinus texensis*	豆科	喜光，喜冷凉，忌高温	花色丰富，花姿妩媚动人；宜花坛，花境，盆栽	我国大部地区
235	银边翠	*Euphorbia marginata*	大戟科	喜光，耐干旱，不耐寒，不择土壤	入秋顶部叶边缘或全叶变白，宛如层层积雪；宜花境	华东南部至长江流域
236	猩猩草	*E. heterophylla*	大戟科	喜光不耐寒，耐干不耐湿	总苞似叶、基部大红；宜花坛，花境，花丛	全国大部地区
237	风仙花	*Impatiens balsamina*	凤仙花科	喜光，喜潮湿、排水良好，不耐寒	6～8月份开花，花色丰富花期长；宜花坛、花境	全国大部地区
238	月见草	*Oenothera biennis*	柳叶菜科	喜光照充足，地势干燥，不择土壤	6～9月份开花，花黄色，芳香；宜丛植，花坛，地被	全国大部地区
239	牵牛花	*Pharbitis nil*	旋花科	喜光，耐干旱耐瘠薄，不耐寒	蔓性草花，花艳丽；宜小型棚架，茸垣	全国大部地区
240	茑 萝	*Quamoclit pennata*	旋花科	喜光，喜温暖湿润，不耐寒	茨形草花，花艳丽；宜小型棚架，苓垣	全国大部地区
241	福禄考	*Phlox dmmmondii*	花荵科	喜光，喜气候温和、湿润，不耐干旱	5～6月份开花，花玫红色、桃红色、大红色、白色及间色；宜花坛	全国大部地区
242	美女缨	*Verbena hybrida*	马鞭草科	喜光，喜温暖湿润，不耐寒，耐干旱	4～10月份开花，花红色、紫色、蓝色等；宜秋花坛、花境	华东南部至长江流域
243	观赏辣椒	*Capsicum frutescans.*	茄科	喜光照充足，喜温暖湿润，不耐寒	7～10月份开花，花白色，观花观果；宜花坛，花境	全国大部地区
244	风铃草	*Campanula medium*	桔梗科	喜光，耐寒，忌炎热	5～6月份开花，花白色、蓝紫色、淡红色；宜花坛，花境，林缘	华东南部至长江流域
245	雏 菊	*Bellis perennis*	菊科	喜光，较耐寒，喜凉爽、怕炎热	早春开黄色、白色、红色花；宜花坛，花境	全国大部地区

续表

序号	中文名	拉丁名	科 名	生态习性	观赏特性及园林用途	适用地区
草本花卉						
246	金盏菊	*Calendula offcinalis*	菊科	喜光耐寒，怕炎热	早春开金黄色、橘黄色花；宜花坛，花境	全国大部地区
247	百日菊	*Zinnia elegans*	菊科	喜光，耐高温，耐干旱，喜肥沃	花色丰富，花期长，7～10月份开花；宜花坛，花境	全国大部地区
248	蛇目菊	*Coreopsis tinctoria*	菊科	喜光，喜夏季凉爽，不耐寒	6～9月份开花，花黄色茎部红褐色；宜花坛，花境	全国大部地区
249	翠 菊	*Callistephus chinensis*	菊科	喜光，喜凉爽，不耐寒，怕酷热	红色丰富，花期长；宜花坛，花境	全国大部地区
250	矢车菊	*Centaurea cyanus*	菊科	喜光，耐寒，喜排水良好、疏松土	4～5月份开花，花蓝色、粉红色、桃红色、白色等；宜春季花坛	华东南部至长江流域
251	藿香蓟	*Ageratum conyzoides*	菊科	喜光，喜温暖湿润，不耐寒，忌酷热	6～10月份开花，花蓝色、淡紫色、雪青色、粉红色、白色；宜花坛	全国大部地区
252	波斯菊	*Cosmos bipinnatus*	萝科	喜光忌炎热，耐贫瘠，不耐寒	6～10月份开花，花粉红色或紫红色；宜花坛，花境	全国大部地区
253	硫磺菊	*C. sulphureus*	菊科	喜阳光充足，不耐寒，易栽培	花大色艳；宜花坛，花境，林缘，片植，丛植	全国大部地区
254	天人菊	*Caillardia pulchella*	菊科	喜光，耐炎热干燥，耐瘠薄，不耐寒	7～10月份开花，花黄色、红色或间色；宜夏秋花坛、花境	全国大部地区
255	麦秆菊	*Helichrysum bracteatum*	菊科	喜光，喜温暖湿润，不耐寒，忌酷热	苞片淡红色或黄色，具光泽，白天开放，雨天、夜晚闭合	全国大部地区
256	水飞蓟	*Silybum marianum*	菊科	喜半阴、温暖、湿润，稍耐寒	叶鲜绿色，叶脉间有斑点，7～8月份开花，花淡紫色	全国大部地区
257	向日葵	*Helianthus annuus*	菊科	喜光，喜温暖，不耐寒，耐干旱	头状花序大，径10～40m，有多种矮品种；宜花坛，花境	全国大部地区
258	万寿菊	*Tagetes erecta*	菊科	喜光，喜温暖湿润，不耐寒	花黄色或橙色，花期6～9月份；宜花坛，花境	全国大部地区
259	孔雀草	*T. patula*	菊科	喜光，喜温暖湿润，不耐寒	花黄色或橙色，花期6～9月份；宜花坛，花境	全国大部地区
260	黑心菊	*Rudbeckia hybrida*	菊科	喜向阳通风，耐寒，耐干旱，适应性强	5～9月份开花，花金黄色；宜花境，花带，树群边缘隙地	全国大部地区
261	报春花	*Primula spp.*	报春花科	不耐强光照，喜温凉，不耐寒	早春开花艳丽；宜花坛，岩石园，盆栽	华南、西南各地
多年生（宿根）草本花卉						
262	紫茉莉	*Mirabilis jalapa*	紫茉莉科	喜光，耐干旱耐碱，喜通风，易自播	花色丰富，花期长，6～10月份开花；宜花境，林缘	全国大部地区
263	石 竹	*Dianthus chinensis*	石竹科	喜光，耐寒，忌高温	花色丰富；宜花坛，花境，花丛，花台	全国大部地区

续表

序号	中文名	拉丁名	科 名	生态习性	观赏特性及园林用途	适用地区
多年生（宿根）草本花卉						
264	瞿 麦	*D. superbus*	石竹科	喜光，耐寒，性强健，对环境要求不严	花浅粉紫色，花期5～6月份；宜花坛，花境，丛植	全国大部地区
265	芍 药	*Paeonia lactiflora*	毛茛科	喜光耐阴，忌积水，忌酷热	花大色艳，花期4～6月份；宜花境，专类园	我国北方地区
266	绿耧斗菜	*Aquilegia viridiflora*	毛茛科	喜光，耐寒，不耐高温酷热	5～6月份开花，花紫色、蓝白色；林下微荫处生长良好	全国大部地区
267	荷包牡丹	*Dicentra spectabilis*	罂粟	喜光、湿润，耐寒惧热	花粉红色或白色，春夏季开花；丛植，花境，疏林地被	全国大部地区
268	落新妇	*Astilbe chinensis*	虎耳草科	喜半阳、潮湿环境，耐寒，适应性较强	6～7月份开花，花粉红色、红白色及洋红色；宜林下	东北南部至长江中下游
269	蜀 葵	*Althaea rosea*	锦葵科	喜光耐寒，不择土坡	花色丰富，花期5～10月份；宜花境，花丛	全国大部地区
270	三色堇	*Viola tricolor*	堇菜科	喜光，喜凉爽湿润，耐寒	花色丰富、花期3～5月份；宜花坛，花境	全国大部地区
271	长春花	*Catharanthus roseus*	夹竹桃科	喜光，喜温暖湿润，稍耐寒	花色丰富，花期长，从春到秋；宜花坛，花丛	全国大部地区
272	一串红	*Salvia aplendens*	唇形科	喜光，喜温暖湿润，不耐寒	花粉红色、深红色，花期长；宜花坛，花境	全国大部地区
273	随意草	*Physostegia virginiana*	唇形科	喜光，耐半阴，耐寒耐热，忌干旱	花淡红色、粉红色、深紫色；宜花境，花坛	全国大部地区
274	彩叶草	*Coleus blumei*	唇形科	喜光，喜肥沃排水良好，土壤忌积水	叶有黄、红、紫斑纹；宜花境，花坛嵌边	全国大部地区
275	矮牵牛	*Petunia hybrida*	茄科	喜光，喜温暖湿润，不耐寒	花色丰富，花期长，4～10月份开花；宜花坛，花境	全国大部地区
276	金鱼草	*Antirrhinum majus*	玄参科	喜光耐寒，怕酷热，耐半阴	花色丰富；宜花坛，花境，花丛，盆栽	全国大部地区
277	宿根福禄考	*Phlox paniculata*	花荵科	喜光稍耐阴，较耐寒，喜淡肥	7～8月份开花，花紫淡色、酒红色、粉红色和白红色；宜花境	全国大部地区
278	桔 梗	*Platycodon grandiflorus*	桔梗科	喜光，喜温暖，忌高温多湿，不耐移植	花姿华贵，花冠钟形、紫蓝色；宜花坛，盆栽	全国大部各地
279	菊 花	*Chrysanthemum morifolium*	菊科	喜光，喜凉爽，较耐寒，忌积涝	花色、花形丰富，品种多；宜花坛，花境，盆栽	全国大部地区
280	银叶菊	*Senecio cineraria*	菊科	喜充足明亮光照、温暖，不耐高温	全株密被白色绒毛，犹如皑皑白雪，著名观叶植物	全国大部地区
281	紫竹梅	*Setcreasea purpurea*	鸭趾草科	喜光，对光照适应性强，耐旱耐湿	花叶均美，庭院丛植、列植，宜地被，垂挂盆栽	全国大部地区
282	玉簪	*Hosta plantaginea*	百合科	阴性，喜阴湿，喜肥沃，耐寒	7～9月份开花，花白色，有香气；宜林下植被	全国大部地区
283	天门冬	*Asparagus densiflorus*	百合科	喜半阴，喜温暖湿润、肥沃疏松土壤	茎直立或悬垂，白花红果；宜花坛镶边	华东及以南各地
284	萱 草	*Hemerocallis fulva*	百合科	喜光耐半阴，耐寒、干旱、瘠薄	品种较多，花色、花形丰富；宜花境，花丛	全国大部地区

续表

序号	中文名	拉丁名	科 名	生态习性	观赏特性及园林用途	适用地区
多年生（宿根）草本花卉						
285	四季海棠	*Begonia semperflorens*	秋海棠科	喜温暖湿润、半阴，怕干燥	花叶兼美，花期长久；庭院观赏，花坛	我国中部以南
球根花卉						
286	大丽花	*Dahlia pinnata*	菊科	喜光，喜高燥凉爽，不耐寒忌积水	花色丰富，有矮生种；宜花坛，花境	淮河流域及以北
287	晚香玉	*Polianthes tuberosa*	石蒜科	喜光，喜温暖湿润，耐盐碱，喜肥	7～10月份开花，花乳白色，浓香；宜花境，花坛，林中空地	全国大部地区
288	小朱顶红	*Hippeastrum gracile*	石蒜科	喜光，喜温暖至高温，忌涝	春季开花，花色丰富；庭院丛植，列植，盆栽	华中、华南各地
289	郁金香	*Tulipa gesneriana*	百合科	喜光，宜凉爽湿润，喜疏松、肥沃土壤	花大，艳丽多彩，春花；宜花境，花坛	华东地区以南各地
290	风信子	*Hyacinthus orientalis*	百合科	喜光，喜温暖湿润，较耐寒	3～4月份开花，花呈蓝色、紫色、浅红色、黄色、纯白色等，芳香	华东地区以南各地
291	卷 丹	*Lilium lancifolium*	百合科	喜光稍耐阴，稍耐寒，忌积水	花橙色，花期7～8月；宜花坛，花境	全国大部地区
292	美人蕉	*Canna indica*	美人蕉科	喜光，喜温暖，不耐寒，忌积水	花色丰富，花期长；宜花境，花丛，花篱	全国大部地区
293	唐菖蒲	*Gladiolus hybridus*	鸢尾科	喜光，喜温暖，不耐寒及炎热	花色丰富，花期长；宜花坛，花境，花丛	我国中部及以南
294	鸢尾	*Iris tectorum*	鸢尾科	喜光耐寒，耐干燥，忌水涝	花蓝紫色、白色，如鸢似蝶；庭院观赏	全国大部地区
水生花卉						
295	千屈菜	*Lythrum salicaria*	千屈菜科	喜光，喜湿润，耐寒，喜浅水亦可旱栽	花色丰富，呈紫色、淡红色、深紫色等；宜片植，丛植	全国大部地区
296	凤眼莲	*Eichhornia crassipes*	雨久花科	喜光，喜温暖，喜肥净水，不耐寒	叶色光亮，7～9月份开花，花蓝紫色；宜装饰水面材料	全国大部地区
297	荷 花	*Nelumbo nucifera*	睡莲科	喜光，喜高温，喜肥净水，耐寒	花色丰富，花期长，6～9月份开花；宜装饰水面，缸栽	全国大部地区
298	睡 莲	*Nymphaea tetragona*	睡莲科	喜光，喜温暖通风之静水，喜肥	6～8月份开花，花白色；水面点缀，盆栽或切花	全国大部地区
299	香蒲	*Typha latifolia*	香蒲科	喜光，喜温暖湿润，需潮湿或浅水	花穗形似蜡烛；是点缀水池或潮湿地绿化的优良材料	全国大部地区
地被植物						
300	二月蓝	*Orychophragmus violaceus*	十字花科	性喜温湿，宜半阴，耐寒，耐干旱	花淡蓝紫色，春夏开；疏林地被，林缘绿化	东北南部至华东
301	费 菜	*Sedum aizoon*	景天科	喜光耐阴，耐寒，耐干旱瘠薄，忌涝	7～10月份开花，花黄色，管理粗放；花坛镶边或盆栽	全国大部地区

续表

序号	中文名	拉丁名	科 名	生态习性	观赏特性及园林用途	适用地区
地被植物						
302	垂盆草	*S. sarmentosum*	景天科	喜光耐阴，耐寒，耐干旱瘠薄，忌涝	7～10月份开花，花黄色，管理粗放；花坛镶边或盆栽	全国大部地区
303	八宝	*Hylotelephium spectabile*	景天科	喜光耐阴，耐寒，耐干旱瘠薄，忌涝	7～10月份开花，花淡红色，管理粗放；花坛镶边	全国大部地区
304	蛇莓	*Duchesnea indica*	蔷薇科	喜半阴、凉爽，不耐干旱、高温	低矮茂密，匍匐生长，3～6月份开花，黄花红果；片植	全国大部地区
305	地被月季	*Rosa chinensis*	蔷薇科	喜光，喜肥，耐干旱，适应性强	茎蔓低矮，贴地而生，5～11月份开花，花鲜红色；片植	华北以南各地
306	金山绣线菊	*Spiraea bumaldacv*	蔷薇科	喜光，不耐阴，耐干旱，耐寒	新叶金黄，5～7月份开花，花粉红色；观叶，观花；片植	华北以南至长江流域
307	红三叶	*Trifolium pratense*	豆科	喜光，喜温暖湿润，耐半阴，较抗寒	叶翠绿、花暗红，覆盖地面效果好；宜固土护坡	全国大部地区
308	小冠花	*Coronilla varia*	豆科	喜光耐阴，极耐寒、旱、瘠薄，易管理	茎蔓细长多分枝，匍匐或向上蔓延，宜护坡	全国大部地区
309	红花酢浆草	*Oxalix rubra*	酢浆草科	喜光，忌夏季炎热，耐干旱	花淡玫红色，花期长；宜花坛，花境，地被	全国大部地区
310	马蔺	*Iris lactea* var. *chinensis*	鸢尾科	喜光照充足、湿润，耐半阴，耐寒旱	4～5月份开花，花蓝色，中部有黄色条纹；宜花境，丛植	长江流域以北各地
311	紫花地丁	*Viola philiPPica*	堇菜科	喜光，稍耐阴，喜凉爽湿润，耐寒	3～4月份开花，花淡紫色，可自播繁衍；地被，片植	华北及以南各地
室内观叶植物						
312	蕨类	*Pteridophyta*	蕨类各科	耐阴，喜湿度高，喜温暖	叶形丰富，适盆栽观赏	全国各地
313	橡皮树类	*Ficus elastica* cv.	桑科	全半日照均可，喜高温高湿，喜肥	叶色丰富，绿、紫黑、乳白等，幼株盆栽室内观赏	全国各地
314	发财树	*Pachira macrocarpa*	木棉科	耐旱，耐阴也耐光照，喜高温，排水良好	干基肥大、肉质状，掌状复叶，3～5株接辫造型美观	全国各地
315	鹅掌藤类	*Schefflera*	五加科	全半日照或阴均可，喜高温多湿	掌状复叶，叶色浓绿或散布深浅不一的黄色斑纹	全国各地
316	椒草类	*Peperomia*	胡椒科	耐阴，耐干旱，喜温暖湿润	叶色丰富有斑纹，适盆栽观赏	全国各地
317	国王椰子	*Ravenea rivularis*	棕榈科	耐阴，喜温暖湿润	羽状复叶、挺直；盆栽尤佳	全国各地
318	袖珍椰子	*Chamaedorea elegans*	棕榈科	耐阴，喜高温、空气湿润，喜肥	植株小巧，羽毛状复叶，盆栽高雅，宜室内观赏	全国各地
319	美丽针葵	*Phoenix roebelenii*	棕榈科	耐阴，喜高温、空气湿润，喜肥	羽状复叶，叶姿纤细、柔美，幼株宜盆栽供室内观赏	全国各地

续表

序号	中文名	拉丁名	科 名	生态习性	观赏特性及园林用途	适用地区
			室内观叶植物			
320	散尾葵	*Chrysalidocarpus lutescens*	棕榈科	耐阴，喜高温、空气湿润，喜肥	丛生，羽状复叶，叶姿纤细、柔美，盆栽室供内观赏	全国各地
321	龟背竹类	*Monstera*	天南星科	喜半阴，喜高温多湿，喜肥沃疏松盆土	茎伸长后呈蔓性，可附生它物，叶形奇特美丽	全国各地
322	彩叶芋类	*Caladium*	天南星科	喜半阴，喜高温多湿，喜肥沃疏松盆土	叶面色彩丰富，泛布斑点，极为明艳雅致	全国各地
323	蔓绿绒类	*Philodendron*	天南星科	忌强光直射，喜半日照、高温多湿	丛生，四季葱翠，绿意盎然，盆栽是高级室内植物	全国各地
324	合果芋类	*Syngonium*	天南星科	喜半阴、高温多湿，忌强光直射	茎蔓性，有茎节气生根，幼叶与成熟叶形不同，叶色丰富	全国各地
325	绿萝类	*Scindapsus aureum*	天南星科	喜半阴，喜高温多湿，喜肥沃	茎呈蔓性，茎节有气生根，攀附蛇木柱盆栽或吊盆	全国各地
326	观赏凤梨	*Bromeliaceae*	凤梨科	耐阴，喜温暖湿润	叶片优雅、有的有斑纹，花期长；盆栽	全国各地
327	一叶兰	*Aspidistra*	百合科	宜半阴，喜温暖至高温，排水良好	丛生，叶光滑、色绿，有斑叶品种，姿态优雅，室内植物	全国各地
328	天门冬类	*Asparagus*	百合科	喜半日照、高温，忌强光直射	文竹成株后茎蔓翠绿纤细；武竹丛生枝叶青翠	全国各地
329	吊 兰	*Chlorophytum capense*	百合科	喜半阴，喜温暖湿润，不耐寒	叶常绿，有金心、金边变种；宜盆栽，室内 观赏	全国各地
330	朱蕉类	*Cordyline*	百合科	喜半日照，喜温暖湿度高	叶色丰富有斑纹，适盆栽观赏	全国各地
331	万年青	*Rohdea japonica*	百合科	喜半日照，耐阴，喜温暖多湿	叶常绿，浆果红色，适盆栽观赏	全国各地
332	富贵竹类	*Dracaena sanderiana* cv.	百合科	忌强光直射，喜半日照、高温多湿	叶全绿或叶缘具乳白、金黄纹，既可盆栽又可水栽	全国各地
333	香龙血树类	*D fragrans*	百合科	喜半日照，喜高温多湿，忌强光	叶全绿或叶缘具金黄或纵黄斑，既可盆栽又可水栽	全国各地
334	竹叶蕉类	*Dracaena*	竹芋科	喜光亦可耐阴，喜高温多湿	叶色丰富有斑纹，适盆栽观赏	全国各地

附录二　园林绿化功能树种的选择

绿地类型		植物主要特征							植物主要功能										常用植物
		美观	分枝点高	耐修剪	生长快	寿命长	耐干旱、贫瘠	抗病虫害	杀菌	抗污染	吸收污染	吸滞尘埃	隔音	防风	遮阴	防火	环境监测	文化内涵	
居住区	宅间绿地	▲▲	△	△	△	▲	△	▲	▲	○	○	▲	△	▲	△	△	○	▲	栾树，丁香，五角枫，白桦，云杉，桧柏，国槐，龙爪槐，垂柳，合欢，连翘，金银木，榆叶梅，枣树，珍珠梅，玉簪，紫藤
	游园	▲	△	△	△	▲	△	▲	▲	△	△	▲	△	△	△	△	△	▲	
	休闲广场	▲▲	▲	△	△	▲	△	▲	▲	○	○	▲	▲	▲	▲	△	▲	▲	
	儿童游乐场	▲	△	△	△	△	△	▲	▲	△	△	▲	▲	▲	△	△	▲	▲	
	健身场地	▲	▲▲	○	▲	▲	△	▲	▲▲	△	△	▲	▲	▲	▲	○	▲	▲	
城市道路	行道树	▲	▲	▲	▲	▲	▲▲	▲	▲	▲▲	▲	▲▲	▲	○	▲▲	△	▲	▲	梧桐，国槐，栾树，连翘，榆叶梅，蔷薇，油松，紫叶小檗，黄杨
	隔离带	▲	×	△	△	▲	▲▲	▲	▲	▲▲	▲	▲	▲	○	○	○	▲	○	
	交通岛	▲	△	○	△	▲	▲	▲	▲	▲	△	▲	▲	△	○	○	○	▲	
	林荫道	▲▲	▲	▲	△	▲	▲	▲	▲	▲	△	▲	▲	△	▲	△	○	▲	
铁路	隔离林带	▲	▲	△	△	▲	▲	▲▲	▲	▲	△	▲	▲▲	△	○	△	△	○	沙棘，柠条，花棒，柽柳，沙木，紫穗槐，文冠果
	边坡	▲	×	△	△	▲	▲▲	▲	▲	▲	△	▲	▲	○	○	△	○	○	
高速公路	隔离林带	▲	▲	○	△	▲	▲▲	▲▲	▲	▲	△	▲	○	▲	○	○	○	○	黄杨，蔷薇，连翘，柽柳，迎春，杨树，柳树，银杏，蜀桧，黄栌，五角枫，夹竹桃，小檗，侧柏
	边坡	▲	×	△	△	▲	▲	▲	▲	▲	△	▲	▲	○	○	○	○	○	
	分车带	▲	×	▲	△	▲	▲	▲	▲	▲	△	▲	▲	○	○	△	○	○	
	匝道	▲▲	△	○	△	▲	▲	▲	△	▲	△	▲	○	○	○	○	○	△	
	服务区	▲	△	○	△	△	▲	▲	▲	▲	△	▲	△	△	△	△	○	△	
校园	大学	▲	△	△	△	△	△	▲	▲	△	△	△	△	△	△	○	○	▲▲	油松，云杉，国槐，京桃，紫叶李，忍冬，绣线菊，银杏，雪松
	初高中	▲	△	△	△	△	△	▲	▲	△	△	△	△	△	△	○	○	▲▲	
	小学	▲	△	△	△	△	△	▲	▲	△	△	△	△	△	△	○	○	▲▲	
	幼儿园	▲	△	△	△	△	△	▲	▲	△	△	▲	▲	▲	△	△	▲	▲	

续表

绿地类型		植物主要特征							植物主要功能										常用植物
		美观	分枝点高	耐修剪	生长快	寿命长	耐干旱、贫瘠	抗病虫害	杀菌	抗污染	吸收污染	吸滞尘埃	隔音	防风	遮阴	防火	环境监测	文化内涵	
公园	青年公园	▲▲	△	△	△	△	△	▲	▲▲	△	△	△	△	△	△	○	○	▲▲	银杏，栾树，法桐，白蜡，国槐，青桐，皂荚，苦楝，合欢，柿树，火炬，水杉，垂柳，臭椿，雪松，黑松，龙柏，白皮松，马褂木，连翘，广玉兰，榆叶梅，白玉兰，云杉，灯台树，稠李，白桦
	老年公园	▲▲	△	△	△	▲	△	▲	▲▲	△	△	▲	▲	▲	▲	○	○	▲▲	
	纪念公园	▲▲	△	△	△	▲	△	▲	▲▲	△	△	△	▲	△	△	○	○	▲▲	
	运动公园	▲▲	△	△	△	△	△	▲	▲▲	△	△	▲	▲	▲	△	○	○	▲	
	综合公园	▲▲	△	△	△	△	△	▲	▲▲	△	△	△	△	▲	△	△	▲	▲	
	儿童公园	▲▲	△	△	△	△	△	▲	▲▲	△	△	△	▲	△	△	○	▲	▲	
工矿企业	重污染	▲	△	△	△	▲	▲	▲	▲	▲▲	▲▲	▲▲	▲	△	△	▲	▲	○	雪松，南洋杉，银杏，合欢，黄刺玫，丁香，侧柏，园柏
	轻污染	▲	△	△	△	▲	▲	▲	▲	▲▲	▲▲	▲▲	▲	△	△	▲	▲	○	
	高精度	▲	△	△	△	▲	▲	▲	▲	▲	△	▲▲	▲▲	▲	△	▲	▲	○	
	仓储	▲	△	△	△	▲	▲	▲	▲	▲	▲	▲	△	▲	△	▲▲	▲	○	
防护林	防风林	▲	×	△	▲	▲	▲	▲	▲	△	△	▲	○	▲▲	○	○	○	○	松树，刺槐，栎类，桤木，紫穗槐，马尾松，云南松，思茅松，柏木，巴山松，云杉，高山松，红杉，车桑子，余甘子，杜仲，盐肤木，黄檀，黑荆树，杜仲，油桐
	固沙林	△	×	△	▲	▲	▲▲	▲	△	△	△	▲	○	▲	○	○	○	○	
	防噪林	▲	△	△	▲	△	▲	▲	△	△	△	△	▲▲	○	○	○	○	○	
	水土涵养林	▲	△	○	▲	○	○	▲	▲	▲	▲▲	▲	○	○	○	○	○	○	
	卫生隔离林	▲	△	○	▲	○	○	▲	▲▲	▲	▲▲	▲	▲	○	○	○	▲	○	
	交通防护林	▲	△	△	▲	○	▲	▲	▲	▲	▲	▲	▲	▲	△	△	▲	○	
	防火隔离林	▲	○	○	○	○	○	▲	▲	△	○	○	○	▲▲	○	○	○	○	
医院		▲	△	○	▲	○	○	▲	▲▲	▲	▲▲	▲	▲	△	△	○	▲	○	松柏类，合欢，广玉兰，悬铃木，月桂，山楂，女贞，臭椿
疗养院		▲	○	○	▲	○	○	▲	▲▲	▲	▲▲	▲	▲	▲	△	△	▲	▲	松柏类，黄杨，合欢，龙爪槐，广玉兰，桂花，银杏，木莲

注：▲▲为关键必选条件；▲为必选条件；△为可选条件（在某些特定条件下，需要满足的条件）；○为非必要条件（可选可不选条件）；×为不可选条件。

本表仅作参考，设计时，要根据实际情况进行具体分析。

参考文献

[1] 朱钧珍．中国园林植物景观艺术．北京：中国建筑工业出版社，2003.
[2] 金煜．园林植物景观设计．沈阳：辽宁科学技术出版社，2008.
[3] 尹吉光．图解园林植物造景．北京：机械工业出版社，2008.
[4] 王晓俊编著．风景园林设计（增订本）．南京：江苏科学技术出版社，2004.
[5] 陈英瑾，赵仲贵编著．西方现代景观植栽设计．北京：中国建筑工业出版社，2006.
[6] 余树勋．植物园规划与设计．天津：天津大学出版社，2000.
[7] 赵世伟，张佐双．园林植物景观设计与营造．北京：中国城市出版社，2003.
[8] 张吉祥．园林植物种植设计．北京：中国建筑工业出版社，2001.
[9] 陈祺，周永学编著．植物景观工程图解与施工．北京：化学工业出版社，2008.
[10] 祝志勇．园林植物造型艺术．北京：中国林业出版社，2006.
[11] 过元炯．园林艺术．北京：中国农业出版社，1996.
[12] 曹磊．自然与科学的对话——现代植物景观的设计手法．北京林业大学学报：社会科学版，2007，(2)：64-69.
[13] 王浩，江岚．现代园林植物造景意境研究——“点”空间植物造景设计初探规划师，2005，21 (7)：101-103.
[14] 苏雪痕．植物造景．北京：中国林业出版社，1994.
[15] 中国城市规划设计研究部．城市道路绿化规划与设计规范（CJJ75—97）．北京：中国建筑工业出版社，2005.
[16] 李尚志．水生植物造景艺术．北京：中国林业出版社，2000.
[17] 包志毅，汤钰．植物专类园地类别和应用．风景园林，2005，(4)：61-64.
[18] 侯碧清．城市景观中的植物造景．长沙：国防科技大学出版社，2007.
[19] 苏雪痕，苏晓黎，宋希强．城镇园林植物规划的方法及应用（2）——华东地区专类园的植物规划．中国园林，2004，20 (8)：61-62.
[20] 曹敬先，穆守义．园林植物造型艺术．郑州：河南科学技术出版社，2001.
[21] 蒋中秋，姚时章．城市绿化设计．重庆：重庆大学出版社，2000.
[22] 刘思跃．华南植物园总体规划．中国园林，2004，(7)：25-28.
[23] 卓丽环．植物景观设计．北京：中国林业出版社，2004.
[24] 重庆市园林局．园林植物及生态．北京：中国建筑工业出版社，2007.
[25] 何平，彭重华．城市绿地植物造景及其造景．北京：中国林业出版社，2001.
[26] 夏惠荣．高速公路环境景观评价的研究．环境保护科学，2001，105 (3)：42-43.
[27] 唐东芹，杨学军，许东新．园林植物景观评价方法及其应用．浙江林学院学报，2001，18 (4)：394-397.
[28] 王竞红等．深圳市莲花山公园植物景观评价．国土与自然资源研究，2007，(1)：57-58.
[29] 廖震．景观环境构成在景观评价中的应用．环境保护科学，2001，107 (5)：38-39.
[30] 王庆海．模糊综合评价在观赏草景观效果评价中的应用．北京园林，2005，(4)：40-42.
[31] 易小林，秦华，刘磊．当前植物造景中的几个问题分析及对策研究．中国园林，2002，18 (1)：84-86.
[32] 杜智民．基于多级模糊评价方法的公路景观评价分析．公路交通科技，2007，24 (12)：144-148.
[33] 陈宇．景观评价方法研究．室内设计与装修，2005，(3)：12-16.
[34] 胡长龙．城市园林绿化设计．上海：上海科学技术出版社，2003.
[35] 董晓华．园林规划设计．北京：高等教育出版社，2005.
[36] 胡永红．新世纪植物园的新发展．中国园林，2005，(10)：10-18.
[37] 梁敦睦．风景园林文学的特征及价值．广东园林，1999，(3)：20-26.
[38] 朱钧珍．中国园林植物景观风格的形成．中国园林，2003，19 (9)：33-37.
[39] 陈有民主编．园林树大学．北京：中国林业出版社，2000.
[40] 鲁涤非主编．花卉学．北京：中国农业出版社，2002.
[41] 王淑芬，苏雪痕．质感与植物景观设计．北京工业大学学报，1995，21 (2)：41-45.
[42] 刘春辉．园林植物艺术造型技术探讨——以深圳市野生动物园植物艺术造型设计与制作为例．农业科技与信息(现代园林)，2008，(8)：19-22.
[43] 莫计合，陈瑜．园林植物造景几个问题的分析与探讨．湖南林业科技，2002，29 (3)：86-88.
[44] 张声平，刘纯青．谈谈我国现代园林植物配置的趋势．江西农业大学学报（社会科学版)，2004，3 (4)：131-133.
[45] 付美云．园林艺术．北京：化学工业出版社，2009.
[46] 柏玉平等．花卉生产技术．北京：化学工业出版社，2009.
[47] 张德炎．园林规划设计．北京：化学工业出版社，2007.
[48] 李端杰．植物空间构成与景物设计．规划师，2002，18 (5)：83-86.
[49] 郦芷若，朱建宁．西方园林．郑州：河南科学技术出版社，2002.
[50] 胡长龙．园林规划设计．第2版．北京：中国农业出版社，2002.
[51] 吴涤新．花卉应用与设计．北京：中国农业出版社，2006.